# 信息技术与WPS应用

主　编　王凤姣
副主编　杨淑玲　陈美霞　谢金池　余劼之

電子工業出版社
Publishing House of Electronics Industry
北京·BEIJING

## 内 容 简 介

本书的编写理念是“以学生为中心”，强调“两个核心，两个前提”，即以信息素养教育、学生职业能力培养为核心，以突出素质教育、学生的可持续发展为前提。本书内容涵盖信息技术素养、计算机操作系统、国产计算机操作系统、WPS 文字处理、WPS 表格管理分析、WPS 演示文稿制作、网络安全与信息检索、新一代信息技术应用等。

本书可作为高等职业院校非计算机专业“信息技术基础”课程的教材，也可作为计算机等级考试的辅导用书，还可作为计算机初学者提升计算机技能的自学用书。



**图书在版编目（CIP）数据**

信息技术与WPS应用 / 王凤姣主编. -- 北京 : 电子工业出版社, 2024. 9. -- ISBN 978-7-121-48889-4

Ⅰ. TP317.1

中国国家版本馆 CIP 数据核字第 2024R369W8 号

责任编辑：孙　伟
印　　刷：三河市华成印务有限公司
装　　订：三河市华成印务有限公司
出版发行：电子工业出版社
　　　　　北京市海淀区万寿路 173 信箱　　　邮编：100036
开　　本：787×1092　1/16　印张：15　字数：384 千字
版　　次：2024 年 9 月第 1 版
印　　次：2024 年 9 月第 1 次印刷
定　　价：56.80 元

凡所购买电子工业出版社图书有缺损问题，请向购买书店调换。若书店售缺，请与本社发行部联系，联系及邮购电话：（010）88254888，88258888。

质量投诉请发邮件至 zlts@phei.com.cn，盗版侵权举报请发邮件至 dbqq@phei.com.cn。

本书咨询联系方式：（010）88254608，sunw@phei.com.cn。

# 前　　言

“信息技术基础”是高等职业院校学生必修的基础课程，也是一门重要的技能课程。该课程旨在培养学生良好的信息技术应用能力，包括信息的获取、传输、处理、应用与发布等，为学生的终身学习和持续发展打下扎实的基础。

本书主要根据教育部颁发的《高等职业教育专科信息技术课程标准（2021 年版）》，结合编者多年的教学实践和组织计算机等级考试的经验编写而成。本书的编写理念是“以学生为中心”，强调“两个核心，两个前提”，即以信息素养教育、学生职业能力培养为核心，以突出素质教育、学生的可持续发展为前提。

本书为适应计算机技术发展和学校教学的需要，选用 WPS 软件为办公软件，对理论部分过时的内容做了更新，介绍了算法和计算机前沿技术。全书分为 8 个模块，内容涵盖信息技术素养、计算机操作系统、国产计算机操作系统、WPS 文字处理、WPS 表格管理分析、WPS 演示文稿制作、网络安全与信息检索、新一代信息技术应用等。本书主要特点如下：

（1）线上线下无缝对接。本书可通过云课堂打通线上教学和线下教学的壁垒，教师可在线上完成备课、直播教学、随堂测试等教学活动，学生可在线上学习、完成作业，实现课程教学过程的全记录。

（2）对重点、难点内容进行重点讲解。

（3）每个模块都提出了思政目标。

本书具有较好的可读性和实践性，可作为高等职业院校非计算机专业“信息技术基础”课程的教材，也可作为计算机等级考试的辅导用书，还可作为计算机初学者提升计算机技能的自学用书。

本书由王凤姣担任主编，杨淑玲、陈美霞、谢金池、余劼之担任副主编。在本书的编写过程中，编者参考了一些国内优秀教材，在此向相关作者表示感谢！

由于编者水平有限，书中难免存在不足之处，恳请广大读者批评指正。

编　者

# 目　录

# 模块一　信息技术素养——数字引领，服务现代科技生活

## 项目一　认识计算机

### 项目导读

信息化是当今世界发展的大趋势，近年来，我国信息化水平有了显著提升，以计算机网络技术为主的信息技术涉及社会各个领域，对人们的工作、生活、学习产生了深刻的影响。随着计算机科学的高速发展，计算思维的内涵不断拓展并逐渐受到广泛关注。

### 学习目标

1. 了解计算机的发展历史、分类、特点。
2. 熟悉计算机系统与计算机工作原理。

### 思政目标

1. 提高学生对计算机科学的正确认识。
2. 树立网络安全意识，提高网络素养。
3. 培养学生心系社会并有时代担当的精神追求。

## 任务一　计算机的产生与发展

世界上第一台电子数字式计算机于 1946 年 2 月在美国宾夕法尼亚大学研制成功，它的名字叫 ENIAC（埃尼阿克），是电子数值积分式计算机（Electronic Numberical Intergrator and Computer）的缩写。它使用了 17468 根真空电子管，占地 170 平方米，重达 30 吨，每秒可进行 5000 次加法运算，如图 1-1-1 所示。虽然它比不上今天最普通的一台微型计算机，但在当时它在运算速度上已是绝对的冠军，并且其运算的精确度和准确度也是史无前例的。以圆

周率（π）的计算为例，中国古代科学家祖冲之利用算筹，耗费 15 年，将圆周率计算到小数点后第 7 位。1000 多年后，英国人香克斯耗费毕生精力，将圆周率计算到小数点后第 707 位。而使用 ENIAC 进行计算，仅用 40 秒就达到了香克斯所达到的水平，还发现香克斯的计算结果中，第 528 位是错误的。

图 1-1-1

## 一、现代计算机的发展历史

ENIAC 诞生后的短短几十年间，计算机的发展突飞猛进。主要电子器件相继使用了真空电子管，晶体管，中、小规模集成电路和大规模、超大规模集成电路，引起计算机的几次更新换代。每一次更新换代都使计算机的体积和耗电量大大减小，功能大大增强，应用领域进一步拓宽。特别是体积小、价格低、功能强的微型计算机的出现，使计算机迅速普及，进入了办公室和家庭，在办公室自动化和多媒体应用方面发挥了很大的作用。目前，计算机的应用已扩展到社会的各个领域。可将计算机的发展过程分成以下几个阶段。

### 1. 第一代计算机（1946—1957 年）

第一代计算机的基本电子元件是电子管，内存储器采用水银延迟线，外存储器主要采用磁鼓、纸带、卡片、磁带等。由于当时电子技术的限制，第一代计算机的运算速度只是每秒几千次至几万次基本运算，内存容量仅几千个字。因此，第一代计算机体积大、耗电快、运算速度低、造价高、使用不便，应用主要局限于一些军事和科研部门进行科学计算。第一代计算机在软件上采用机器语言，后期采用汇编语言。

### 2. 第二代计算机（1958—1964 年）

1948 年前后，威廉·肖克利、约翰·巴丁和沃尔特·布拉顿成功地在美国贝尔实验室发明了晶体管，10 年后晶体管取代了计算机中的电子管，诞生了晶体管计算机，也就是第二代计算机。第二代计算机的基本电子元件是晶体管，内存储器大量使用磁性材料制成的磁芯存储器。与第一代计算机相比，第二代计算机体积小、耗电慢、成本低、逻辑功能强、使用方便、可靠性高。第二代计算机在软件上广泛采用高级语言，并出现了早期的操作系统。

### 3. 第三代计算机（1965—1970 年）

第三代计算机的基本电子元件是中、小规模集成电路，磁芯存储器得到进一步发展，并采用性能更好的半导体存储器，运算速度提高到每秒几十万次基本运算。由于采用了集成电路，第三代计算机各方面性能都有了极大提高：体积更小，价格更低，功能更强，可靠性大大提高。第三代计算机在软件上广泛使用操作系统，产生了分时、实时等操作系统和计算机网络。

### 4. 第四代计算机（1971 年至今）

第四代计算机的逻辑元件和主存储器都采用了大规模集成电路（Large Scale Integration，LSI），甚至超大规模集成电路。随着集成了上千个甚至上万个电子元件的大规模集成电路和超大规模集成电路的出现，计算机发展进入了第四代。第四代计算机的基本电子元件是大规模集成电路，甚至是超大规模集成电路，集成度很高的半导体存储器替代了磁芯存储器，运算速度可达每秒几百万次，甚至上亿次基本运算。第四代计算机在软件上产生了结构化程序设计和面向对象程序设计的思想。

就在第四代计算机方兴未艾的时候，日本于 1992 年提出了“第五代计算机”的概念，立即引起了广泛的关注。第五代计算机的特征是智能化，具有某些与人的智能类似的功能，可以理解人的语言，能思考问题，并具有逻辑推理能力。严格地说，只有第五代计算机才具有“脑”的特征，才能被称为“电脑”。

## 二、我国计算机的发展历史

1958 年，中国科学院计算所研制成功我国第一台小型电子管通用计算机 103 型（八一型），标志着我国第一台计算机的诞生。

1965 年，中国科学院计算所研制成功我国第一台大型晶体管计算机 109 乙，之后推出 109 丙，该机在“两弹”试验中发挥了重要作用。

1974 年，清华大学等单位联合设计、研制成功采用集成电路的 DJS-130 小型计算机，运算速度达每秒 100 万次基本运算。

1983 年，国防科技大学研制成功运算速度达每秒上亿次基本运算的银河-I 巨型机，这是我国高速计算机研制的一个重要里程碑。

1995 年，曙光公司推出了我国第一台具有大规模并行处理机（Massively Parallel Processor，MPP）结构的并行机曙光 1000（含 36 个处理机），峰值运算速度达每秒 25 亿次浮点运算，实际运算速度迈上了每秒 10 亿次浮点运算这一高性能台阶。曙光 1000 的体系结构与实现技术与 Intel 公司 1990 年推出的大规模并行处理机相近。此时，我国的计算机领域研究水平与国际水平的差距缩小到 5 年左右。

1997 年，国防科技大学研制成功银河-III 百亿次并行巨型计算机系统，采用可扩展分布共享存储并行处理体系结构，由 130 多个处理结点组成，峰值性能为每秒 130 亿次浮点运算，系统综合技术达到 20 世纪 90 年代中期国际先进水平。

1997—1999 年，曙光公司先后在市场上推出具有机群结构（Cluster）的曙光 1000A、曙光 2000-I、曙光 2000-II 超级服务器，峰值运算速度已突破每秒 1000 亿次浮点运算，机器规模已超过 160 个处理机。

1999 年，国家并行计算机工程技术研究中心研制的神威 I 计算机通过了国家级验收，并在国家气象中心投入运行。系统有 384 个运算处理单元，峰值运算速度达每秒 3840 亿次浮点运算。

2000 年，曙光公司推出峰值运算速度达每秒 3000 亿次浮点运算的曙光 3000 超级服务器。

2001 年，中国科学院计算所研制成功我国第一款通用 CPU——“龙芯”芯片。

2002 年，曙光公司推出完全自主知识产权的龙腾服务器，龙腾服务器采用了“龙芯-1” CPU，采用了曙光公司和中国科学院计算所联合研发的服务器专用主板，采用了曙光 LINUX 操作系统。该服务器是我国第一台完全实现自有产权的产品，在国防、安全等部门将发挥重大作用。

2003 年 12 月 9 日，联想承担的国家网格主节点“深腾 6800”超级计算机正式研制成功，其实际运算速度达每秒 4.183 万亿次浮点运算，全球排名第 14 位，运行效率达 78.5%。

2004 年 6 月 21 日，美国能源部劳伦斯伯克利国家实验室公布了最新的全球超级计算机 Top 500 榜单，曙光公司研制的超级计算机“曙光 4000A”排名第 10 位，运算速度达 8.061 万亿次浮点运算。

2005 年 4 月 1 日，《中华人民共和国电子签名法》正式实施。电子签名自此与传统的手写签名和盖章具有同等的法律效力，这将促进和规范中国电子交易的发展。

2005 年 4 月 18 日，由中国科学院计算技术研究所研制的我国首个拥有自主知识产权的通用高性能 CPU“龙芯二号”正式亮相。2009 年，国防科学技术大学研制出“天河一号”。运算速度达千万亿次浮点运算的超级计算机的出现，为我国高科技计划的实施提供了广阔的平台。

2013 年 6 月，“天河二号”以每秒 3.39 亿亿次双精度浮点运算速度问鼎“全球最快的超级计算机”称号；同年 11 月，卫冕成功。相比此前排名世界第 1 位的美国“泰坦”超级计算机，“天河二号”的计算速度是其 2 倍。

2016 年，我国自主研发的“神威 • 太湖之光”登上当年超级计算机榜首，不仅运算速度比“天河二号”快出近 2 倍，其效率也提高了 3 倍。

2017 年 5 月，中国科学技术大学潘建伟院士及其同事陆朝阳、朱晓波等，联合浙江大学王浩华研究组，构建了世界上第一台超越早期经典计算机的光量子计算机。

2020 年 6 月，全球超级计算机 Top 500 榜单公布，“神威 • 太湖之光”（图 1-1-2）排名第 4 位，这标志着我国超级计算机技术已达到世界领先水平。

2020 年 7 月，中国科学技术大学在“神威 • 太湖之光”上首次实现千万核心并行第一性原理计算模拟。

图 1-1-2

# 任务二　计算机的工作原理与计算机系统的组成

## 一、计算机的工作原理

冯·诺依曼思想可归纳为存储程序和程序控制原理。

ENIAC 诞生后，数学家冯·诺依曼提出了重大的改进理论，主要有两点：一是计算机应该以二进制为运算基础，二是计算机应采用存储程序的方式工作。他还明确指出了整个计算机的结构应由 5 个部分组成：运算器、控制器、存储器、输入设备和输出设备，5 个部分之间的关系如图 1-1-3 所示。

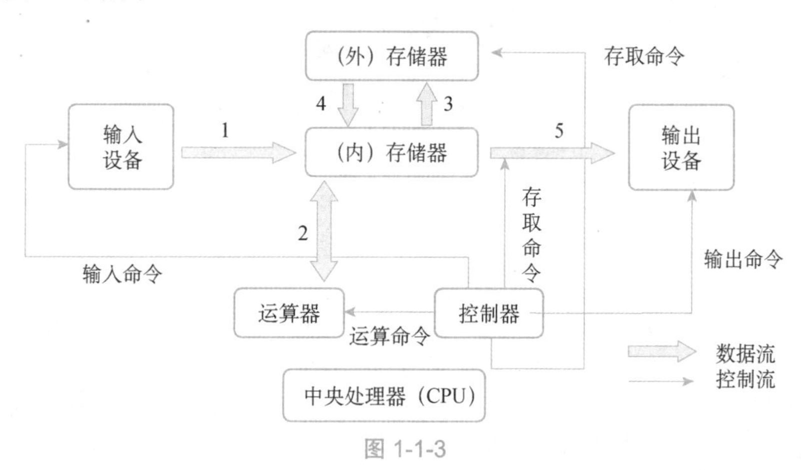


图 1-1-3

冯・诺依曼指出，计算机必须具有如下功能：①把需要的程序和数据送至计算机中；②具有长期记忆程序、数据、中间结果及最终运算结果的能力；③能够完成各种算术运算、逻辑运算和数据传送等数据加工处理；④能够根据需要控制程序走向，并能根据指令控制计算机的各部件协调操作；⑤能够按照要求将处理结果输出给用户。

为了实现计算机的上述功能，计算机必须具备以下 5 个基本组成部件（功能部件）：

（1）运算器。用于完成各种算术运算、逻辑运算和数据传送等数据加工处理。

（2）控制器。用于控制程序的执行，是计算机的“大脑”。运算器和控制器组成计算机的中央处理器（Central Processing Unit，CPU）。

（3）存储器。用于记忆程序和数据，如内存。程序和数据以二进制代码形式不加区别地存放在存储器中，存放位置由地址确定。

（4）输入设备。用于将数据或程序输入计算机中，如鼠标、键盘等。

（5）输出设备。将数据或程序的处理结果展示给用户，如显示器、打印机等。

5 个部件之间通过指令进行控制，并在不同部件之间进行数据的传递。

## 二、计算机系统的组成

一个完整的计算机系统应包括硬件系统和软件系统两大部分，如图 1-1-4 所示。

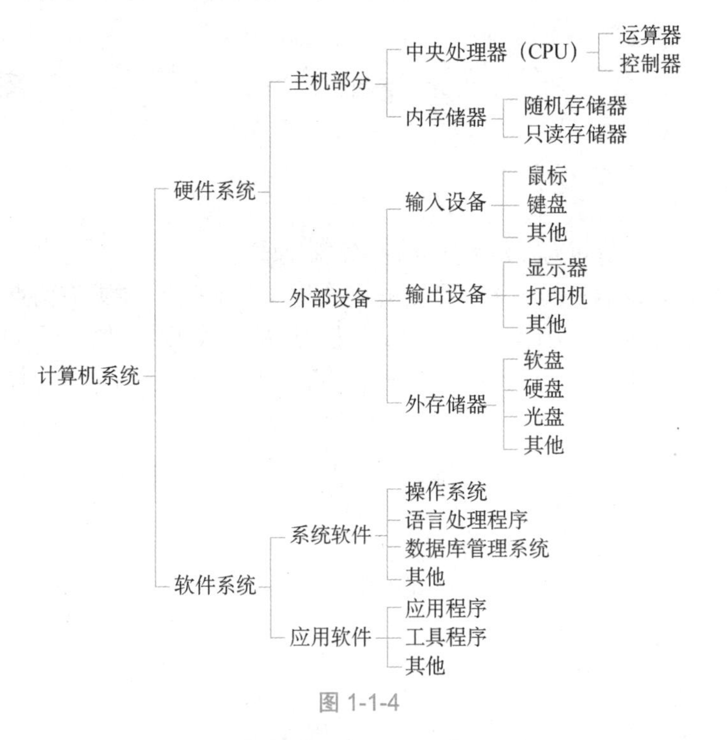


图 1-1-4

（1）硬件系统是指组成一台计算机的各种物理装置，由各种器件和电子线路组成。各种器件是计算机进行工作的物质基础，是计算机的“躯壳”。

（2）软件系统是指在硬件设备上运行的各种软件及有关的资料。软件系统通常是由计算机语言编制的，编制程序的过程称为程序设计。软件系统是计算机的“灵魂”。

# 任务三　计算机的特点、分类及发展趋势

## 一、计算机的特点

### 1. 运算速度快

由于计算机采用了高速的电子器件和线路，并利用了先进的计算技术，因此使得计算机可以有很高的运算速度。运算速度是指计算机每秒能执行多少条基本指令，常用单位是MIPS，即每秒执行百万条指令。

### 2. 运算精度高

由于计算机内部采用浮点数表示方法，而且计算机的字长从8位、16位增加到32位甚至更长，从而使处理的结果具有很高的精度。

### 3. 具有记忆能力

计算机内部的存储器具有记忆能力，存储器能够存储大量的信息。

### 4. 具有逻辑判断能力

由于采用了二进制，因此计算机能够进行各种基本的逻辑判断并且根据判断的结果自动决定下一步做什么。只有具备这种能力，计算机才能完成各种复杂的计算任务、进行各种过程控制和完成各类数据处理任务。

### 5. 存储程序

由于计算机可以存储程序，从而使得计算机可以在程序的控制下自动完成各种操作，而无须人工干预。

## 二、计算机的分类

### 1. 按处理对象及其数据的表示形式分类

按照计算机的处理对象及其数据的表示形式可将计算机分为数字计算机、模拟计算机、数字模拟混合计算机。

1）数字计算机

该类计算机输入、处理、输出和存储的数据是数字量，这些数据在时间上是离散的。

2）模拟计算机

该类计算机输入、处理、输出和存储的数据是模拟量（如电压、电流等），这些数据在时间上是连续的。

3）数字模拟混合计算机

该类计算机将数字技术和模拟技术相结合，兼有数字计算机和模拟计算机的功能。

### 2. 按用途及其使用范围分类

按照计算机的用途及其使用范围可将计算机分为通用计算机和专用计算机。

1）通用计算机

该类计算机具有广泛的用途和使用范围，可用于科学计算、数据处理、过程控制等。

2）专用计算机

该类计算机适用于某一特殊的应用领域，如智能仪表、军事装备的自动控制等。

### 3. 按规模分类

按照计算机的规模可将计算机分为巨型计算机、大型计算机、中型计算机、小型计算机、微型计算机、工作站、服务器及网络计算机等类型。

1）巨型计算机

该类计算机主要应用于复杂的科学计算及军事等专门领域。

2）大、中型计算机

该类计算机具有较高的运算速度，有较大的存储容量及较好的通用性，但价格较高，通常被用来作为银行、铁路等大型应用系统中的计算机网络的主机来使用。

3）小型计算机

该类计算机的运算速度和存储容量略低于大、中型计算机，与终端和各种外部设备连接比较容易，适合于作为联机系统的主机或者工业生产过程的自动控制。

4）微型计算机

该类计算机使用大规模集成电路芯片制作的微处理器、存储器和接口，并配置相应的软件，从而构成了完整的微型计算机系统，它的问世在计算机的普及与应用中发挥了重大的推动作用。

5）工作站

工作站是为了某种特殊用途由高性能的微型计算机系统、输入设备、输出设备及专用的软件组成的。

6）服务器

服务器是一种在网络环境下为多个用户提供服务的共享设备。

7）网络计算机

该类计算机是一种在网络环境下使用的终端设备，其特点是内存容量大、显示器的性能高、通信功能强。

## 三、计算机的发展趋势

计算机的广泛和深入应用，向计算机技术本身提出了更高的要求。当前，计算机的发展表现为四种趋势：巨型化、微型化、网络化和智能化。

### 1. 巨型化

巨型化就是发展高速度、大存储量和强功能的巨型计算机。巨型计算机是天文、气象、地质、核反应堆等尖端科学的需要，也是记忆巨量的知识信息及使计算机具有类似人脑的学习和复杂推理的功能所必需的。巨型化的发展集中体现了计算机科学技术的发展水平。

### 2. 微型化

微型化就是进一步提高集成度，利用高性能的超大规模集成电路研制质量更加可靠、性能更加优良、价格更加低廉、整机更加小巧的微型计算机。

### 3. 网络化

网络化就是把各自独立的计算机用通信线路连接起来，形成各计算机用户之间可以相互通信并能使用公共资源的网络系统。网络化能够充分利用计算机的宝贵资源，并扩大计算机的使用范围，为用户提供方便、及时、可靠、广泛、灵活的信息服务。

### 4. 智能化

智能化就是使计算机具有模拟人的感觉和思维过程的能力。智能计算机具有解决问题、逻辑推理、知识处理和知识库管理等功能。人与计算机的联系是通过智能接口，用文字、声音、图像等与计算机进行自然对话。目前，已研制出的各种“机器人”，有的能代替人劳动，有的能与人下棋，等等。智能化计算机突破了“计算”这一初级的含意，从本质上扩充了计算机的能力，使其能够越来越多地代替人类脑力劳动。

# 任务四　计算机软、硬件结构

## 一、计算机的组成

一台完整的计算机系统通常由硬件系统和软件系统两大部分组成，见图 1-1-4 所示。硬件是指看得见、摸得着的物理设备或者器件，是软件发挥作用的舞台和物质基础；软件是看不见、摸不着的程序、数据和相关文档资料，是使计算机系统发挥强大功能的灵魂，两者相辅相成，缺一不可。

## 二、硬件系统

硬件系统主要分为主机部分和外部设备两部分，是指构成计算机系统的物理实体，主要由电子器件和机电装置组成。

### 1. 主机部分

主机部分由中央处理器和内存储器两部分组成。

（1）中央处理器包括运算器和控制器。

（2）内存储器包括随机存储器和只读存储器。

### 2. 外部设备

外部设备由输入设备、输出设备和外存储器组成。

1）输入设备

输入设备实现将程序、原始数据、文字、字符、控制命令或现场采集的数据等信息输入计算机中。常用的输入设备有鼠标、键盘、扫描仪、数码相机、数码摄像机和游戏操作杆等，如图 1-1-5 所示。

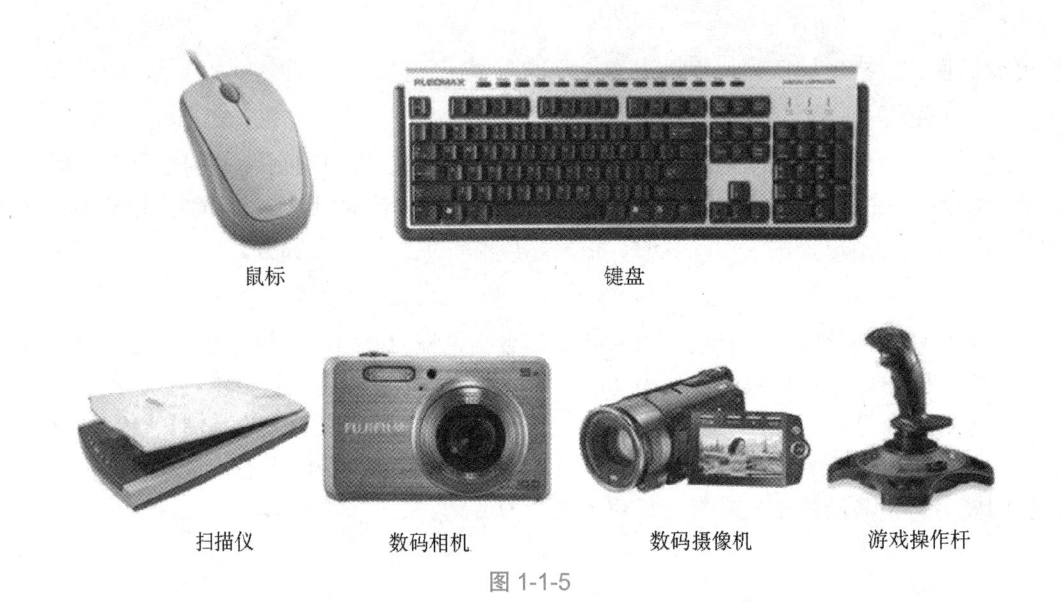


图 1-1-5

2）输出设备

输出设备实现将计算机的处理过程或处理结果以人们熟悉的文字、图形、图像、声音等形式展现出来。常用的输出设备有显示器、打印机和绘图仪等，如图 1-1-6 所示。

图 1-1-6

3）外存储器

外存储器（简称外存）也称辅助存储器，属于计算机外部设备。外存储器属于永久性存储器，存放暂时不用的数据和程序。与内存储器相比，外存储器的特点是存储量大、价格较低，而且在断电的情况下也可以长期保存信息，所以它又称永久性存储器。目前，常用的外存储器有硬盘、闪速存储器（图 1-1-7）、光盘等。

图 1-1-7

## 三、软件系统

所谓软件，是指为方便使用计算机和提高使用效率而组织的程序，用于开发、使用和维护计算机的有关文档。软件可分为系统软件和应用软件两大类。

### 1. 系统软件

系统软件由一组控制计算机系统并管理其资源的程序组成，它的功能包括启动计算机，存储、加载和执行应用程序，对文件进行排序、检索，将程序语言翻译成机器语言，等等。系统软件主要包括操作系统、语言处理程序等。

（1）操作系统是一种方便用户管理和控制计算机软、硬件资源的系统软件，也是一个大型的软件系统，其功能复杂，体系庞大，在整个计算机系统中具有承上启下的作用。用户操作计算机实际上是通过操作系统来进行的，它是所有软件的基础和核心。

（2）语言处理程序也称编译程序，它的作用是把程序员用某种编程语言（如 Python）所编写的程序，翻译成计算机可执行的机器语言。机器语言也称机器码，是可以通过 CPU 进行分析和执行的指令集。

### 2. 应用软件

为解决各类实际问题而设计的程序系统称为应用软件。从应用软件服务对象的角度，可将其分为通用软件和专用软件两类。

（1）通用软件通常是为解决某一类问题而设计的，而这类问题是很多人都会遇到和需要解决的，如文字处理、表格处理、电子文稿演示、电子邮件收发等，WPS Office 办公软件、Microsoft Office 办公软件就是为解决上述问题而开发的。

（2）在市场上可以买到通用软件，但有些具有特殊功能和需求的软件是无法买到的。例如，某用户希望有一个程序能自动控制厂里的车床，同时也能将各种事务性工作集中起来统一管理。因为这种程序对于一般用户来说太特殊了，所以只能组织人力单独开发。当然，针对这种情况开发出来的软件也只能专用于这一种情况。这种软件就是专用软件。

# 项目二　计算机存储

## 项目导读

信息化是当今世界发展的大趋势，近年来，我国信息化水平有了显著的提高，以计算机网络技术为主的信息技术涉及社会各个领域，对人们的工作、生活、学习产生了深刻的影响。随着计算机科学的深入发展，计算思维的内涵不断拓展并逐渐受到广泛关注。

## 学习目标

1. 熟悉数制与编码。
2. 了解信息编码与数制转换。

## 思政目标

1. 利用计算机存储技术保存中国传统文化知识和历史知识，增强学生的文化自信和历史责任感。

2. 引导学生认识计算机存储技术在推动科技创新中的作用。

3. 增强学生的网络安全意识和自我保护能力。

# 任务一　数制与编码

## 一、数制的基本概念

计算机是信息处理的工具，信息必须转换成二进制形式的数后，才能由计算机进行处理、存储和传输。

### 1. 数制的定义

用一组固定的数字（数码符号）和一套统一的规则来表示数值的方法称为数制（numerical system，也称计数制）。常用的数制除了十进制，还有二进制、八进制和十六进制。

### 2. *R* 进制计数制

任意 $R$ 进制计数制都有基数 $R$、权 $R^i$ 和按权展开式。其中 $R$ 可以是任意正整数，如二进制的 $R$ 为 2，十进制的 $R$ 为 10，十六进制的 $R$ 为 16。

1）基数

基数是指计数制中所用到的数码符号的个数。在基数为 $R$ 的计数制中，包含 0、1、…、$R-1$ 共 $R$ 个数码符号，进位规律是“逢 $R$ 进一”，称为 $R$ 进制计数制，简称 $R$ 进制。例如，十进制数包含 0、1、2、3、4、5、6、7、8、9 共 10 个数码符号，基数 $R=10$。

为区分不同数制的数，书中约定对于任意 $R$ 进制的数 $N$，记作（$N$）$R$。例如，$(10101)_2$、$(7034)_8$、$(AE06)_{16}$ 分别表示二进制数 10101、八进制数 7034 和十六进制数 AE06。不用括号及下标的数，默认为十进制数，如 256。人们一般习惯在一个数的后面加上字母来说明其前面的数用的是什么进制。例如，10101B 表示二进制数 10101，7034Q 表示八进制数 7034，AE06H 表示十六进制数 AE06。

2）权（位值）

数制每一位所表示的值称为权。$R$ 进制数的位权是 $R$ 的整数次幂。例如，十进制数的位权是 10 的整数次幂，其个位的位权是 $10^0$，十位的位权是 $10^1$，以此类推。

3）数值的按权展开式

任意 $R$ 进制数的值都可表示为各位数值与其权的乘积之和。例如，二进制数 110.01 的按权展开式为：

$$101.01B=1\times2^2+0\times2^1+1\times2^0+0\times2^{-1}+1\times2^{-2}$$

这一过程称为数值的按权展开。任意一个具有 $n$ 位整数和 $m$ 位小数的 $R$ 进制数 $N$ 的按权展开式为：

$$(N)_R = a_{n-1} \times R^{n-1} + a_{n-2} \times R^{n-2} + \cdots + a_2 \times R^2 + a_1 \times R^1 + a_0 \times R^0 + a_{-1} \times R^{-1} + \cdots + a_{-m} \times R^{-m}$$
$$= \sum_{i=-m}^{n-1} a_i \times R^i$$

式中，$a_i$ 为 $R$ 进制的数码。

## 二、十进制、二进制、八进制和十六进制

通过上述数制的介绍，相信读者对数制有了一定的了解。下面具体介绍十进制、二进制、八进制和十六进制，以及各种数制间的转换。

### 1. 十进制

十进制有 10 个不同的数码符号，即 0、1、2、3、4、5、6、7、8、9，每一个数码符号根据它在这个数中所处的位置（数位），按“逢十进一”来决定其实际数值，即各数位的位权是以 10 为底的幂次方。

在计算机中，一般用十进制数作为数据的输入和输出。

### 2. 二进制

二进制有 2 个不同的数码符号，即 0、1，每一个数码符号根据它在这个数中所处的位置（数位），按“逢二进一”来决定其实际数值，即各数位的位权是以 2 为底的幂次方。

显然，二进制数冗长，书写麻烦且容易出错，不方便阅读。因此，在计算机技术文献的书写中，常用十六进制数表示。

### 3. 八进制

八进制有 8 个不同的数码符号，即 0、1、2、3、4、5、6、7，每一个数码符号根据它在这个数中所处的位置（数位），按“逢八进一”来决定其实际数值，即各数位的位权是以 8 为底的幂次方。

八进制的应用不如十六进制。有一些程序设计语言提供了使用八进制符号来表示数字的功能，目前还有一些比较老旧的 UNIX 应用在使用八进制。

### 4. 十六进制

十六进制有 16 个不同的数码符号，即 0、1、2、3、4、5、6、7、8、9、A、B、C、D、E、F，每一个数码符号根据它在这个数中所处的位置（数位），按“逢十六进一”来决定其实际数值，即各数位的位权是以 16 为底的幂次方。

在一定数值范围内有时需要直接写出各种数制之间的对应表示。表 1-2-1 列出了 0～15 这 16 个十进制数与其他 3 种数制的对应关系。

表 1-2-1　4 种数制的对应表示

| 十进制 | 二进制 | 八进制 | 十六进制 | 十进制 | 二进制 | 八进制 | 十六进制 |
|---|---|---|---|---|---|---|---|
| 0 | 0000 | 0 | 0 | 4 | 0100 | 4 | 4 |
| 1 | 0001 | 1 | 1 | 5 | 0101 | 5 | 5 |
| 2 | 0010 | 2 | 2 | 6 | 0110 | 6 | 6 |
| 3 | 0011 | 3 | 3 | 7 | 0111 | 7 | 7 |

续表

| 十进制 | 二进制 | 八进制 | 十六进制 | 十进制 | 二进制 | 八进制 | 十六进制 |
|---|---|---|---|---|---|---|---|
| 8 | 1000 | 10 | 8 | 12 | 1100 | 14 | C |
| 9 | 1001 | 11 | 9 | 13 | 1101 | 15 | D |
| 10 | 1010 | 12 | A | 14 | 1110 | 16 | E |
| 11 | 1011 | 13 | B | 15 | 1111 | 17 | F |

### 5. 各种数制间的转换

对于各种数制间的转换，应重点掌握二进制整数与十进制整数之间的转换。

1）*R* 进制数转换成十进制数

任意 *R* 进制数按权展开、相加即可得到十进制数。

例 1.1　将二进制数 1010.101 转换成十进制数。

$$
\begin{aligned}
1010.101\text{B} &= 1\times2^{3}+0\times2^{2}+1\times2^{1}+0\times2^{0}+1\times2^{-1}+0\times2^{-2}+1\times2^{-3} \\
&= 8+0+2+0+0.5+0+0.125=10.625\text{D}
\end{aligned}
$$

例 1.2　将十六进制数 2BF 转换成十进制数。

$$2\text{BFH}=2\times16^{2}+11\times16^{1}+15\times16^{0}=512+176+15=703\text{D}$$

2）十进制数转换成 *R* 进制数

将十进制数转换成 *R* 进制数时，须将整数部分和小数部分分别进行转换。

（1）整数部分转换。采用除 *R* 取余法，先用 *R* 去除给出的十进制数的整数部分，取其余数作为转换后的 *R* 进制数的整数部分最低位数字；再用 *R* 去除所得的商，取其余数作为转换后的 *R* 进制数的次低位数字；以此类推，直到商为 0。

例 1.3　将十进制整数 53 转换成二进制整数。

由整数部分转换方法得：

| 除数 | 被除数 / 商 | 余数 | |
|---|---|---|---|
| 2 | 53 | | |
| 2 | 26 | 1 | 低位 |
| 2 | 13 | 0 | |
| 2 | 6 | 1 | |
| 2 | 3 | 0 | |
| 2 | 1 | 1 | |
| | 0 | 1 | 高位 |

所以 53D = 110101B。

（2）小数部分转换。采用乘 *R* 取整法，先用 *R* 去乘给出的十进制数的小数部分，取乘积的整数部分作为转换后的 *R* 进制小数点后第一位数字；再用 *R* 去乘上一步乘积的小数部分，然后取新乘积的整数部分作为转换后的 *R* 进制小数点后的低一位数字；重复第二步操作，直到乘积为 0，或已得到要求的精度数位为止。

**提示：** 了解了十进制整数转换成二进制整数的方法以后，再学习十进制整数转换成十六进制整数的方法就很容易了。十进制整数转换成十六进制整数的方法是“除 16 取余法”。

3）二进制数与八进制数的相互转换

因为二进制的进位基数是 2，八进制的进位基数是 8，且 $2^3 = 8$，显然 3 位二进制数对应 1 位八进制数。

（1）二进制数转换成八进制数。整数部分从低位向高位每 3 位用一个等值的八进制数替换，不足 3 位时在高位补 0 凑足 3 位；小数部分从高位向低位每 3 位用一个等值的八进制数替换，不足 3 位时在低位补 0 凑足 3 位。

例 1.4　将二进制数 1101001110.11001 转换成八进制数。

先分组，每 3 位一组，不足 3 位时补 0；然后将每组用 1 个八进制数表示即可，如下所示：

001　101　001　110.　110　010

1　5　1　6.　6　2

故得结果：1101001110.11001B = 1516.62Q。

（2）八进制数转换成二进制数。将每个八进制数改写成等值的 3 位二进制数，且保持高低位的次序不变。

例 1.5　将八进制数 2467.32 转换成二进制数。

2　4　6　7.　3　2

010　100　110　111.　011　010

故得结果：2467.32Q = 10100110111.01101B。

4）二进制数与十六进制数的相互转换

用二进制数编码存在这样一个规律：$n$ 位二进制数最多能表示 $2^n$ 种状态，分别对应 0, 1, 2, 3, …, $2^{n-1}$。可见，用 4 位二进制数就可对应表示 1 位十六进制数。

（1）二进制整数转换成十六进制整数。从小数点开始分别向左或向右分组，每 4 位一组，不足 4 位时补 0 凑满 4 位，然后将每组用 1 位十六进制数表示即可。

例 1.6　将二进制整数 1111101011001 转换成十六进制整数。

先从右往左分组，每 4 位一组，不足 4 位时补 0 凑满 4 位，然后每组用 1 位十六进制数表示即可。如下所示：

0001　1111　0101　1001

1　F　5　9

故得结果：1111101011001B = 1F59H。

（2）十六进制整数转换成二进制整数。将每位十六进制数用 4 位二进制数表示即可。

例 1.7　将十六进制数 3FC 转换成二进制数。

3　F　C

0011　1111　1100

故得结果：3FCH = 001111111100B。

5）八进制数与十六进制数的相互转换

八进制数与十六进制数之间直接转换有些困难，可以先将八进制数转换为二进制数，再转换为十六进制数；也可先将十六进制数转换为二进制数，再转换为八进制数。

## 三、数值的编码

对于数值数据的表示还有两个需要解决的问题，即数的正、负符号和小数点位置的表示。

计算机中通常以“0”表示正号、“1”表示负号，进一步又引入了原码、反码和补码等编码方法。为了表示小数点的位置，计算机中又引入了定点数表示法和浮点数表示法。有关数据在计算机内部的具体表示方法已远远超出本书的范围，故略去不讲。

## 任务二　信息编码

计算机除了用于数值计算，还有其他许多方面的应用，如文字处理、图形图像处理、声音处理、视频处理等。因此，计算机中的数据可以分为数值型数据与非数值型数据。其中，数值型数据就是常说的“数”（如整数、实数等），它们在计算机中是以二进制的形式存放的。而非数值型数据与一般的“数”不同，通常不表示数值的大小，只表示字符、图形、图像、声音、视频等信息。

计算机既能处理数值型数据，也能处理如字符、汉字、图形、图像、声音等类型的非数值型数据。

所谓编码，就是用少量简单的基本符号，选用一定的组合规则，以表示大量复杂多样的信息。

前面已经强调：计算机只能识别二进制形式的数，所以要计算机进行处理的任何类型的数据都必须用二进制的形式存储在计算机内。

计算机采用二进制，为了便于人机交互，常常用一组四位二进制编码表示一个十进制数码符号，称为二进制编码的十进制数。最常用的是 8421，又称 BCD（Binary Code Dicemal）码，如表 1-2-2 所示。

表 1-2-2　十进制数与 BCD 码的对应表示

| 十进制数 | BCD 码 | 十进制数 | BCD 码 |
|---|---|---|---|
| 0 | 0000 | 5 | 0101 |
| 1 | 0001 | 6 | 0110 |
| 2 | 0010 | 7 | 0111 |
| 3 | 0011 | 8 | 1000 |
| 4 | 0100 | 9 | 1001 |

例如，397 的 BCD 码是 0011 1001 0111，126 的 BCD 码是 0001 0010 0110，74 的 BCD 码是 0111 0100。

BCD 两位十进制数是用 8 位二进制数并列表示的，它不是一个 8 位的二进制数，而仅仅是一种编码。

### 一、西文字符编码

字符是计算机中使用最多的信息形式之一，是人与计算机进行通信、交互的重要媒介。同样，要计算机识别字符也必须对字符进行二进制编码。字符的编码有各种规定（标准），我国颁布的字符编码标准与国际上较普遍使用的 ASCII 码基本相同。

ASCII（American Standard Code for Information Interchange，美国信息交换标准代码）采用 7 位二进制编码（$d_6d_5d_4d_3d_2d_1d_0$），故可以表示 $2^7$=128 个字符，其中 $d_3d_2d_1d_0$ 表示字符所在行，$d_6d_5d_4$ 表示字符所在列；第 8 位一般为 0（如果需要，可以用作奇偶校验码），存储时占一个字节。

标准 ASCII 码字符集如表 1-2-3 所示。

表 1-2-3　标准 ASCII 码字符集

| $d_3d_2d_1d_0$ | $d_7d_6d_5d_4$ | | | | | | | |
|---|---|---|---|---|---|---|---|---|
| | 0000 | 0001 | 0010 | 0011 | 0100 | 0101 | 0110 | 0111 |
| 0000 | NUL | DLE | SP | 0 | @ | P | ` | p |
| 0001 | SOH | DC1 | ! | 1 | A | Q | a | q |
| 0010 | STX | DC2 | ″ | 2 | B | R | b | r |
| 0011 | ETX | DC3 | # | 3 | C | S | c | s |
| 0100 | EOT | DC4 | $ | 4 | D | T | d | t |
| 0101 | ENQ | NAK | % | 5 | E | U | e | u |
| 0110 | ACK | SYN | & | 6 | F | V | f | v |
| 0111 | BEL | ETB | ‘ | 7 | G | W | g | w |
| 1000 | BS | CAN | （ | 8 | H | X | h | x |
| 1001 | HT | EM | ） | 9 | I | Y | i | y |
| 1010 | LF | SUB | * | ： | J | Z | j | z |
| 1011 | VT | ESC | + | ； | K | [ | k | { |
| 1100 | FF | FS | , | < | L | \ | l | \| |
| 1101 | CR | GS | - | = | M | ] | m | } |
| 1110 | SD | RS | . | > | N | ^ | n | ～ |
| 1111 | SI | US | / | ? | O | _ | o | DEL |

128 个字符包括：

- 10 个十进制数（0～9）；
- 52 个大写英文字母和小写英文字母（A～Z、a～z）；
- 32 个通用控制字符；
- 34 个专用字符。

规律：

- 从 A 到 Z、从 a 到 z 和从 0 到 9，码值均为+1 趋势；
- 大小比较：数字<大写字母<小写字母，如 0<A<a。

通常，计算机中用一个字节（8 位二进制码）来表示一个字符，右边 7 位对应字符的 ASCII 码，最左边的一位通常用作奇偶校验码，用来发现错误。

奇偶校验码是一种最简单的校验码，如果数码在存储、传送过程中，由于某种原因使得字符编码的某一位发生变化（由1变为0或由0变为1），在接收到的字节中，“1”的个数不是原规定的偶（或奇）数，于是就能发现错误。

## 二、汉字编码

汉字比西文字符数量多且复杂，这给计算机的汉字编码带来了一定的困难。汉字是象形文字，在一个汉字处理系统中，输入、内部处理、输出对汉字有不同的编码要求。汉字信息处理系统在处理汉字时要进行一系列的汉字代码转换。这里主要介绍 4 类汉字代码：外部码、内部码、交换码和输出码。

汉字系统对每个汉字规定了输入计算机的代码，即外部码，键盘输入汉字是输入外部码。计算机为了识别汉字，要把外部码转换成内部码，以便进行处理和存储。为了将汉字以点阵的形式输出，还要将内部码转换为输出码，以确定该汉字的点阵。另外，在计算机和其他系统或设备需要信息、数据交流时，必须采用交换码。

### 1. 外部码

外部码，也称汉字输入码，是计算机输入汉字的代码，代表某一个汉字的一组键盘符号。目前，常见的外部码有几十种，如汉语拼音码、五笔字型、区位码等，大致可以分为以下4类：

（1）数字编码，如国标码、区位码等；

（2）字音编码，如全拼、微软拼音、智能拼音等；

（3）字形编码，如五笔字型、郑码、太极码等；

（4）音形编码，如自然码等。

随着科技的发展，还可以通过其他方式输入汉字，如语音输入、手写输入、OCR识别等。例如，输入汉字“张”时的区位码、汉语拼音码和五笔字型分别为：5337、zhang、xt。需要注意的是，同一个汉字使用不同的输入法，外部码是不同的。

### 2. 内部码

内部码也称内码或机内码。计算机处理汉字，实际上是处理汉字的代码。当计算机输入外部码时，通常要转成内部码，只有这样才能进行存储、运算、传送。一般用2个字节表示一个汉字的内部码。通常，内部码用汉字在字库中的物理位置表示，如用汉字在字库中的序号或汉字在字库中的存储位置表示。需要注意的是，一般情况下，内部码不能与西文字符编码（ASCII码、EBCDIC码等）发生冲突，并区分汉字与西文字符；用尽可能少的字节表示尽可能多的汉字；与交换码兼容。除了二字节内部码，还有三字节内部码、四字节内部码、带引导码的内部码、带符号的内部码、带括号的内部码等。

### 3. 交换码

当计算机之间或计算机与终端之间进行信息交换时，它们之间传送的汉字代码信息应完全一致，《信息交换用汉字编码字符集》（GB 2312—1980）规定了信息交换用的标准汉字交换码，即国家标准代码（简称国标码）。交换码是用于不同的汉字信息系统间进行汉字交换时使用的编码，简称国标码。

国标码共收集了7445个图形字符，其中汉字6763个，其余为一般符号、数字、拉丁字母、希腊字母、汉语拼音等。

编码的转换举例如表 1-2-4 所示。

表 1-2-4

| 汉字 | 区位码 | 十六进制表示 | 国标码 | 内部码 |
| --- | --- | --- | --- | --- |
| 文 | 4636 | 2E24H | 4E44H | CEC4H |
| 大 | 2083 | 1453H | 3473H | B4F3H |

### 4. 输出码

为输出汉字，将汉字字形经过点阵的数字化后的一串二进制数称为输出码，又称字形码或汉字发生器的编码。

输出码是表示汉字字形的字模数据，用在显示或打印汉字时产生字形，通常用点阵、矢量和曲线函数等方式表示。

用点阵表示字形时，输出码叫作这个汉字的字形点阵码。例如，16×16 点阵码，每个汉字占 32 个字节，其中每个字节的一位（Bit）代表一个点。当该位为“0”时，对应的点为“白”色；为“1”时，对应的点为黑色。

提高型汉字为 24×24 点阵、32×32 点阵、48×48 点阵等。每个 24×24 点阵汉字都占用 72 个字节，同理，每个 16×16 点阵汉字都占用 32 个字节。例如，汉字“次”的 16×16 点阵字形码如图 1-2-1 所示。

点阵字形码所占用存储空间的计算方法如下式所示：

$$字节数 = 点阵行数 \times 点阵列数 \div 8$$

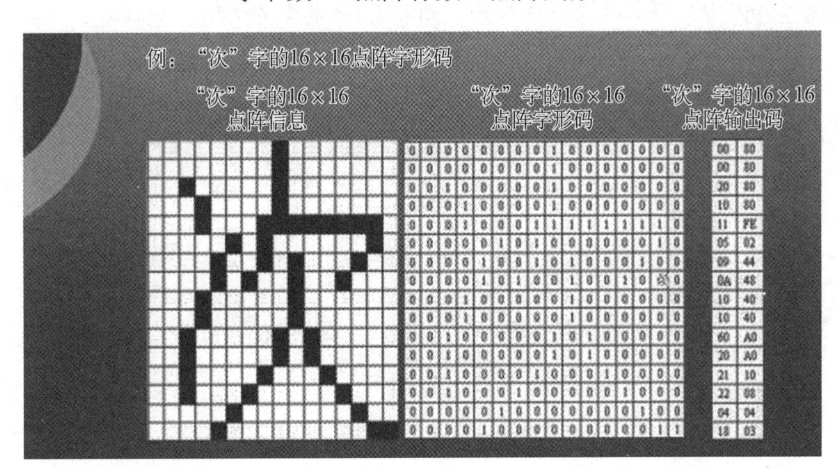


图 1-2-1

原理：点阵中的每个点都需要一个二进制的位来存储。

例 1.8　用 16×16 点阵和 48×48 点阵表示“次”字，分别需要多大的存储空间？

解：16×16 点阵占空间：16×16÷8＝32（字节）

　　48×48 点阵占空间：48×48÷8＝288（字节）

### 5. 汉字编码之间的关系

举例说明，通过键盘输入一个汉字“计”，并在屏幕上显示，其编码的转换过程如下。

举例说明，通过键盘输入一个汉字“计”，并在屏幕上显示，其编码的转换过程如下。

（1）通过键盘输入输入码：ji（拼音输入法）。

（2）通过输入法控制程序，依据交换码（国标码 00111100 01000110），把输入码（ji）转换成内部码（10111100 11000110），并保存在计算机内。

（3）汉字显示驱动程序根据内部码计算出“计”的字形码所在字库的地址，通过相应的地址把字库中的字形码取出，存入相应的显示内存单元中。

（4）在显示驱动程序的控制下，根据显示内存中的字形码，在屏幕的相应位置显示汉字“计”的字形。

（5）其他编码。

① UCS 编码。

② Unicode 码。

③ GBK 码。

由信息产业部和国家质量技术监督局在 2000 年 3 月 17 日联合发布的 GB 18030—2000 编码标准，是 GB 2312-1980 的扩展，共收录 2.7 万多个汉字，总编码空间超过 150 万个码位；延续了 GB 3211 的编码体系结构，采用单 / 双 / 四字节混合编码。该标准与现有的绝大多数操作系统、中文平台在计算机内码一级兼容，为中文信息在国际互联网上的传输与交换提供了保障。

Windows 2000/2003 全面支持 GBK 码，能统一地表示 20902 个汉字。

# 模块二　计算机操作系统——敢为人先，做勇敢的实践者

## 项目一　Windows 10 系统基本操作

### 项目导读

操作系统是计算机系统的内核与基石，管理着计算机的硬件资源与软件资源。操作系统的主要设计目标就是方便用户使用、管理计算机中的各种资源。

Windows 10 系统是目前世界上应用较为广泛的操作系统，它采用图形化的界面，易学易用，深受广大用户的喜爱。

### 学习目标

1. 熟悉 Windows 10 系统的桌面组成。
2. 掌握 Windows 10 系统的安装与设置。

### 思政目标

1. 培养学生能够与团队成员分工协作的合作意识。
2. 培养学生精益求精、实践创新的工匠精神。
3. 引导学生自觉遵守国家法律和职业道德，践行社会主义核心价值观。

## 任务一　设置个性桌面

### 一、使用系统自带的图片设置桌面背景

（1）右击桌面空白处，在弹出的快捷菜单中选择“个性化”命令。

（2）在弹出的“设置”窗口中，单击左侧的“背景”选项，如图 2-1-1 所示，在右侧“背

景”下拉列表中选择系统自带的背景图片作为背景，也可选择计算机中保存的其他图片作为背景，单击“浏览”按钮，在“打开”对话框中选择需要的图片，单击“选择图片”按钮。

图 2-1-1

图 2-1-2

## 二、调出常用桌面图标

（1）右击桌面空白处，在弹出的快捷菜单中选择“个性化”命令。

（2）在弹出的“设置”窗口中，单击左侧的“主题”选项，然后单击右侧的“桌面图标设置”选项。

（3）在打开的“桌面图标设置”对话框中，勾选需要在桌面上显示的图标复选框，单击“确定”按钮，如图 2-1-2 所示。

## 三、自动排列桌面图标

（1）右击桌面空白处，在弹出的快捷菜单中选择“查看”命令，弹出一个子菜单。

（2）若在子菜单中取消“显示桌面图标”命令的选中状态，则桌面的图标会全部消失。若要让桌面图标摆放在桌面的任意位置，则可以取消“自动排列图标”命令的选中状态，如图 2-1-3 所示。

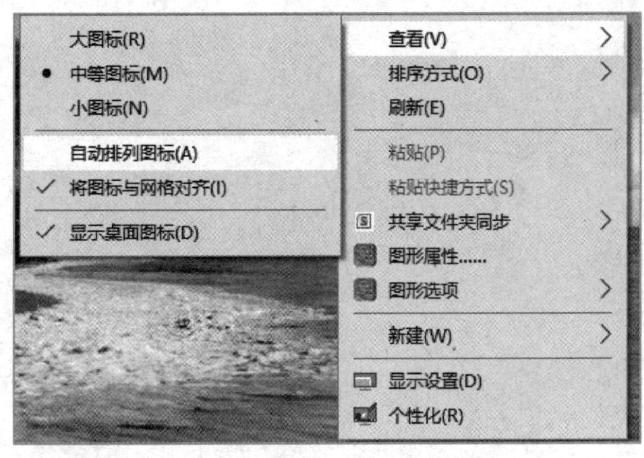


图 2-1-3

# 任务二 快捷方式的使用

## 一、了解“开始”菜单

（1）单击桌面左下方的“开始”按钮或按键盘上的 Win 键，即可打开 Windows 10 系统的“开始”菜单。

（2）“开始”菜单的左下方分别是用户账户、文档、图片、设置和电源选项，它们无法删除，它们的位置也无法调整，这样设计是为了让用户可以快速访问系统中最常用的几个功能。

（3）“开始”菜单的左侧是所有应用列表，最常用的应用在最前面，然后按照应用的首字母排序。单击对应的图标，即可方便、快速地打开应用。

（4）“开始”菜单的右侧为开始屏幕磁贴区，与 Windows 8 系统中的磁贴相似，可以在此固定程序，也可对磁贴进行移动、分组等操作，如图 2-1-4 所示。

## 二、“开始”菜单的个性化设置

（1）在“开始”菜单中选择“设置”选项或按“⊞+ I”组合键打开“设置”窗口。

（2）在打开的“设置”窗口左侧选择“开始”选项，右侧根据需要单击对应的开关按钮，并单击“选择哪些文件夹显示在‘开始’菜单上”超链接，如图 2-1-5 所示。

（3）在打开的窗口中设置要显示在“开始”菜单中的文件夹，单击相应的开关按钮即可，如打开“网络”和“个人文件夹”。

（4）打开“开始”菜单，即可在“开始”菜单左侧看到“网络”和“个人文件夹”按钮，如图 2-1-6 所示。

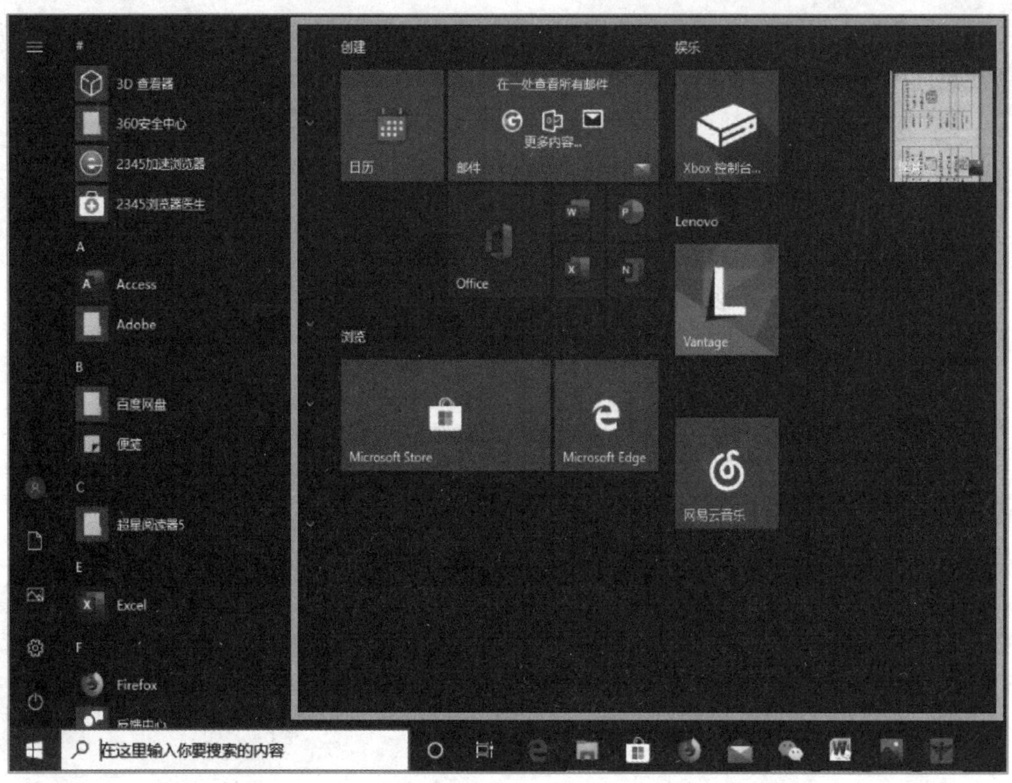

3D 查看器
360安全中心
2345加速浏览器
2345浏览器医生
A
Access
Adobe
B
百度网盘
便笺
C
超星阅读器5
E
Excel
F
Firefox
创建
在一处查看所有邮件
更多内容...
日历
邮件
娱乐
Xbox 控制台...
Office
Lenovo
Vantage
浏览
Microsoft Store
Microsoft Edge
网易云音乐
在这里输入你要搜索的内容


图 2-1-4

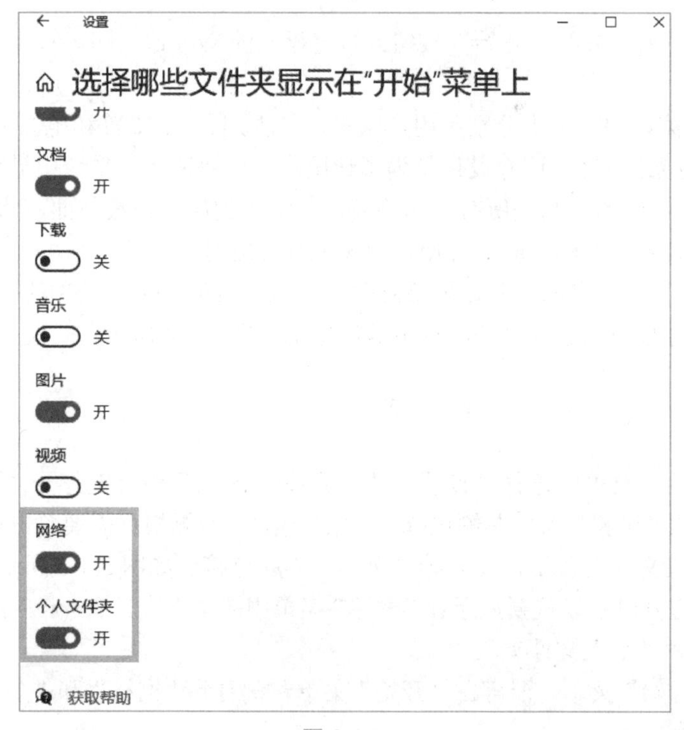

设置
选择哪些文件夹显示在“开始”菜单上
文档
开
下载
关
音乐
关
图片
开
视频
关
网络
开
个人文件夹
开
获取帮助


图 2-1-5

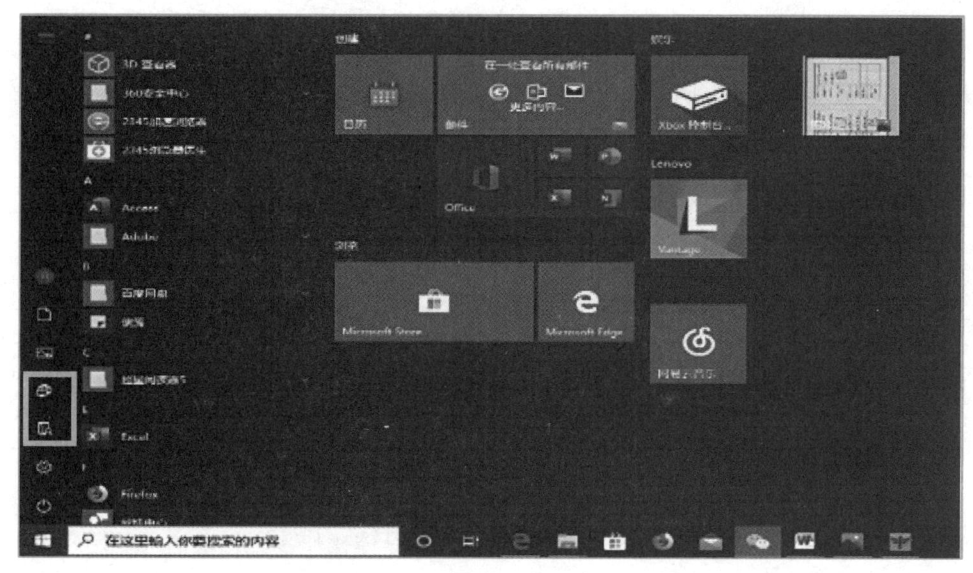


图 2-1-6

## 三、“组合键”快捷方式

### 1. “Ctrl+A”组合键

按“Ctrl+A”组合键可以选择文件夹里的所有文件或文档里的所有文字。

### 2. “Ctrl+D”组合键

按“Ctrl+D”组合键可以实现对文件的删除，删除后文件会转移到回收站。“Ctrl+D”组合键和 Delete 键的区别在于“Ctrl+D”组合键不能用于文档中文字的删除，而 Delete 键可以。

### 3. “Shift+Delete”组合键

按“Shift+Delete”组合键可以永久性删除选择的文件，通过该组合键删除的文件无法从回收站找回（也就是说，按该组合键得到的结果与把文件删除到回收站，再清空回收站的结果一样）。

### 4. “Win+D”组合键

按“Win+D”组合键可以最小化所有窗口，直接显示计算机桌面，再按一次该组合键，则会恢复刚才最小化的窗口。

### 5. F11 键

按 F11 键可以使打开的网页（退出）实现全屏。

### 6. Win 键或“Ctrl+Esc”组合键

按 Win 键或“Ctrl+Esc”组合键可以打开“开始”菜单。

### 7. “Win+L”组合键

按“Win+L”组合键可以锁屏。

### 8.“Win+M”组合键

按“Win+M”组合键可以最小化所有打开的窗口。

### 9.“Win+R”组合键

按“Win+R”组合键可以打开“运行”对话框。

### 10.“Alt+Tab”组合键

按“Alt+Tab”组合键可以切换当前程序。

### 11.“Ctrl+ X”组合键

按“Ctrl+ X”组合键可以实现剪切功能。

## 四、设置快捷方式

（1）在桌面上创建“记事本”程序的快捷方式。具体操作步骤：单击“开始”按钮，打开“开始”菜单，将鼠标指针指向“Windows 附件”→“记事本”。

（2）右击，在弹出的快捷菜单中选择“更多”→“打开文件位置”选项，如图 2-1-7 所示。

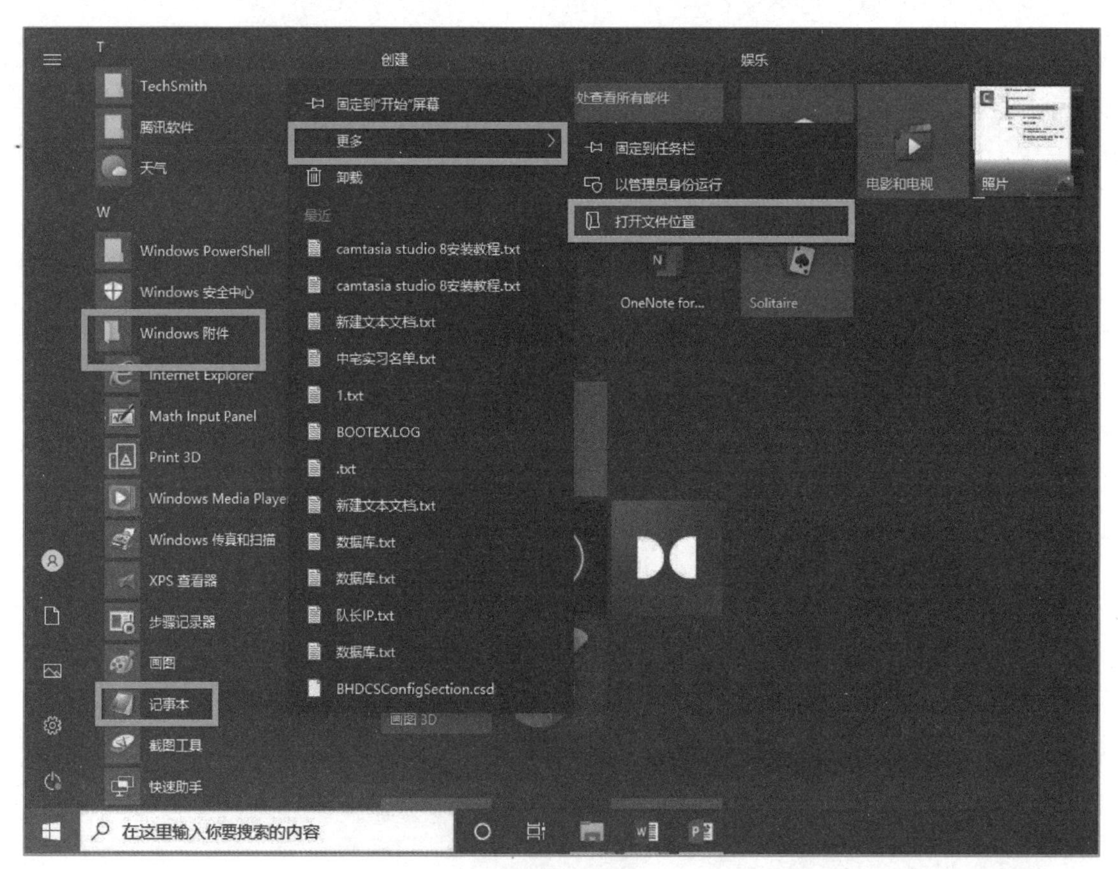


图 2-1-7

（3）将鼠标指针指向“记事本”，右击，在弹出的快捷菜单中选择“发送到”选项，在弹出的子菜单中单击“桌面快捷方式”命令，如图 2-1-8 所示。或按 Ctrl 键与鼠标左键，将其拖动到桌面，即在桌面上创建了“记事本”程序的快捷方式。

图 2-1-8

# 任务三　控制面板的使用

## 一、控制面板的设置与使用

（1）双击桌面上的“控制面板”图标就可以打开 Windows 10 系统的控制面板。如果桌面上未添加“控制面板”图标，则右击桌面上的“此电脑”图标，选择“属性”选项，在弹出的“系统”窗口中单击左侧的“控制面板主页”按钮。

（2）Windows 10 系统的控制面板默认以“类别”的形式显示功能菜单，分为系统和安全、用户账户、网络和 Internet、外观和个性化、硬件和声音、时钟和区域、程序、轻松使用等类别，每个类别下都会显示该类别的具体功能选项。

（3）除了“类别”查看方式，Windows 10 系统的控制面板还提供了“大图标”和“小图标”的查看方式，只需单击控制面板右上角“查看方式”右边的下拉按钮，从下拉菜单中选择自己喜欢的形式即可，如图 2-1-9 所示。

图 2-1-9

（4）在控制面板中，以“大图标”或“小图标”方式查看时，可以显示所有控制面板的功能选项，如图 2-1-10 和图 2-1-11 所示，从中可以轻松找到所需功能。

图 2-1-10　　图 2-1-11

## 二、设置系统日期和时间

（1）选择“控制面板”→“时钟和区域”→“日期和时间”（或任务栏上的“日期和时间”）→“更改日期和时间设置”命令，如图 2-1-12 所示。

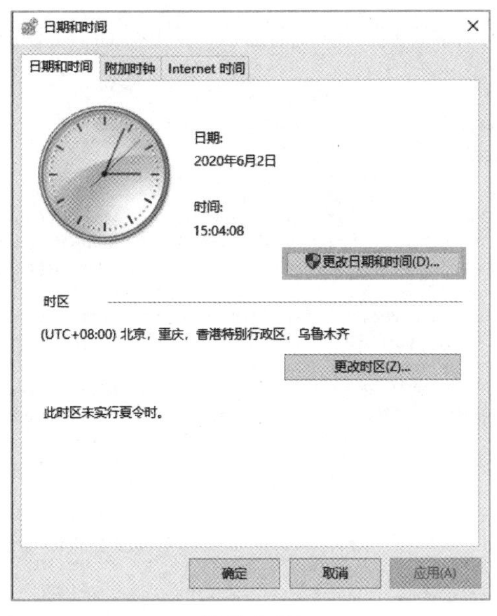


图 2-1-12

（2）在“日期和时间”对话框中可以进行日期和时间的修改。

## 三、设置鼠标

（1）打开“控制面板”，切换到“小图标”查看方式，单击“鼠标”图标，则打开“鼠标属性”对话框。

（2）在“鼠标属性”对话框中可以根据需要配置鼠标键、调节双击速度、进行单击锁定、改变鼠标指针方案及调整鼠标指针的移动速度。

## 四、卸载应用程序

（1）在“控制面板”窗口中单击“程序”选项下的“卸载程序”选项，如图 2-1-13 所示。

图 2-1-13

（2）在“程序和功能”窗口中选择“微信”，右击，在弹出的快捷菜单中选择“卸载/更改”命令，如图 2-1-14 所示。

图 2-1-14

## 五、用户账户

（1）创建用户账户。打开“控制面板”窗口，在类别模式下单击“用户账户”选项下的“更改账户类型”选项，如图 2-1-15 所示，进入“管理账户”窗口。

图 2-1-15

（2）更改账户密码。选择“控制面板”下的“用户账户”选项，打开“用户账户”窗口，选择“更改账户信息”选项区下的“管理其他账户”选项，如图 2-1-16 所示。跳转到“管理账户”界面，单击更改密码的账户“张晓”，如图 2-1-17 所示。

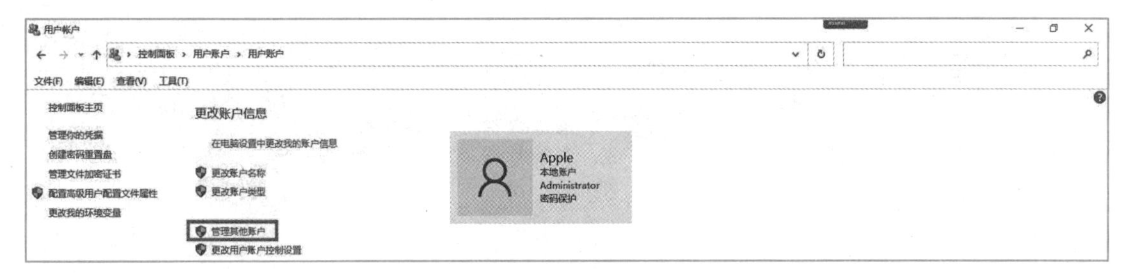


图 2-1-16

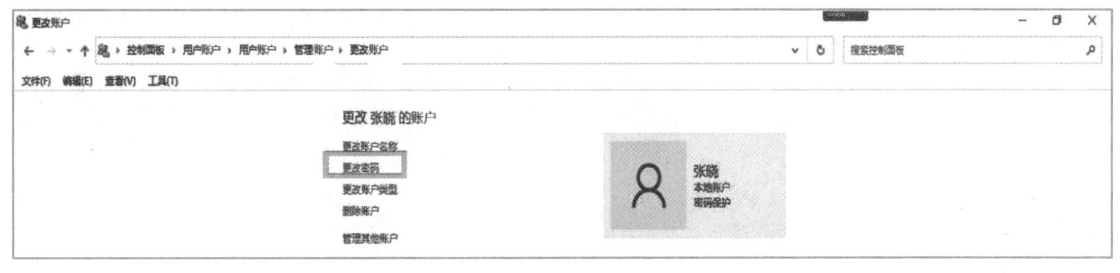


图 2-1-17

**相关知识：**

（1）不能删除当前正在使用的账户。

（2）确认当前登录的用户是管理员账户，如果不是，则切换到管理员账户。

（3）若只有一个账户，则没有“删除账户”选项。

# 任务四　巧用小工具

## 一、计算器

单击“开始”菜单中的“计算器”选项（或在搜索框中输入“计算器”，在搜索结果列表中选择“计算器”应用），如图 2-1-18 所示，即可打开“计算器”窗口。

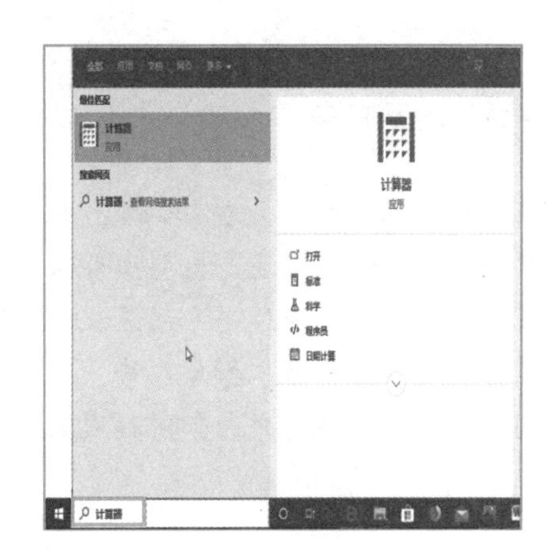


图 2-1-18

## 二、画图

单击“开始”菜单中的“画图”选项，即可打开“画图”窗口，如图 2-1-19 所示。

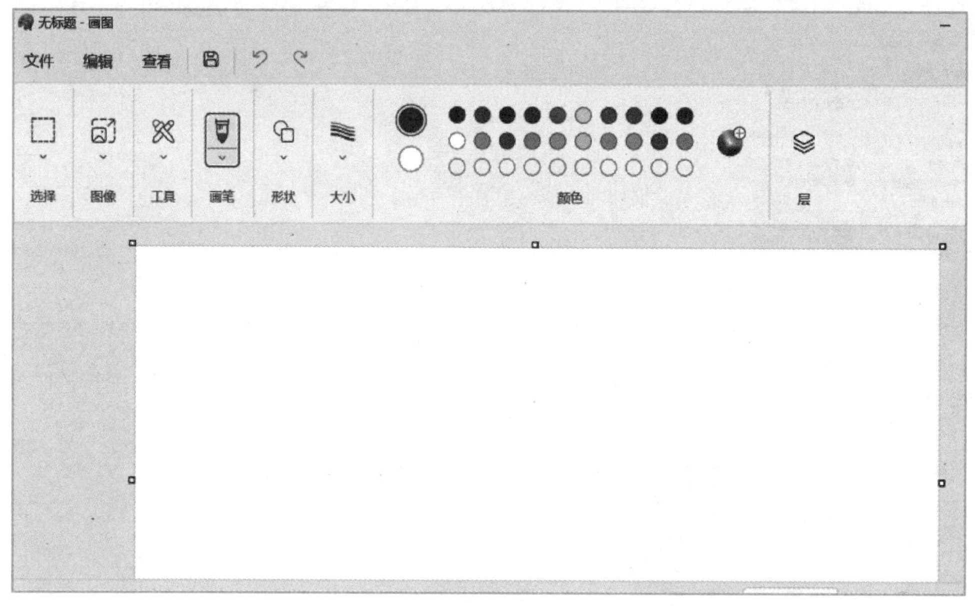


图 2-1-19

## 三、其他工具

（1）截图工具。按“Win+Shift+S”组合键即可截图。

（2）记事本。单击“开始”菜单，选择“记事本”，或者在搜索框中查找“记事本”。

# 项目二　文件操作

## 项目导读

在信息化时代，文件操作已成为人们日常工作中不可或缺的一部分。无论是日常办公文件的创建、编辑，还是大型项目的文档管理与协作，都需要我们熟练掌握文件操作技巧。

本项目旨在通过一系列课程和实践，帮助学生掌握文件操作的基础知识和实用技能。本项目将从文件的基本操作入手，逐步深入到文档的格式化、排版、搜索与替换等高级功能。同时，本项目还将介绍如何利用现代办公软件进行文件的共享、协作与版本控制。

## 学习目标

1. 理解计算机文件系统的基本概念。

2. 了解不同类型的文件（如文本文件、图像文件、音频文件、视频文件等）及其特点。

3. 学会使用 Windows 10 系统提供的工具进行文件和文件夹的新建、复制、移动、重命名、删除等基本操作。

### 思政目标

1. 培养学生在解决实际问题时能够灵活运用所学知识，解决与文件操作相关的各种问题的能力。

2. 引导学生理解并掌握文件及数据安全的相关知识。

3. 培养学生良好的文件管理习惯。

# 任务一　文件和文件夹的操作

## 一、文件和文件夹的基本概念

文件是计算机存储数据、程序或文字资料的基本单位，是一组相关信息的集合。文件在计算机中采用“文件名”来进行识别。不管是文字、声音、图像还是程序，最终都将以文件的形式存储。保存文件的目录称为文件夹。

## 二、文件名

每个文件都有一个文件名，文件名由主文件名和扩展名组成，如图 2-2-1 所示。

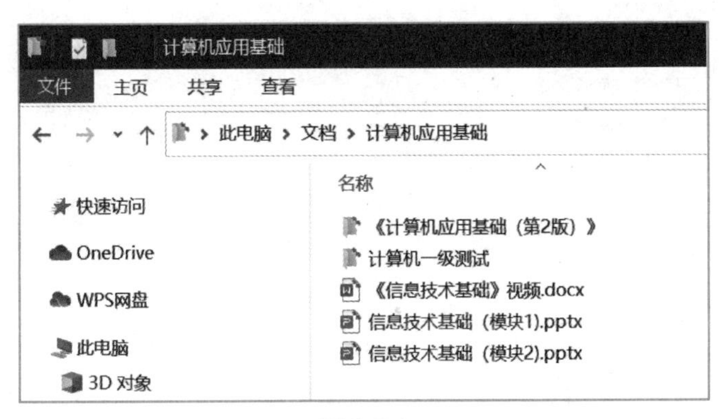


图 2-2-1

## 三、常见的扩展名对应的文件类型

常见的扩展名对应的文件类型如表 2-2-1 所示。

表 2-2-1　常见的扩展名对应的文件类型

| 扩展名 | 文件类型 | 扩展名 | 文件类型 |
|---|---|---|---|
| COM | 命令程序文件 | SYS | 系统文件 |
| EXE | 可执行文件 | DBF | 数据库文件 |
| TXT | 文本文件 | BMP | 图形文件 |
| BAK | 备份文件 | INF | 安装信息文件 |
| DOCX | Word 文件 | HLP | 帮助文件 |
| XLSX | 电子表格文件 | | |

## 四、文件名的命名规则

Windows 系统规定：主文件名可以由英文字符、汉字、数字及一些符号等组成，文件名最多可以包含 255 个字符（包括盘符和路径）。文件名中不能含有以下任何字符："（双引号）、*（星号）、<（小于号）、>（大于号）、?（问号）、\（反斜线）、/（正斜线）、|（竖线）、:（冒号）。

## 五、浏览文件和文件夹

双击桌面上的“此电脑”，打开“文档”浏览文件和文件夹，如图 2-2-2 所示。

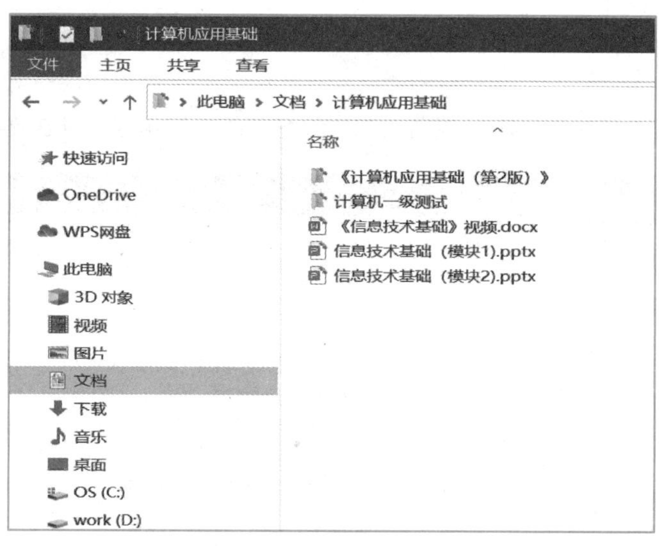


图 2-2-2

## 六、更改文件或文件夹的排列方式

在 Windows 系统中，可以将文件按照“名称”“修改日期”“类型”“大小”等来排列，如图 2-2-3 所示。

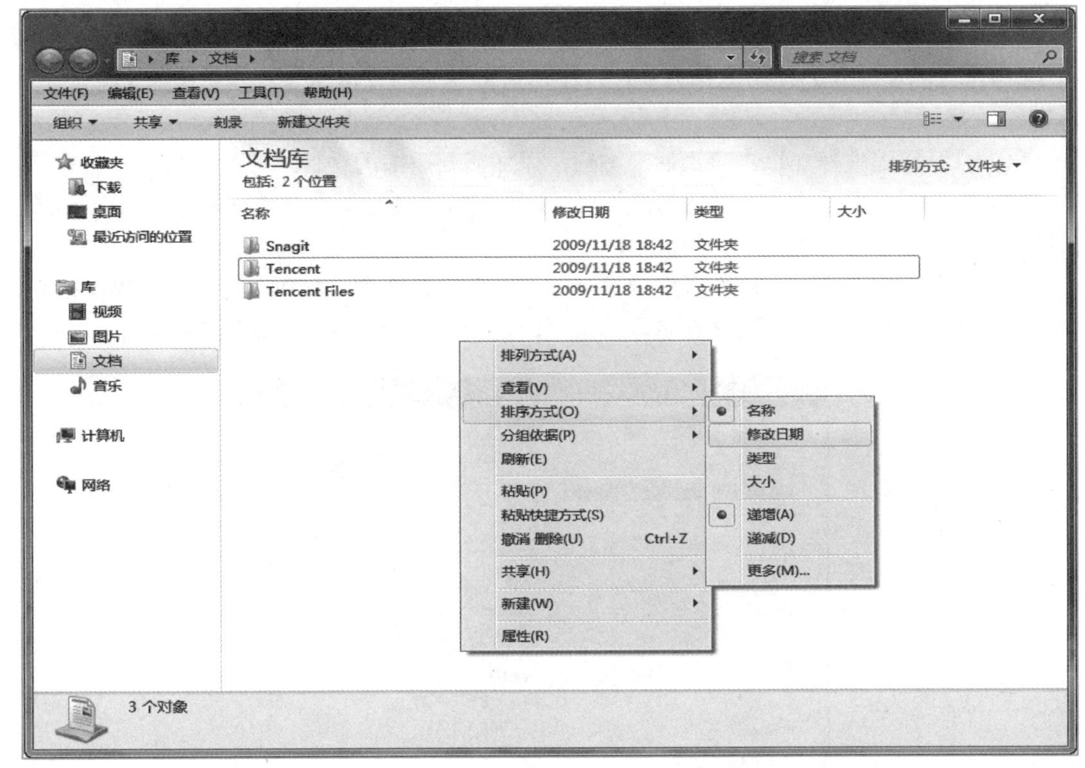


图 2-2-3

## 七、文件与文件夹的基本操作

文件与文件夹的基本操作包括新建、选择、移动、检索、隐藏或显示、创建快捷方式、删除等。

# 任务二 压缩软件的使用

## 一、认识文件压缩

文件压缩是指将一个或多个文件、文件夹通过某种算法进行压缩，从而减小其占用磁盘空间的过程。

常见的文件压缩格式有 ZIP、RAR 等。

文件压缩可以有效地节省存储空间和传输带宽，提高传输速度，同时还可以保护文件的安全性和完整性。

## 二、如何压缩文件

Windows 系统自带的压缩工具可以用来压缩和解压缩 ZIP 格式的文件，但是对于 RAR 和 7Z 等格式的文件需要使用第三方软件，如 Win RAR 或 7-Zip 等。以下是压缩文件的基本步骤。

（1）打开压缩软件，单击“添加”按钮，添加需要压缩的文件。

（2）选择压缩文件格式。通常情况下，ZIP 格式可以满足大部分压缩的需求，但是如果需要更高的压缩比，可以尝试使用 RAR 或 7Z 等格式。

（3）设置压缩选项。不同的压缩软件会有不同的设置选项，如压缩级别、密码保护等。

（4）选择压缩路径和压缩文件名，单击“确定”按钮开始压缩，如图 2-2-4 所示。

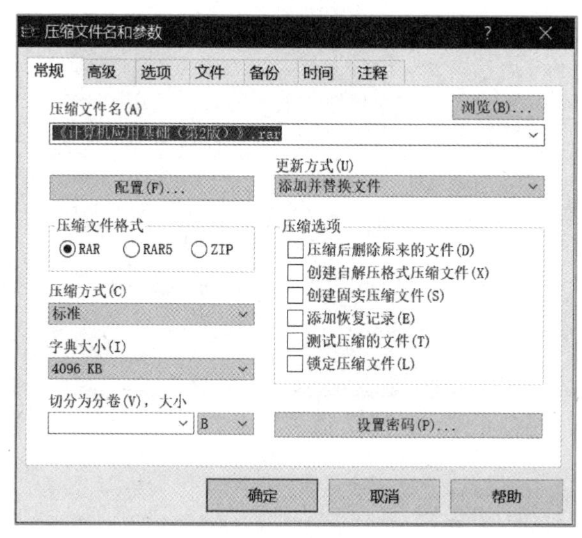


图 2-2-4

## 三、解压缩文件

（1）打开解压缩软件，单击“解压缩”按钮。

（2）选择需要解压缩的文件，并选择解压缩路径。

（3）单击“确定”按钮开始解压缩，如图 2-2-5 所示。

## 四、压缩文件的注意事项

（1）压缩级别的选择。通常情况下，压缩级别越高，压缩比就越大，但是压缩时间也会相应增加。因此，在选择压缩级别时，需要根据具体情况权衡利弊。

（2）密码保护。如果需要确保压缩文件的安全性，可以设置密码保护。但是需要注意的是，密码保护并不能完全防止文件被恶意篡改或窃取。

（3）压缩文件命名规范。压缩文件的命名应该简明扼要，避免使用过于复杂的名称。同时，不同的压缩软件对文件名的长度和字符集的要求也不同，应选择合适的文件名。

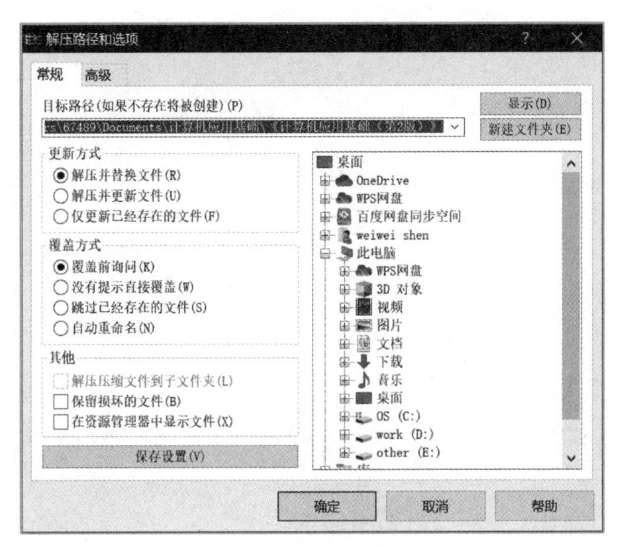


图 2-2-5

（4）注意压缩文件的完整性。在传输或存储过程中，压缩文件可能会损坏或丢失，因此需要定期进行校验。同时，在解压缩文件时也需要注意对应的校验和数字签名等信息，以确保文件的完整性和安全性。

# 模块三　国产计算机操作系统——筑牢国家网信战略基石

## 项目一　银河麒麟操作系统桌面环境

### 项目导读

银河麒麟操作系统 V10 是一款面向桌面应用的图形化操作系统，其大幅优化了桌面空间，提供了丰富的系统环境及应用工具，使桌面办公更加高效，项目开发更加流畅，通过硬件差异屏蔽、软件接口封装，保证了各国产处理器平台下使用体验和环境的一致性。本项目旨在让学生了解系统基本操作并且体验不同处理器平台下环境的一致性。

### 学习目标

1. 熟悉银河麒麟操作系统的桌面组成和环境。
2. 掌握银河麒麟操作系统的基本操作和软件安装使用。

### 思政目标

1. 通过学习银河麒麟操作系统桌面环境，学生将深刻理解自主可控在信息安全和国家发展战略中的重要性，从而树立自主创新的科技理念，激发爱国热情，增强民族自信心。

2. 学习银河麒麟操作系统桌面环境将激发学生的科技创新精神。学生将积极参与探索、实践和创新，勇于挑战技术难题，不断推动技术的突破和发展。通过学习和实践，学生将培养对科技创新的热情和追求，为国家的科技进步和产业发展贡献自己的力量。

# 任务一　桌面基本操作

## 一、登录

开机启动计算机后，进入银河麒麟操作系统界面，系统会根据设置默认选择自动登录或停留在登录窗口，等待用户登录，登录窗口如图 3-1-1 所示。

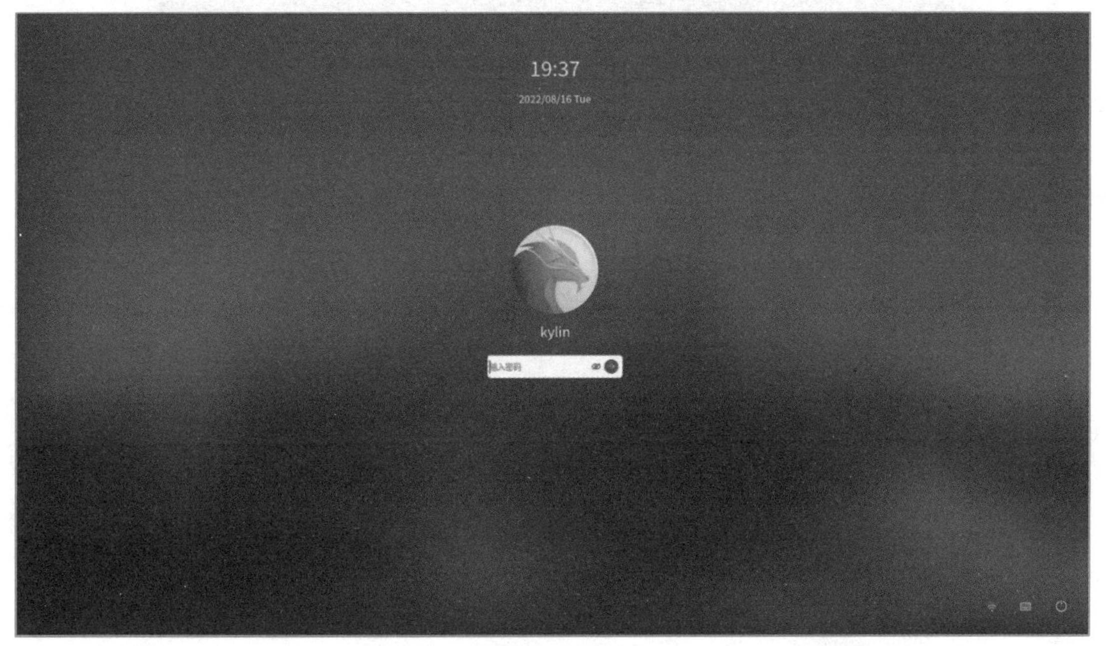


图 3-1-1

在启动系统后，系统会提示选择登录用户及输入登录密码，即在系统中已创建的用户名和密码。通常，用户名和密码在系统安装时进行设置，选择登录用户后，输入正确的密码，单击“登录”按钮即可访问桌面，单击“隐藏/取消隐藏”按钮即可实现密码隐藏/显示。

## 二、桌面环境

桌面是登录后主要操作的屏幕区域。在桌面上可以通过外置的鼠标和键盘对操作系统进行基本的操作，如新建文件/文件夹、排列文件、打开终端、设置壁纸和屏保、打开侧边栏等，还可以在桌面添加应用的快捷方式。

银河麒麟操作系统初始桌面由桌面图标、任务栏、桌面背景组成，如图 3-1-2 所示。桌面默认放置了计算机、回收站、主文件夹 3 个桌面图标，双击即可打开，桌面图标、名称及其说明如表 3-1-1 所示。

图 3-1-2

表 3-1-1　桌面图标、名称及其说明

| 桌面图标 | 名称 | 说明 |
| --- | --- | --- |
|  | 计算机 | 显示连接到本机的驱动器和硬件 |
|  | 回收站 | 显示被删除到回收站的文件 |
|  | 主文件夹 | 显示个人用户的主目录 |

右击桌面的“计算机”图标，在弹出的快捷菜单中选择“关于”选项，可以查看当前系统的版本名称、版本号、计算机名、内核、系统状态等信息，如图 3-1-3 所示。

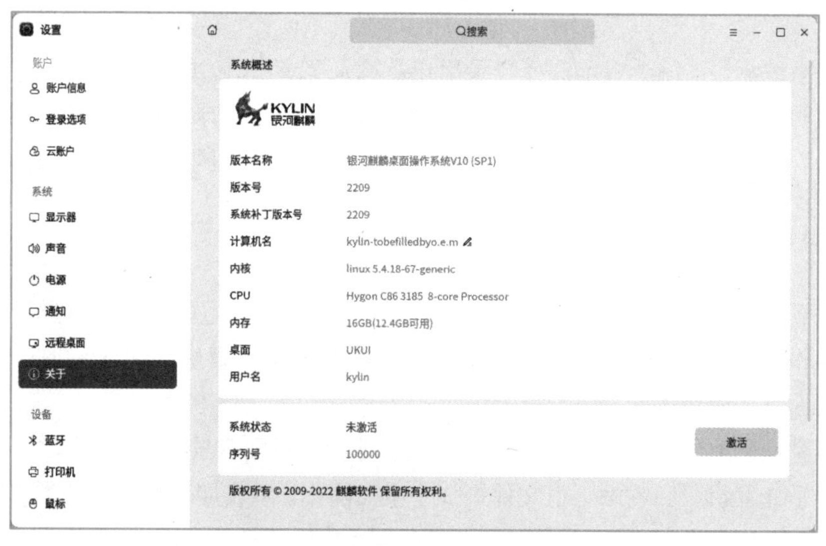


图 3-1-3

在桌面空白处右击，弹出快捷菜单，如图 3-1-4 所示，可简单、快捷地进行部分操作。快捷菜单各选项及其说明如表 3-1-2 所示。

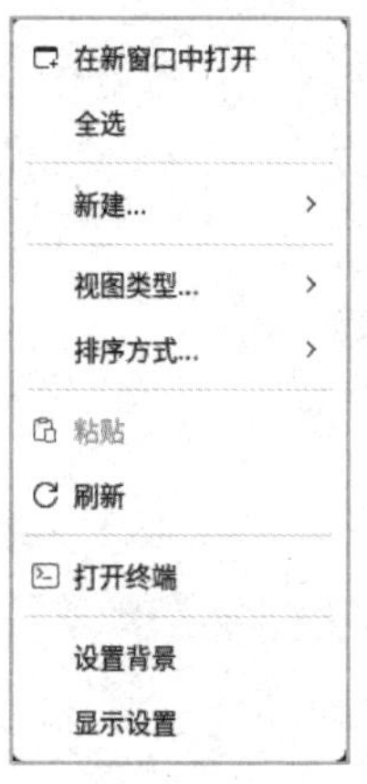


图 3-1-4

表 3-1-2　快捷菜单各选项及其说明

| 选项 | 说明 |
|---|---|
| 在新窗口中打开 | 在新窗口打开当前指定的文件或目录 |
| 全选 | 全选当前目录的文件 |
| 新建 | 可新建文件夹、空文本、文档等 |
| 视图类型 | 提供 4 种视图类型：小图标、中图标、大图标、超大图标 |
| 排序方式 | 提供多种排列图标的方式 |
| 刷新 | 刷新界面 |
| 打开终端 | 打开终端软件 |
| 设置背景 | 快捷打开设置→个性化→背景，可以进行背景的相关设置 |
| 显示设置 | 快捷打开设置→系统→显示，可以进行显示的相关设置 |

## 三、系统电源操作

电源操作是桌面操作系统最基本的功能，能够实现对当前桌面操作系统电源状态及当前账户状态的修改，包括休眠、睡眠、锁屏、注销、重启、关机，如图 3-1-5 所示，还可以在当前界面打开系统监视器。打开方式：单击“开始”菜单→“电源”。

### 1. 休眠

系统会自动将内存中的数据全部转存到硬盘上一个休眠文件中，然后切断对所有设备的供电。这样当恢复的时候，系统会从硬盘上将休眠文件的内容直接读入内存，并恢复到休眠之前的状态。休眠唤醒需要通过电源键或休眠键实现。

### 2. 睡眠

系统处于睡眠状态时，将切断除内存外其他配件的电源，处于工作状态的数据将被保存在内存中，这样在重新唤醒计算机时，就可以快速恢复睡眠前的工作状态。如果需要短时间离开，那么可以使用睡眠功能。睡眠唤醒可通过鼠标及休眠键、电源键实现。

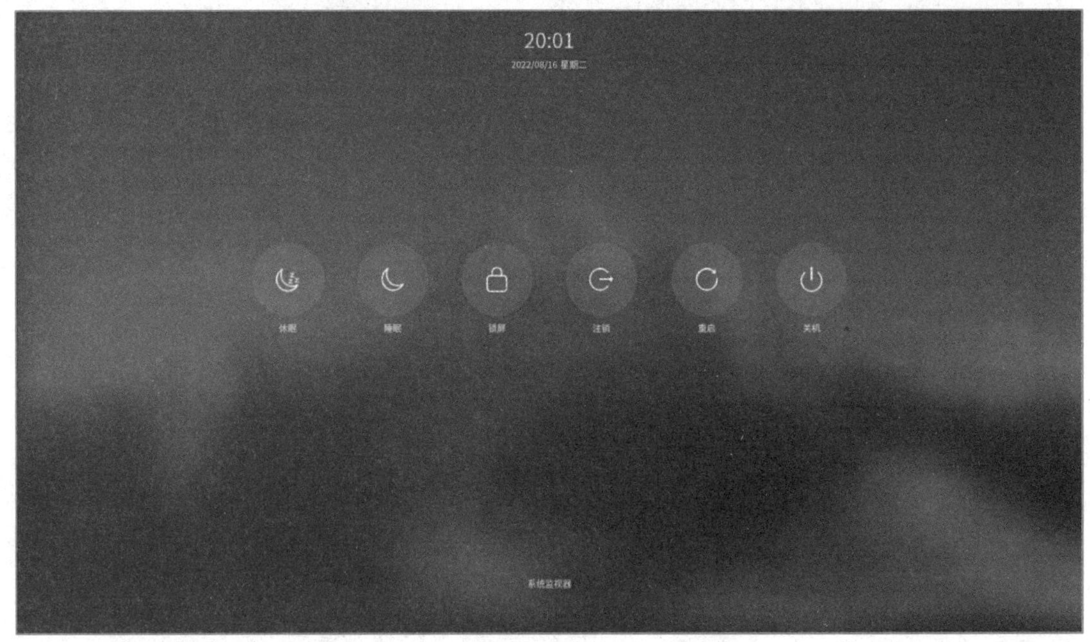


图 3-1-5

### 3. 锁屏

当暂时不需要使用计算机时，可以选择锁屏（不会影响系统当前的运行状态），防止误操作。输入密码即可重新进入系统。在默认设置下，系统在一段空闲时间后，将自动锁定屏幕。

### 4. 注销

退出当前使用的用户，并且返回至用户登录界面，主要用于使用其他用户账户登录时的场景。

### 5. 重启

退出登录并重启计算机。

### 6. 关机

退出登录并关闭计算机。

## 四、任务栏

任务栏用于查看系统启动应用、系统托盘图标，位于桌面底部。任务栏默认放置“开始”菜单、显示任务视图、文件管理器、系统托盘图标等。在任务栏可打开“开始”菜单、显示桌面、进入工作区，对应用程序进行打开、新建、关闭、强制退出等操作，还可以设置输入法、调节音量、连接网络、查看日历、进行搜索、进入关机界面等。任务栏的图标、名称及其描述如表 3-1-3 所示。

表 3-1-3 任务栏的图标、名称及描述

| 图标 | 名称 | 描述 |
|---|---|---|
| | “开始”菜单 | 启动菜单，查看系统应用 |
| | 显示任务视图 | 显示多任务视图，切换桌面工作区 |
| | 文件管理器 | 文件及文件夹管理 |
| | 软件商店 | 软件的搜索、下载及卸载 |
| | 搜索 | 创建索引来快速获取搜索结果 |
| | 键盘 | 切换键盘输入法/输入语言 |
| | 网络设置 | 设置网络连接 |
| | 侧边栏 | 系统通知中心、剪切板、小插件 |
| | 声音 | 调节声音大小 |
| | 蓝牙 | 打开、关闭蓝牙，设置蓝牙设备 |

将鼠标指针停留在任务栏，右击，可以弹出设置任务栏的快捷菜单（图 3-1-6），设置项及说明如表 3-1-4 所示。

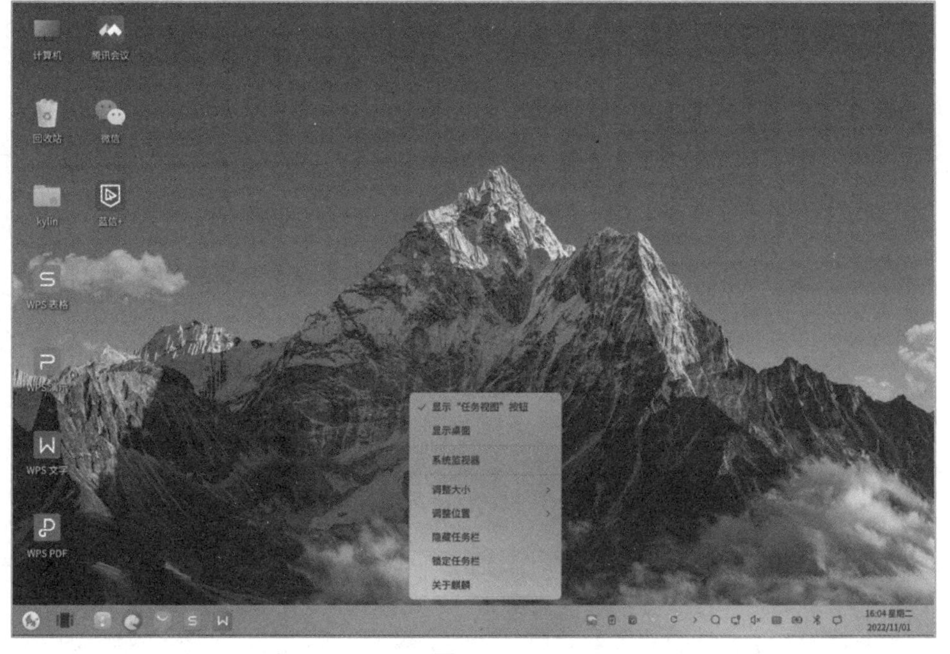


图 3-1-6

表 3-1-4　任务栏设置项及其说明

| 设置项 | 说明 |
| --- | --- |
| 显示“任务视图”按钮 | 设置任务栏是否显示任务视图按钮 |
| 显示桌面 | 设置任务栏是否显示桌面当前任务 |
| 系统监视器 | 打开系统监视器 |
| 调整大小 | 调整任务栏大小：小尺寸、中尺寸、大尺寸 |
| 调整位置 | 调整任务栏位置：上、下、左、右 |
| 隐藏任务栏 | 设置隐藏任务栏 |
| 锁定任务栏 | 设置锁定任务栏 |
| 关于麒麟 | 打开“关于麒麟” |

## 五、“开始”菜单的使用

“开始”菜单是使用系统的“起点”，查看并管理系统中已安装的所有应用，在菜单中使用分类导航或搜索功能可以快速定位应用程序，如图 3-1-7 所示。

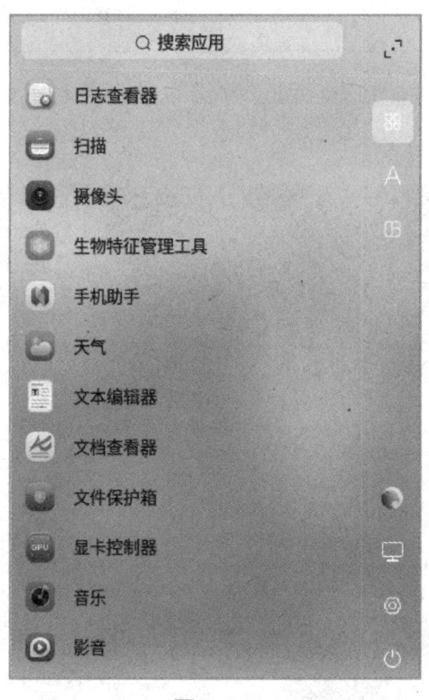


图 3-1-7

“开始”菜单有大窗口和小窗口两种模式，可单击“开始”菜单界面右上角的图标来切换模式。两种模式均支持搜索应用、设置快捷方式等操作。小窗口模式还支持快速打开文件管理器、控制中心和进入关机界面等功能。

### 1. 查找应用

在“开始”菜单中，可以使用鼠标滚轮或切换分类导航查找应用。如果已知应用名称，可直接在搜索框中输入应用名称或关键字快速定位，如图 3-1-8 所示。

图 3-1-8

### 2. 运行应用

对于已经创建了桌面快捷方式或固定到任务栏上的应用，可以通过以下途径来打开应用。

（1）双击桌面图标，或者右击桌面图标，在弹出的快捷菜单中选择“打开”。

（2）单击“开始”菜单，直接单击应用图标选择打开。

（3）直接单击任务栏上的应用图标，或者右击任务栏上的应用图标在弹出的快捷菜单中选择“打开”。

## 六、侧边栏

侧边栏包含 3 个模块：通知中心、快捷入口、剪贴板。可以单击任务栏右下角“侧边栏”图标 或通过按“Win+A”组合键打开侧边栏。

### 1. 通知中心

默认显示重要通知，单击右上角图标可以切换不同通知页签，单击设置按钮可以设置“获取来自应用的通知”，可以按照需求自行选定允许通知的应用，如图 3-1-9、图 3-1-10 所示。

### 2. 剪贴板

近期复制的文字或截图会显示在此处，自行查找、选定或编辑需要的内容，系统重启后会自动清空，如图 3-1-11 所示。

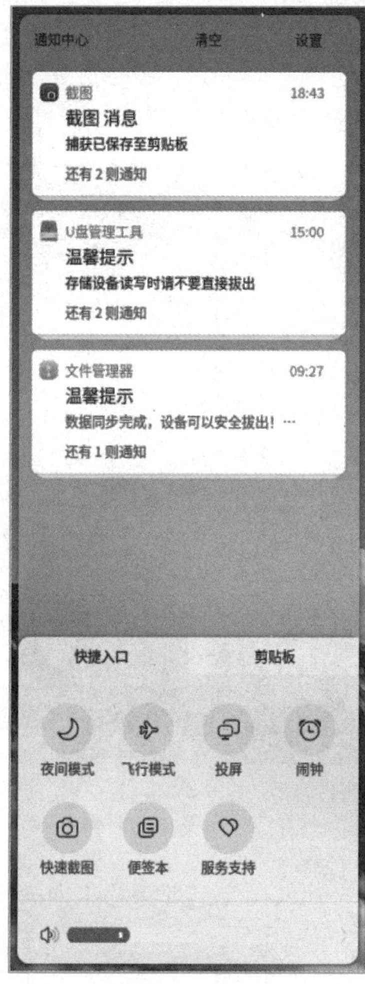

通知中心
清空
设置
截图
18:43
截图 消息
捕获已保存至剪贴板
还有 2 则通知
U盘管理工具
15:00
温馨提示
存储设备读写时请不要直接拔出
还有 2 则通知
文件管理器
09:27
温馨提示
数据同步完成，设备可以安全拔出！…
还有 1 则通知
快捷入口
剪贴板
夜间模式
飞行模式
投屏
闹钟
快速截图
便签本
服务支持


图 3-1-9

通知中心
清空
设置
截图
现在
截图 消息
捕获已保存至剪贴板
还有 2 则通知
U盘管理工具
15:00
温馨提示
存储设备读写时请不要直接拔出
还有 2 则通知
文件管理器
09:27
温馨提示
数据同步完成，设备可以安全拔出！…
还有 1 则通知


图 3-1-10

### 3. 快捷入口

设置和应用的快捷入口，包括夜间模式、飞行模式、投屏、闹钟、快速截图、便签本和服务支持，如图 3-1-12 所示，单击对应图标可以快速设置或启动，还可以拖动对应条目设置系统音量和亮度。

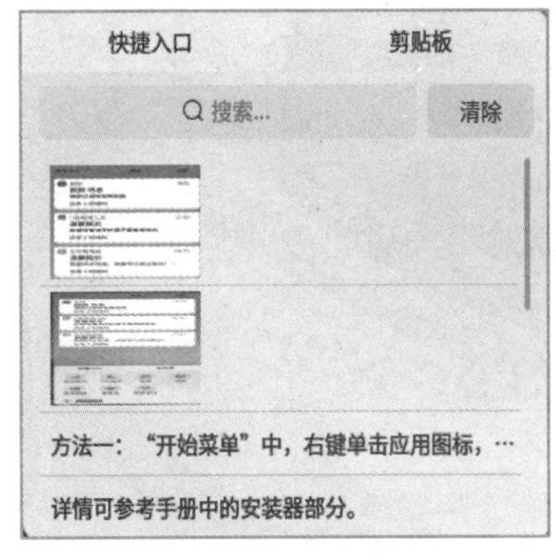


图 3-1-11

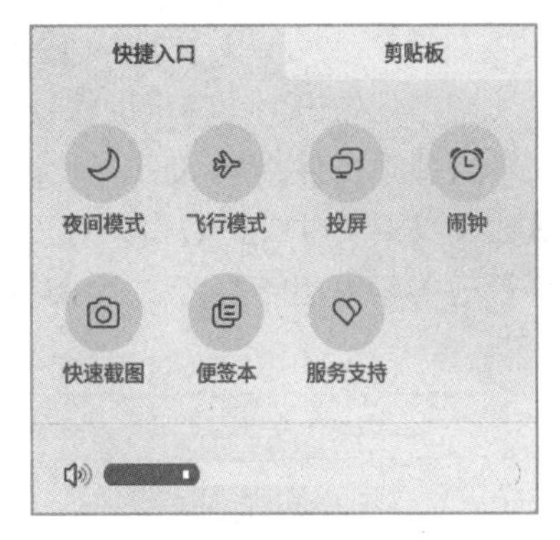


图 3-1-12

## 七、显示任务视图

通过显示任务视图可以切换任务视图和桌面工作区，以便对桌面窗口进行分组管理，窗口管理器可以在不同的工作区内展示不同的窗口内容。

单击任务栏“显示任务视图”图标，可以打开任务视图窗口管理，选择对应任务窗口即可实现桌面窗口切换，选择对应工作区即可切换桌面，拖曳工作区窗口可以调整顺序，如图 3-1-13 所示。

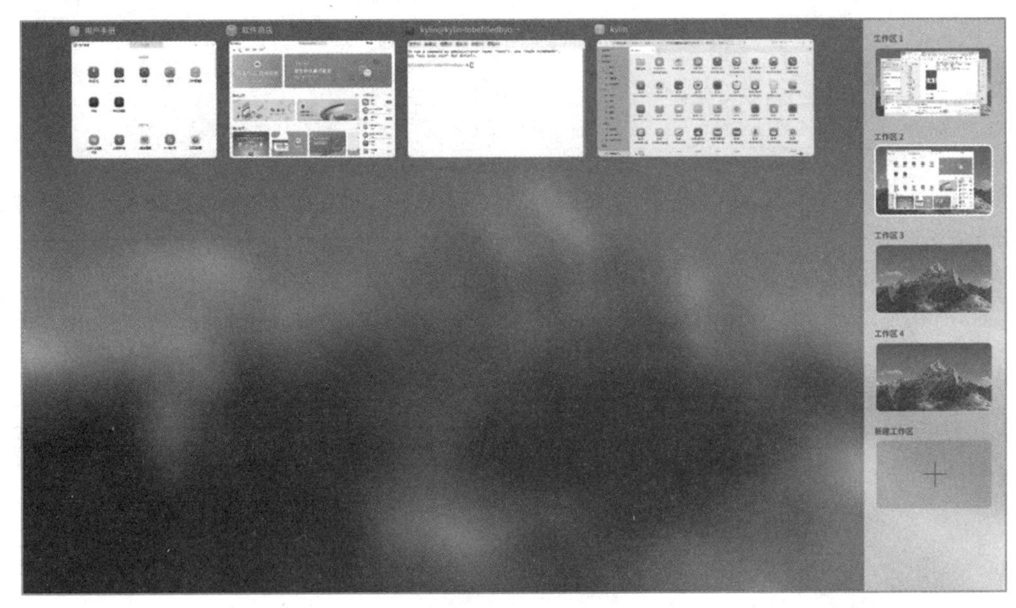

图 3-1-13

# 任务二　文件及文件夹管理

文件管理器可以帮助收纳整理的资料，包含桌面应用、文件及文件夹等。在桌面可直接新建文件/文件夹，也可以对文件/文件夹进行常规的复制、粘贴、重命名、删除等操作。

在桌面空白处右击，在弹出的快捷菜单中单击“新建”选项，选择新建文件类型或新建文件夹，输入新建文件/文件夹的名称。

在桌面文件或文件夹上右击，可以使用文件管理器的相关功能。

文件管理器相关功能的名称及描述如表3-1-5所示。

表3-1-5　文件管理器相关功能的名称及描述

| 名称 | 描述 |
| --- | --- |
| 打开 | 打开文件/文件夹 |
| 打开方式 | 选定系统默认打开方式，也可以选择其他关联应用程序来打开 |
| 反选 | 反向选择桌面文件/文件夹 |
| 复制 | 复制文件或文件夹 |
| 剪切 | 移动文件或文件夹 |
| 删除到回收站 | 删除文件或文件夹到回收站 |
| 重命名 | 重命名文件或文件夹 |
| 发送到手机助手 | 发送文件至手机助手 |
| 发送到移动设备 | 发送文件至选择的移动设备 |
| 压缩 | 压缩文件/文件夹 |
| 解压到此处 | 解压到相同的目录下 |
| 解压到... | 解压到选择的目录下 |
| 病毒扫描 | 打开安全中心对文件/文件夹进行病毒扫描 |
| 图片打印 | 文件为图片时，支持选择打印机打印图片 |
| 属性 | 查看文件或文件夹的基本信息、共享方式及其权限 |

文件浏览器可以分类查看系统上的文件和文件夹，支持文件和文件夹的常用操作。

## 一、打开方式

文件浏览器有3种打开方式：①在桌面上双击“文件管理器”图标；②选择“开始”→“文件管理器”→“打开”命令；③选择“开始”→“搜索”→“文件管理器”→“打开”命令。

窗口有两种显示方式，可以根据调置主题来自动切换或手动切换。浅色如图3-1-14所示。深色如图3-1-15所示。

快速访问
保护箱
手机助手
快速访问
最近
桌面
回收站
本机共享
个人
文档
图片
音乐
视频
下载
计算机
166229···
数据盘
文件系统
所有标记...
本机共享
回收站
桌面
最近
4 个项目

图 3-1-14

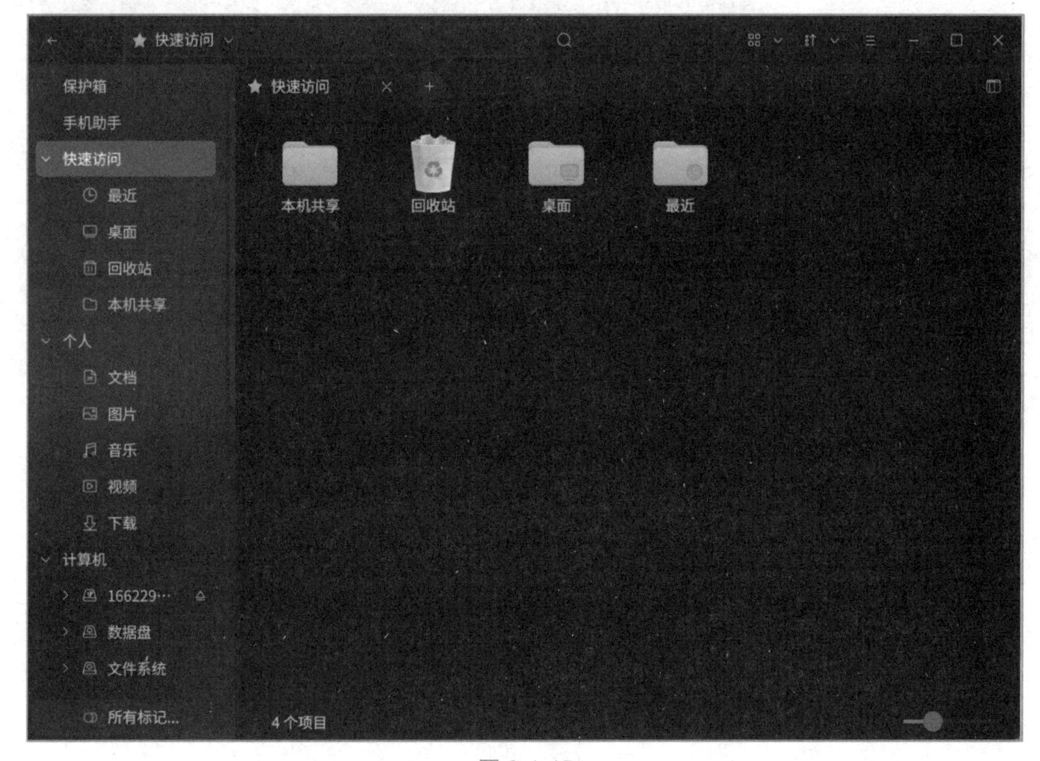
快速访问
保护箱
手机助手
快速访问
最近
桌面
回收站
本机共享
个人
文档
图片
音乐
视频
下载
计算机
166229···
数据盘
文件系统
所有标记...
本机共享
回收站
桌面
最近
4 个项目

图 3-1-15

## 二、基本操作

### 1. 文件名命名说明

（1）系统文件名长度最长可以为 255 个字符，通常是由字母、数字、“.”（点号）、“_”（下画线）和“-”（减号）组成的。

（2）“.”为文件名首字母时，默认情况下会被隐藏，只有设置了显示隐藏文件才会显示。

（3）文件名不能含有“/”符号；因为“/”在操作系统目录树中，表示根目录或路径中的分隔符号。

（4）使用当前目录下的文件时，可以直接引用文件名；如果要使用其他目录下的文件，必须指定该文件所在的目录。

### 2. 文件类型

系统支持如表 3-1-6 所示的文件类型。

表 3-1-6　系统支持的文件类型及其说明

| 文件类型 | 说明 |
| --- | --- |
| 普通文件 | 包括文本文件、数据文件、可执行的二进制程序等 |
| 目录文件（目录） | 系统把目录看作一种特殊的文件，利用它构成文件系统的分层树型结构 |
| 设备文件（字符设备文件/块设备文件） | 系统用它来识别各个设备驱动器，内核使用它与硬件设备通信 |
| 符号链接 | 存放的数据是文件系统中通向某个文件的路径；当调用符号链接文件时，系统将自动访问保存在文件中的路径 |

### 3. 文件浏览器窗口组成

文件浏览器窗口可划分为工具栏、地址栏、文件夹标签预览区、侧边栏、窗口区、状态栏、预览窗口等几个部分，如图 3-1-16 所示。

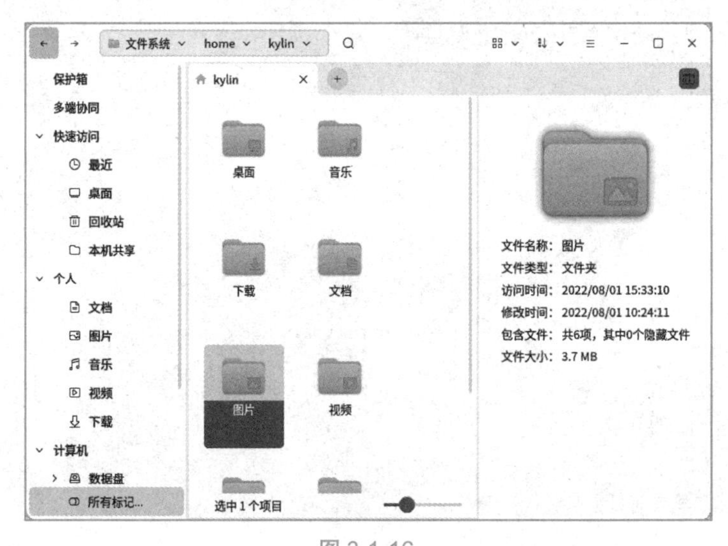


图 3-1-16

1）工具栏、地址栏

工具栏、地址栏功能说明如表 3-1-7 所示。

表 3-1-7　工具栏、地址栏功能说明

| 图标 | 说明 |
|---|---|
| ← | 后退一级 |
| → | 前进一级 |
| 🔍 | 搜索文件夹、文件等，提供高级搜索功能 |
| ⇅ | 选择排序方式（名称、修改日期等） |
| — | 最小化窗口 |
| × | 关闭窗口 |
| □ | 最大化窗口 |
| ⊞ | 选择视图模式（图标视图、列表视图） |
| ≡ | 菜单 |

2）文件夹标签预览区

用户可通过文件夹标签预览区查看已打开的文件夹，并能够通过单击“＋”图标添加其他文件夹，如图 3-1-17 所示。

图 3-1-17

3）侧边栏

侧边栏列出了所有文件的目录层次结构，提供对操作系统中不同类型文件夹目录的浏览。外接的移动设备、远程连接的共享设备、文件保护箱和手机助手窗口也会在此处显示，如图 3-1-18 所示。

4）窗口区

窗口区列出了当前目录节点下的子目录、文件。在侧边栏列表中单击一个目录，其中的内容应就会在此处显示，如图 3-1-19 所示。

5）状态栏

（1）如果只选择文件夹，会显示选中的文件夹个数。

（2）如果选中的是文件，会显示选中的文件的总的大小，如图 3-1-20 所示。

（3）计算机视图中会显示选中的项目数（包括分区或者移动设备等）。

（4）右下角的滑动条为缩放条，可对文件大小进行拖动调节，如图 3-1-20 所示。

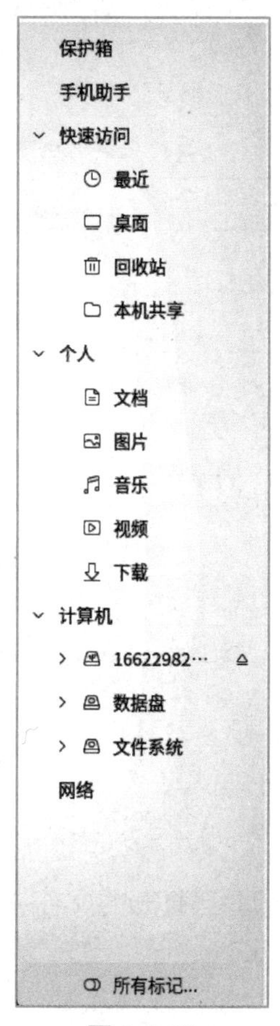


图 3-1-18

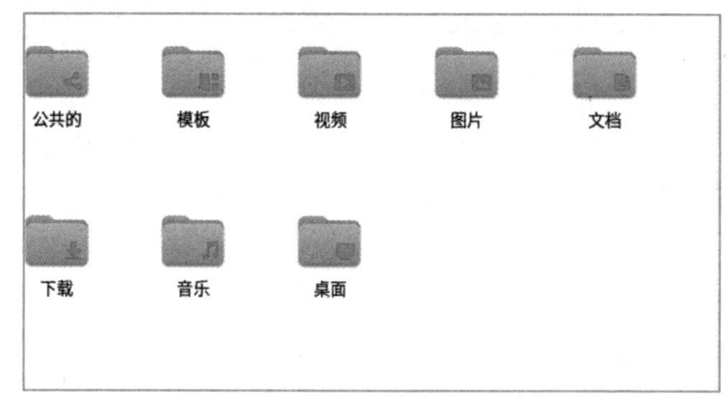


图 3-1-19

选中 1 个项目　16.5 KB

图 3-1-20

6）预览窗口

单击窗口右上角的详细信息图标即可对文件进行详情预览，以图片文件为例，在预览窗口可查看文件名称、文件类型、文件大小、访问时间、分辨率等信息，如图 3-1-21 所示。

图 3-1-21

## 三、文件管理器的使用

### 1. 查看、管理文件和文件夹

用户可以使用文件管理器查看和管理本机文件、本地存储设备（如外置硬盘）、文件服务器和网络共享上的文件。

在文件管理器中，双击任何文件夹，都可以查看其内容；也可以右击一个文件夹，在弹出的快捷菜单中选择在新标签页或新窗口中打开。

### 2. 视图模式

用户可通过单击视图选择按钮选择文件视图模式，如图 3-1-22 所示，可将图标设为图标视图模式或列表视图模式。

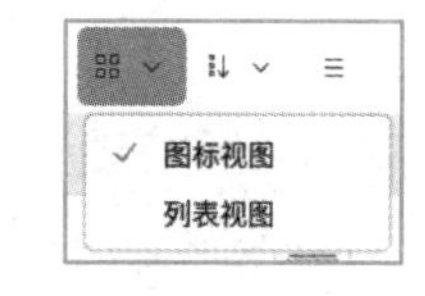


图 3-1-22

在图标视图中，文件浏览器中的文件将以“大图标+文件名”的形式显示，如图 3-1-23 所示。

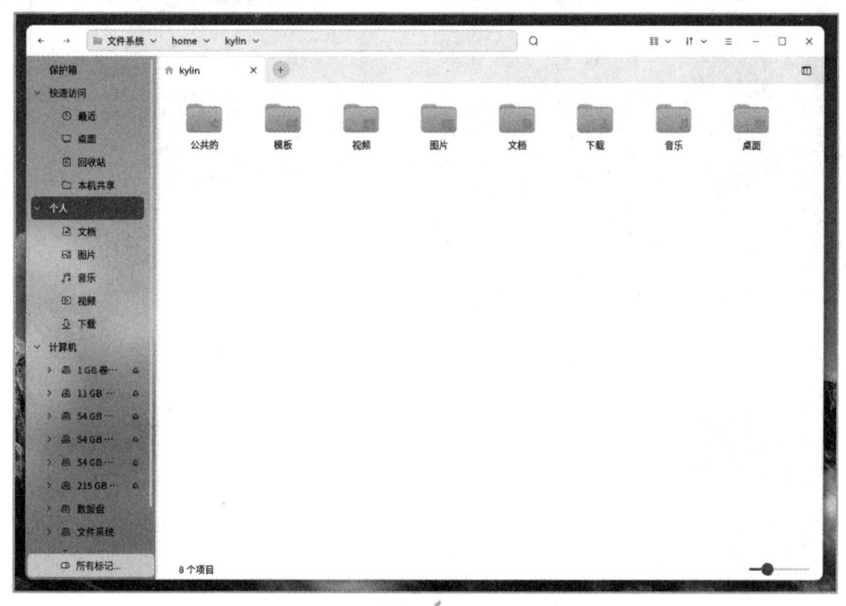


图 3-1-23

在列表视图中，文件浏览器中的文件将以“小图标+文件名+文件信息”的形式显示，如图 3-1-24 所示。

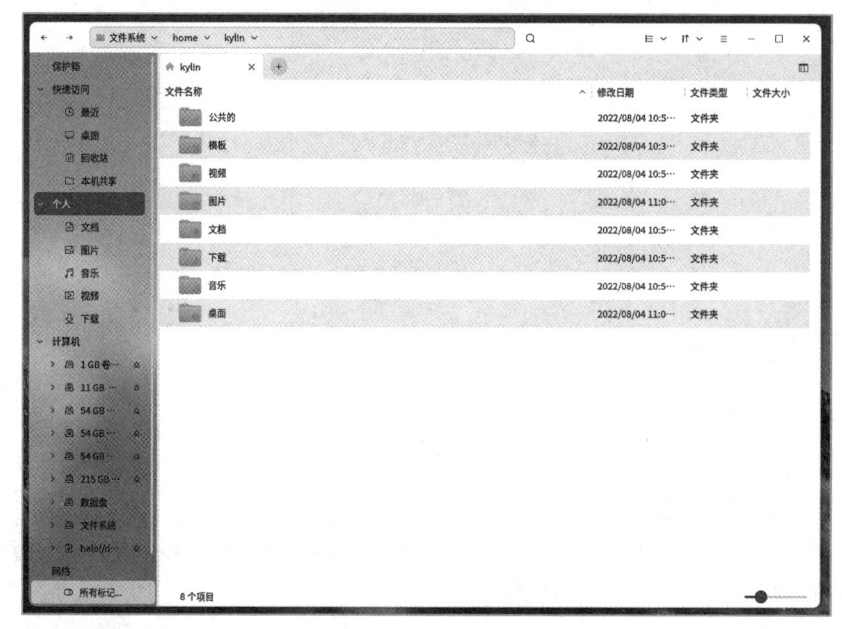


图 3-1-24

## 3. 文件排序

浏览时，用户可以用不同的方式对文件进行排序。排列文件的方式取决于当前使用的文件视图模式，用户可以通过单击图标 ↓↑ 来更改，如图 3-1-25 所示。

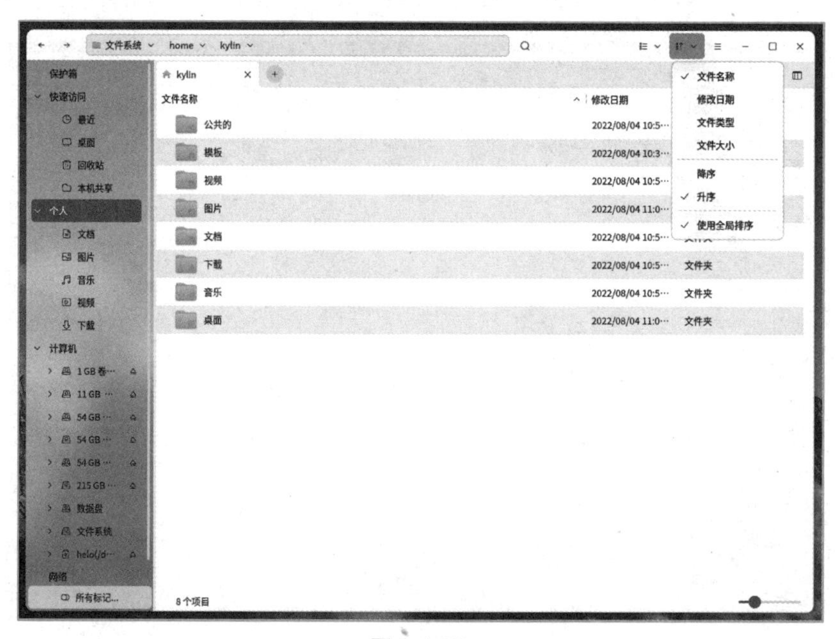


图 3-1-25

（1）文件排序方式：名称排序、修改日期排序、文件类型排序、文件大小排序。

（2）设置升序/降序：根据对应的类型，按照从小到大或从大到小的顺序排序。

（3）使用全局排序：在打开的目录下设定排序方式，如果想将此排序方式应用至所有目录，可以选择使用全局排序。

### 4. 搜索和筛选操作

文件浏览器为用户提供搜索和筛选功能。

搜索功能：单击按钮“🔍”，可以切换到搜索输入框。在搜索框中输入内容，然后按回车键，即可在当前目录对文件进行搜索，如图 3-1-26 所示。

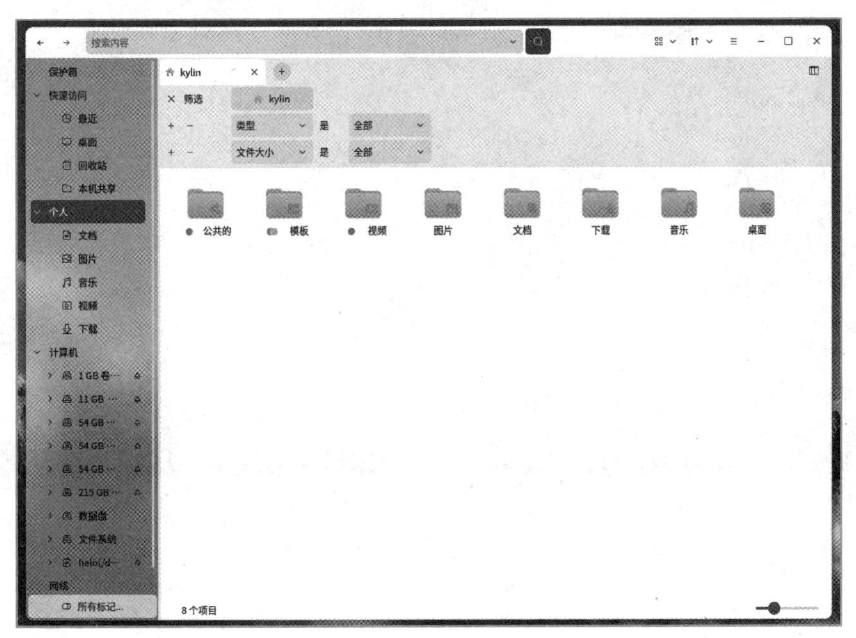


图 3-1-26

筛选功能：在当前目录下或搜索出来的文件中，用户可自定义条件，根据名称对应关键字、类型对应文件类型、文件大小对应要搜索文件的大小、修改时间对应某个时间段等进行筛选。筛选功能只能筛选当前目录下或搜索出来的文件，不包含当前目录下子文件夹的筛选。筛选框如图 3-1-27 所示。

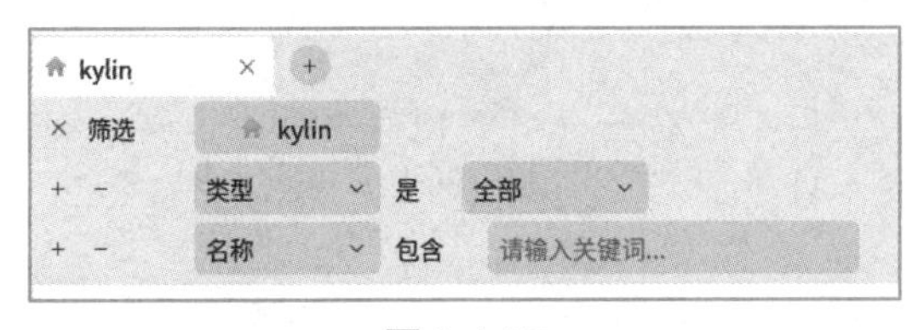


图 3-1-27

展开全部类型的筛选条件，其弹窗如图 3-1-28 所示。

支持标记筛选，筛选出当前目录下添加了相同颜色标记的文件和文件夹，如图 3-1-29 所示。

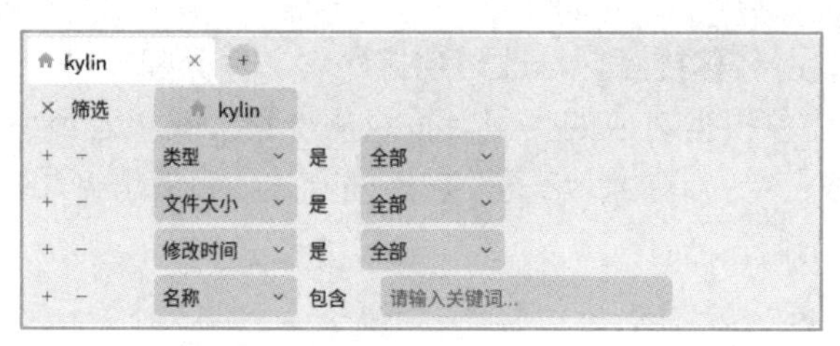


图 3-1-28

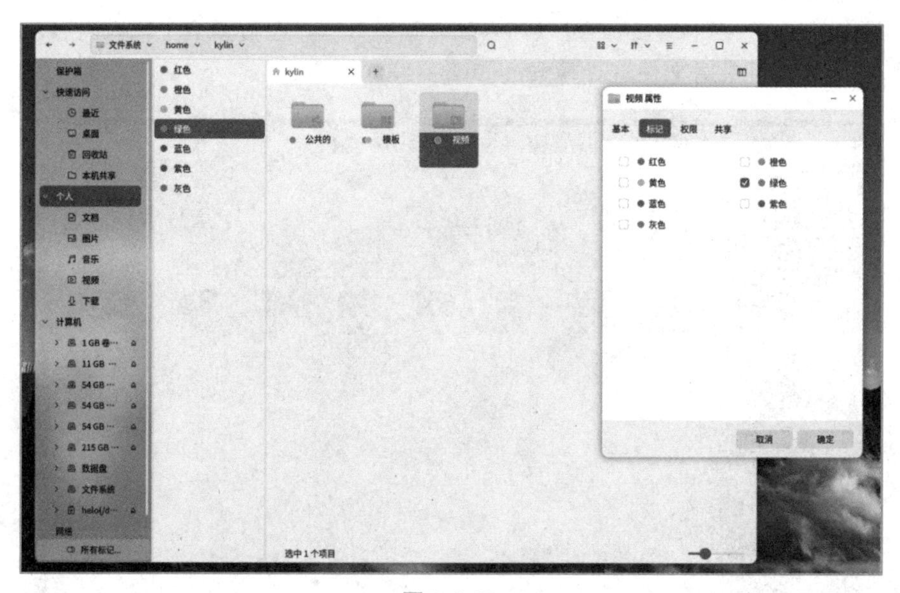


图 3-1-29

### 5. 文件和文件夹常用操作

1）复制操作

方式一：选中文件或文件夹，右击→“复制”→目标位置，右击→“粘贴”。

方式二：选中文件或文件夹，按“Ctrl+C”组合键→目标位置，按“Ctrl+V”组合键。

方式三：从项目所在文件夹窗口拖曳至目的文件夹窗口。

在方式三中，如果两个文件夹都在计算机的同一硬盘设备上，项目将被移动；如果是从U盘拖曳到系统文件夹中，项目将被复制（因为这是从一个设备拖曳到另一个设备）。要在同一个设备上进行拖曳复制，需要在拖曳的同时按住 Ctrl 键。

2）移动操作

方式一：选中文件或文件夹，右击→“剪切”→目标位置，右击→“粘贴”。

方式二：选中文件或文件夹，按“Ctrl+X”组合键→目标位置，按“Ctrl+V”组合键。

3）删除操作

（1）删除至回收站。

方式一：选中文件或文件夹，右击→“删除到回收站”。

方式二：选中文件或文件夹，按 Delete 键。

方式三：选中文件或文件夹，拖曳至回收站。

若删除的文件为移动设备上的，在未进行清空回收站的情况下弹出设备，移动设备上已删除的文件在其他操作系统上可能看不到，但这些文件仍然存在；当设备重新插入删除该文件所用的系统时，将能在回收站中看到。

（2）永久删除。

方式一：在“回收站”中再删除。

方式二：选中文件或文件夹，按“Shift+Delete”组合键。

4）重命名操作

方式一：选中文件或文件夹，右击→“重命名”。

方式二：选中文件或文件夹，按 F2 键。

若要撤销重命名，按“Ctrl+Z”组合键即可撤销。

### 6. 格式化和卸载设备

在侧边栏中，对接入系统的设备右击，弹出的快捷菜单如图 3-1-30 所示。

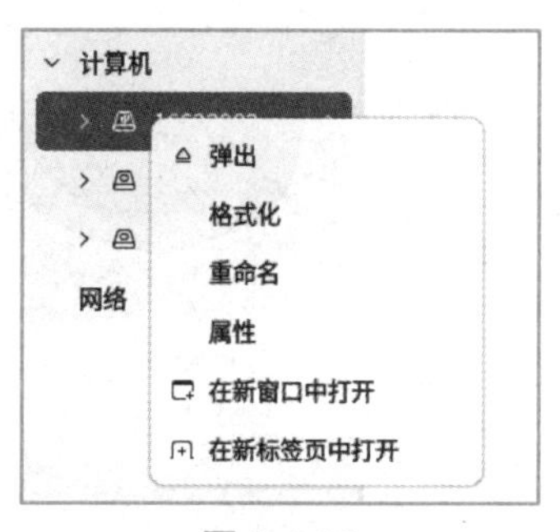


图 3-1-30

卸载/弹出：这两项都有卸载移动设备的作用；区别在于卸载后系统中依然存在该设备（未挂载状态），弹出则无法再在系统中找到该设备。

格式化：系统默认格式化为 NTFS 文件系统（Windows 常用），用户可自行更改为 Ext4 或 VFAT 格式（兼容模式）；格式化过程中不能移除设备，否则会产生异常，导致设备无法挂载等问题。格式化窗口如图 3-1-31 所示。

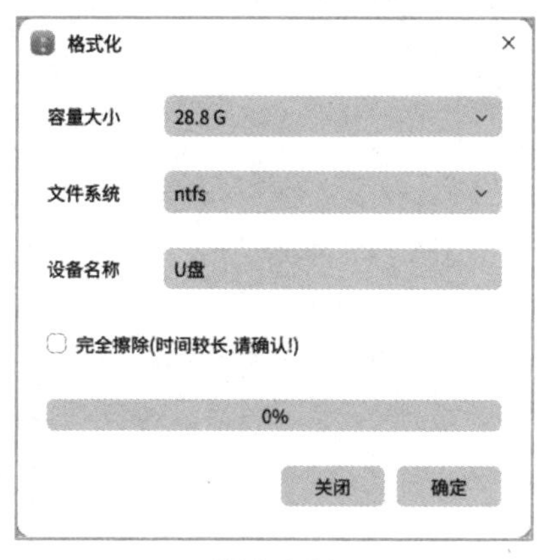


图 3-1-31

重命名：支持对移动设备（如 U 盘、移动硬盘等）进行重命名，也支持分区的重命名，有一些分区暂时不支持重命名（如文件系统分区、数据盘等）。

7. 访问网络

用于在局域网中共享文件。以共享“音乐”文件夹为例，右击“音乐”，在弹出的快捷菜单中选择“共享选项”，弹出的对话框如图 3-1-32 所示。用户可对共享的文件夹信息、权限进行设置。

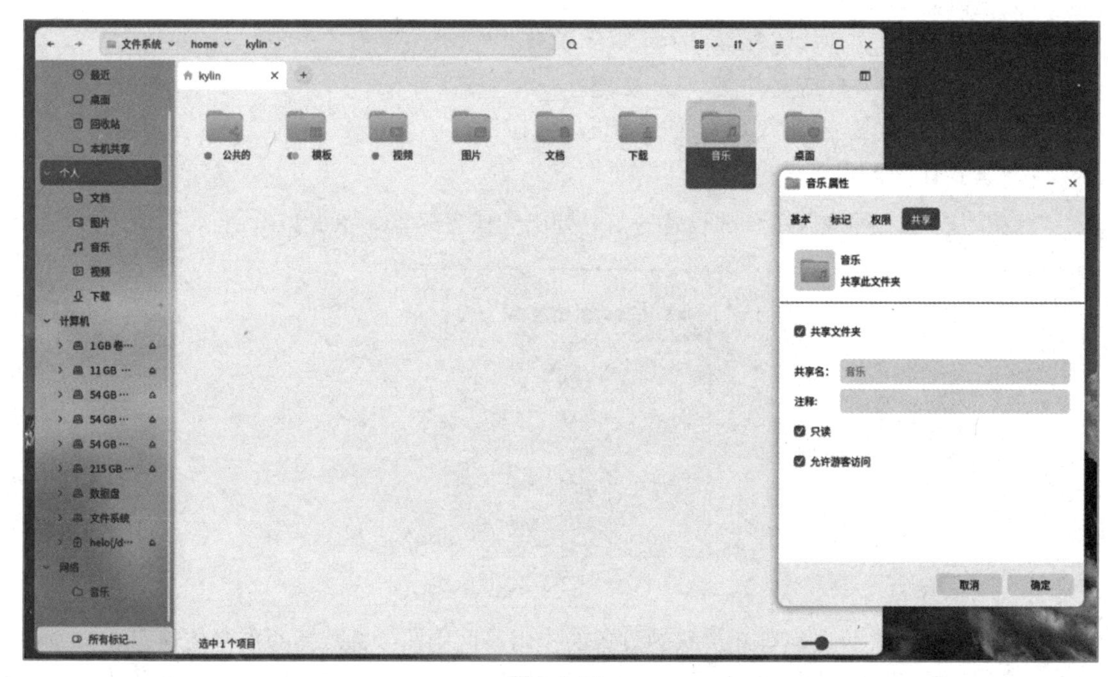


图 3-1-32

设置共享选项后，单击“确定”按钮会设置共享，窗口会自动关闭，如果单击“取消”按钮则不设置。在同一局域网中的另一个系统中，打开计算机目录，查看网上邻居下的项目，找到共享文件的主机名。打开后，可看到被共享的文件。双击该文件，弹出连接提示框，如图 3-1-33 所示。

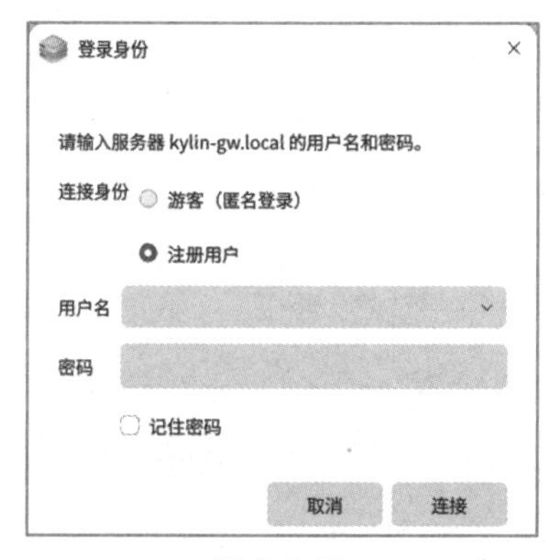


图 3-1-33

（1）连接后，可看到共享文件内的内容，在侧边栏也会显示接入的主机，如图 3-1-34 所示。

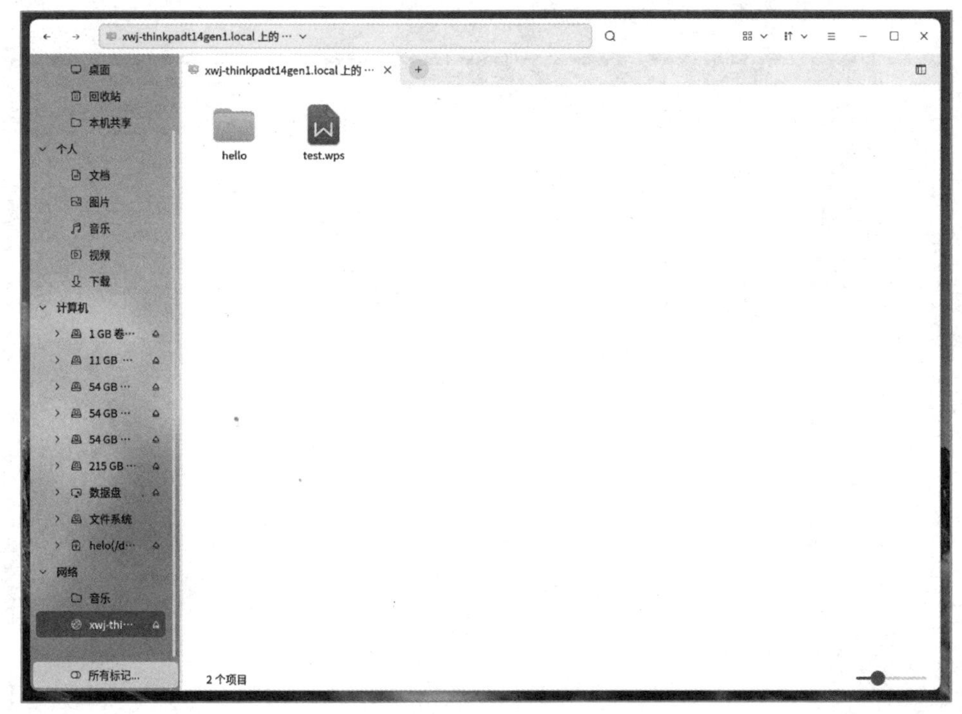


图 3-1-34

（2）如果不想再共享该文件，可再次右击该文件，在弹出的快捷菜单中选择“共享选项”，取消共享的勾选。

### 8. 设置选项

单击工具栏上的图标 ☰，即可进入设置界面。

设置即文件管理器的个人偏好设置，偏好项分为 3 个部分：编辑工具（图 3-1-35）、设置项、手册说明。

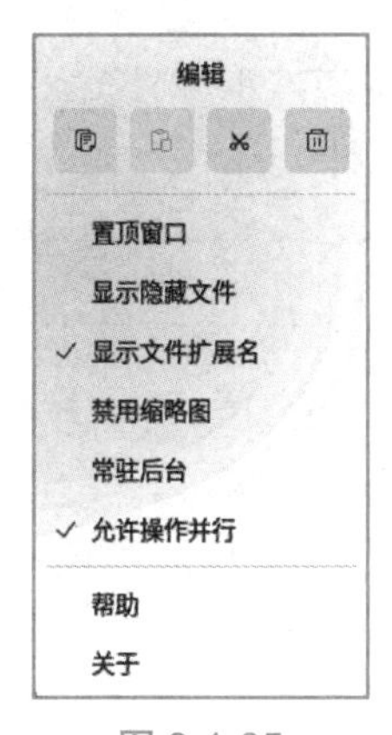


图 3-1-35

### 9. 文件保护箱

侧边栏显示的“保护箱”（图3-1-36），是文件保护箱应用的插件，融入文件管理器中，在侧边栏提供了文件夹加密保护操作的入口。

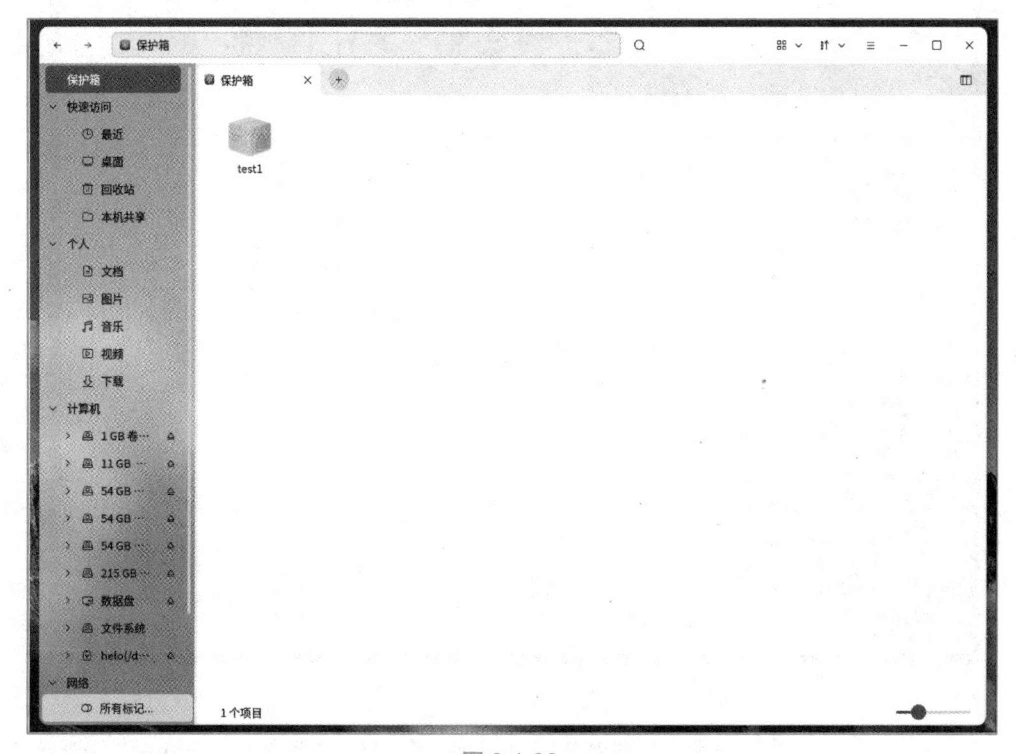


图3-1-36

### 10. 快捷操作

表3-1-8为文件管理器中系统默认的常用快捷键及其说明。

表3-1-8 常用的快捷键及其说明

| 快捷键 | 说明 |
| --- | --- |
| Ctrl+C | 复制 |
| Ctrl+X | 剪切 |
| Ctrl+V | 粘贴 |
| Delete | 删除 |
| Shift+Delete | 永久删除 |
| Ctrl+Z | 撤销 |
| Ctrl+A | 全选 |
| F2 | 重命名 |
| Alt + D | 编辑地址 |

### 11. 通配符说明

通配符是一种特殊语句，主要有星号（*）和问号（?），用来搜索时与关键字组合成模糊条件的搜索方式。例如，查找文件夹时，可以使用它来代替一个或多个真正字符。通配符及其说明如表 3-1-9 所示。

表 3-1-9　通配符及其说明

| 通配符 | 说明 |
| --- | --- |
| 星号（*） | 匹配零个或多个字符 |
| 问号（?） | 匹配任何一个字符 |
| [abl A-F] | 匹配任何一个列举在方括号中的字符，示例中表示 a、b、l 或任何一个从 A 到 F 的大写字符 |

## 四、国产操作系统文件系统和常用文件夹介绍

### 1. 国产操作系统文件系统说明

国产操作系统的分区简单分为文件系统盘和数据盘，文件系统盘主要存放操作系统的各类内核文件、启动文件、设备文件、配置文件、共享库、安装程序、日志文件、临时文件等，系统对文件系统盘进行严格的访问权限管理，一般给用户只读权限。

数据盘主要存放管理员和用户的个人数据、文档和配置等，每个用户的文件夹有严格的访问权限管理，不能随意跨用户进行文件夹访问。

### 2. 常用文件夹介绍

（1）/bin：存放普通用户可以使用的命令文件。

（2）/boot：包含内核和其他系统程序启动时使用的文件。

（3）/dev：设备文件所在目录。在操作系统中对设备以文件形式进行管理，可按照操作文件的方式对设备进行操作。

（4）/etc：系统的配置文件。

（5）/home：用户主目录的位置，保存用户文件，包括配置文件、文档等。

（6）/lib：包含许多/bin 中的程序使用的共享库文件。

（7）/opt：存放可选择安装的文件和程序，主要是第三方开发者用于安装自己产品的软件包。

（8）/root：系统管理员（root 或超级用户）的主目录。

（9）/usr：包括与系统用户直接相关的文件和目录，一些主要的应用程序也保存在此。

（10）/var：包含一些经常改变的文件，如假脱机（spool）目录、文件日志目录、锁文件和临时文件等。

# 任务三　软件的安装和卸载

## 一、软件商店的使用

软件商店是一款操作系统自带的图形化应用软件管理工具，为用户提供软件的搜索、下载、安装、更新、卸载等一站式软件管理服务。软件商店作为软件分发平台，为用户推荐常用软件和高质量软件。每款上架的软件都有详细的软件介绍信息以供用户参考，用户可根据实际需要下载安装。

### 1. 启动软件商店

单击“开始”菜单，通过搜索软件名称、按首字母查询、按类别查询，找到“软件商店”选项，单击该选项即可打开软件商店。

单击“开始”菜单，右击“软件商店”，在弹出的快捷菜单中进行多种应用固定位置操作，如图 3-1-37 所示。

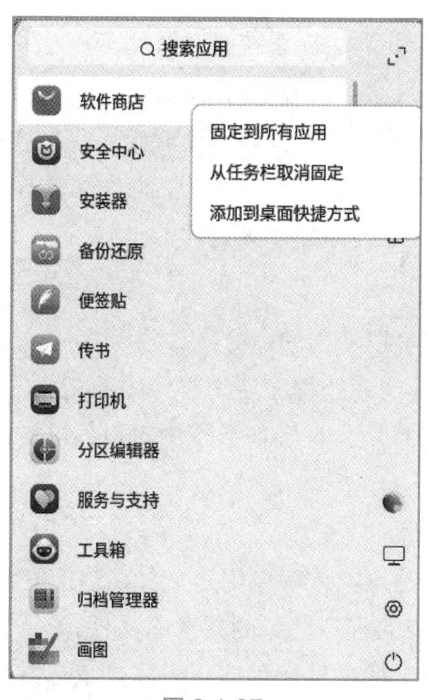


图 3-1-37

（1）固定到所有应用：可将软件商店图标固定到“开始”菜单的软件排序前列。

（2）从任务栏取消固定：右击任务栏，在弹出的快捷菜单中选择“任务栏设置”，弹出“任务栏设置”窗口，选择“任务栏固定设置”并关闭窗口。

（3）添加到桌面快捷方式：添加桌面快捷方式后，可在桌面上找到软件商店的图标快速打开软件商店。

需要注意的是，其他应用软件的固定位置操作同理。

### 2. 软件商店的主页

软件商店主界面标题栏包括主页、办公、影音、图像、全部分类、移动应用、驱动、软件管理等模块。

打开软件商店，进入主页，如图 3-1-38 所示。主页包括广告推荐、探索新品、下载排行、主题板块等，向下拖曳滚动条可以看到常用应用展示、用户常用的移动应用。在主页可以单击广告位或单击推荐板块进行软件下载，即可跳转至软件的详情页面，如首页的下载排行、精选应用、用户常用的移动应用等。若有想打开、更新或下载的软件，可以直接单击该软件右侧的按钮，也可以单击该模块右上角“更多”按钮进入相应页面，探索更多软件。

图 3-1-38

### 3. 全部分类

单击左侧导航栏的“全部分类”即可进入软件分类界面。软件商店提供了办公、开发、图像、影音、网络、游戏、教育、社交、系统、安全等多种软件分类，单击二级目录中任意类别即可查看该类别中的所有软件，如图 3-1-39 所示。

在不同的类别下，可以选择目标软件进入软件详情页面。在各类别下，支持默认排行、下载排行、评分排行等多种排序方式，默认排行依据为热度算法排序，下载排行根据当前该类别下所有软件的下载量由高到低排序，评分排行根据当前该类别下所有软件用户评分由高到低排序。在该页面，可以对已经下载的软件直接打开或进行更新。在上架预告页面可查看即将上架的软件，在软件卡片中，可以直接单击官网按钮进入该软件官网了解详细信息，也可以单击该软件进入软件详情页查看软件信息。

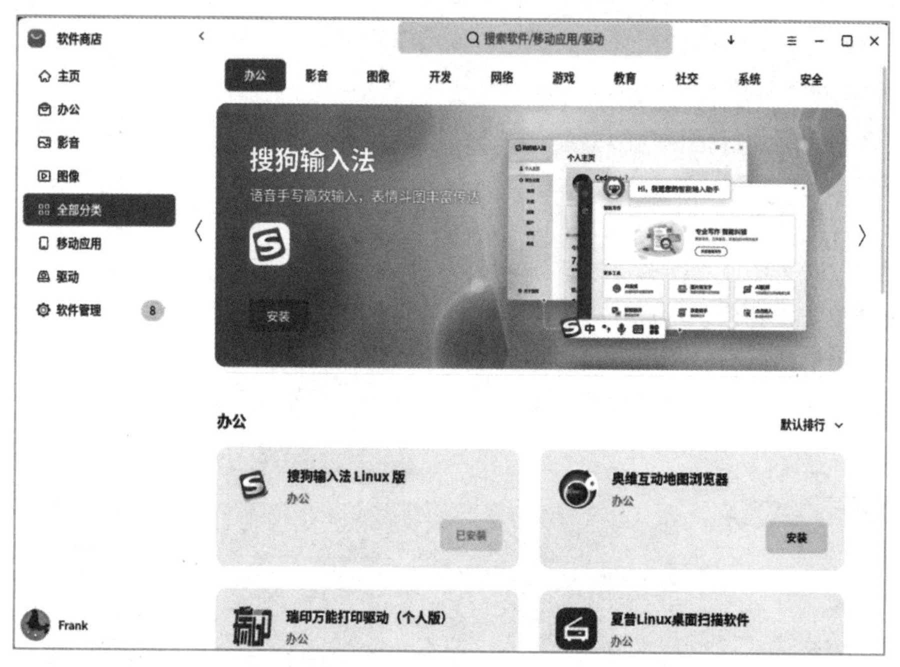


图 3-1-39

## 4. 驱动

单击左侧导航栏的“驱动”即可进入驱动页面，该页面提供打印机、扫描仪、高拍仪、指纹设备等多种类型的驱动，如图 3-1-40 所示。需要注意的是，因不同的驱动适配的架构不同，在“驱动”页面中实际显示的驱动类型会有所差别。

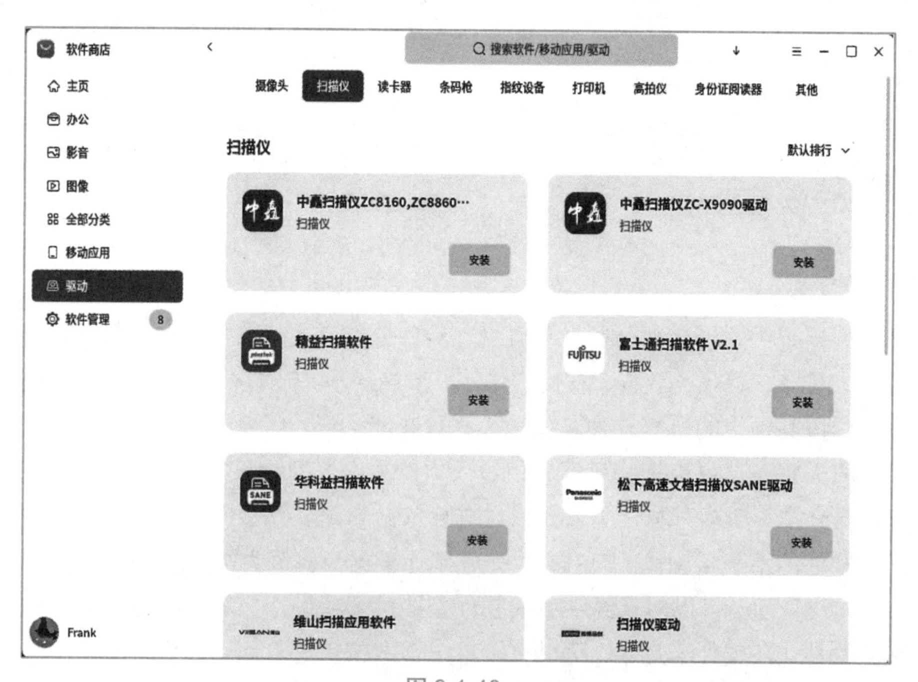


图 3-1-40

### 5. 移动应用

软件商店为用户提供麒麟软件自主研发的高性能的移动运行环境 KMRE，单击左侧导航栏中的“移动应用”即可进入移动应用页面。首次进入移动应用页面时，需要下载麒麟移动运行环境，单击“下载体验”按钮，下载安装完成后，会提示重新启动计算机，重启计算机后再次打开软件商店移动应用页面，等待初始化环境后即可下载安卓应用，如图 3-1-41 所示。

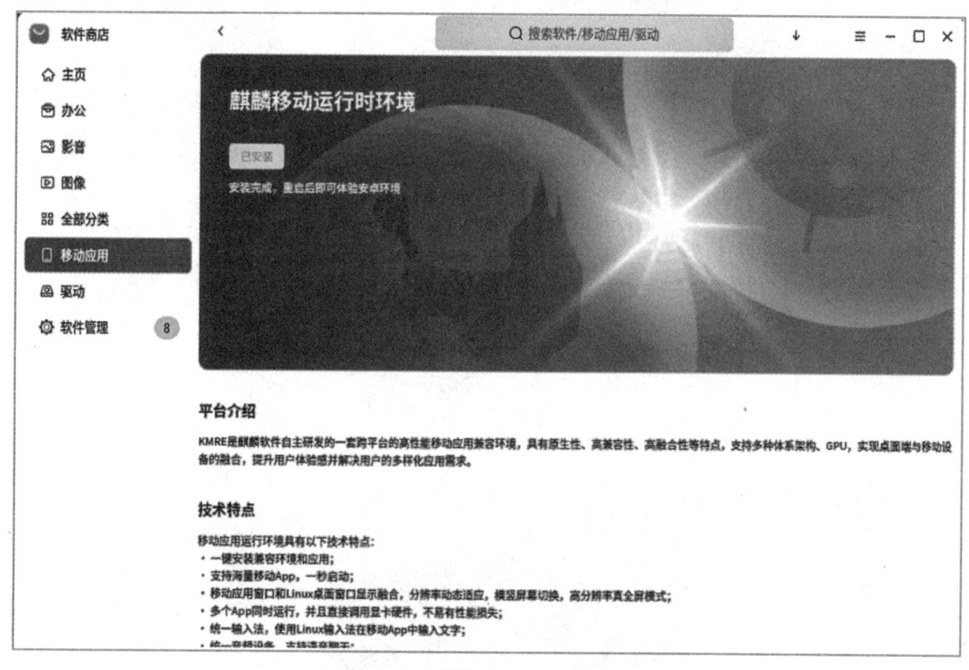


图 3-1-41

初始化环境后，即可看到如图 3-1-42 所示的移动应用页面，该页面支持多种类别的应用下载，注意不同机型上显示类别可能会有所差异。在各类别页面，支持默认排行、下载排行、评分排行等多种排序方式。可以选择任一类别选项，搜索、下载目标软件。下载软件后，单击“打开”按钮可直接使用该安卓应用。

需要注意的是，移动应用目前仅支持 ARM 架构的 CPU。

### 6. 商店的软件管理

单击左侧导航栏中的“软件管理”即可打开应用管理页面，可以查看和操作当前需要更新的软件及卸载本机已安装的软件，同时可以查看本机安装、云安装的历史记录，通过客户端右上角的下载箭头“↓”，可以查看当前软件下载情况。

1）下载软件

单击客户端右上角的下载箭头“↓”后，可弹出“正在下载”页面，如图 3-1-43 所示。若正在下载软件，正在下载箭头的右上角将显示下载个数，页面中以卡片形式显示正在下载的软件。在下载完成前，可随时暂停、继续、取消下载某一软件。

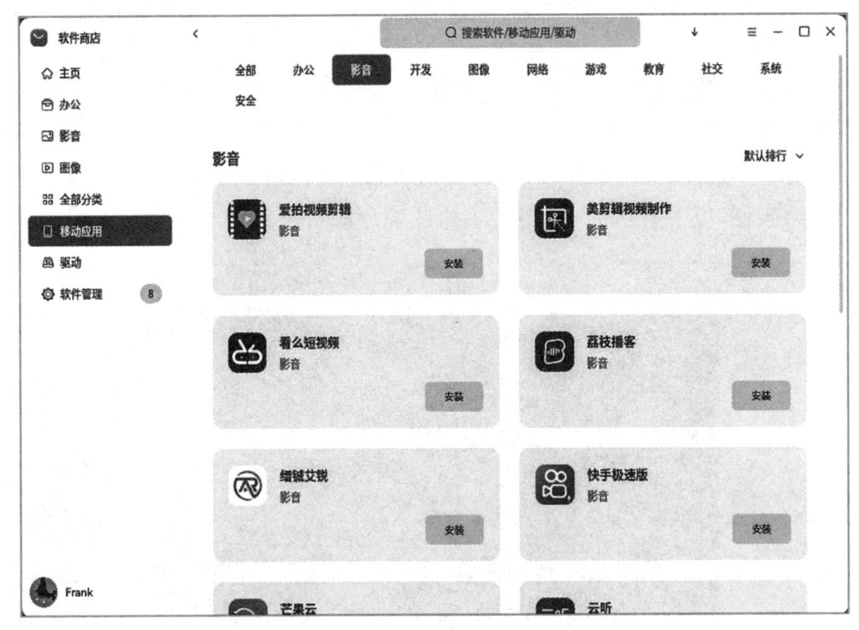


图 3-1-42

图 3-1-43

2）更新软件

若本机软件有更新，左侧导航栏中的“软件管理”按钮右侧会出现提示，并且软件管理也会出现数量提示。单击软件卡片右下角的“更新”按钮即可进行软件更新，或者选中页面右上角的“全选”复选框，然后单击“全部更新”，也可进行软件更新，如图 3-1-44 所示。软件在更新完成前，可随时暂停、继续、取消软件更新操作。软件下载完成后会自动安装，请耐心等待，一旦页面出现“打开”按钮即说明软件更新完成。

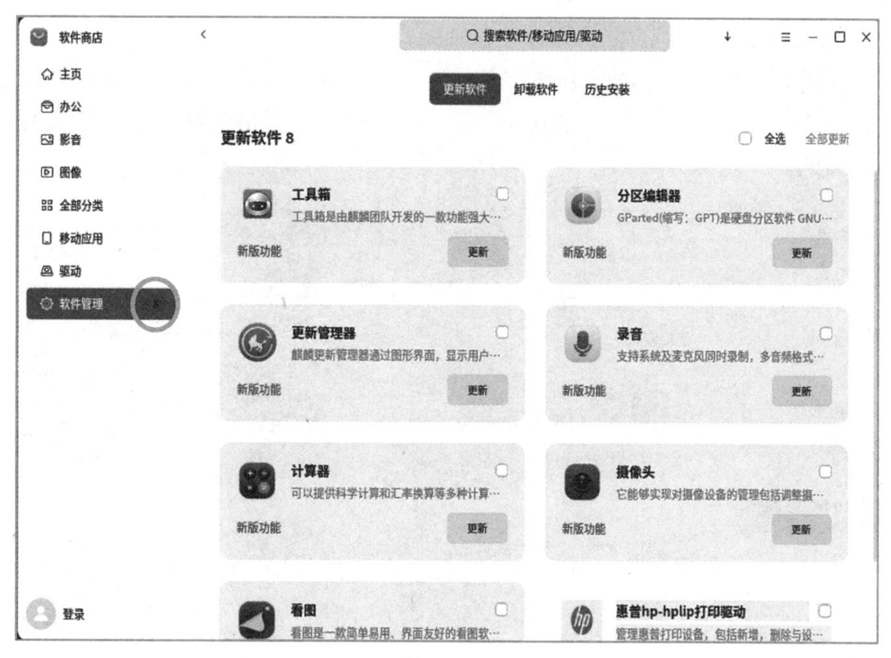


图 3-1-44

3）卸载软件

若想卸载从软件商店下载安装的本机软件，可以单击“开始”菜单，右击进行删除，还可在此页面选择相应软件卡片，单击“卸载”按钮，如图 3-1-45 所示。若需批量操作，则单击右上角“全选”复选框，然后单击“一键卸载”即可。

图 3-1-45

4）查看历史安装

查看软件的安装历史，如图 3-1-46 所示。默认显示本机历史安装，即本机在软件商店中下载安装的软件列表。如果登录了麒麟 ID 账号，可以在云历史安装下查看该账号在其他计算机终端安装的软件记录。

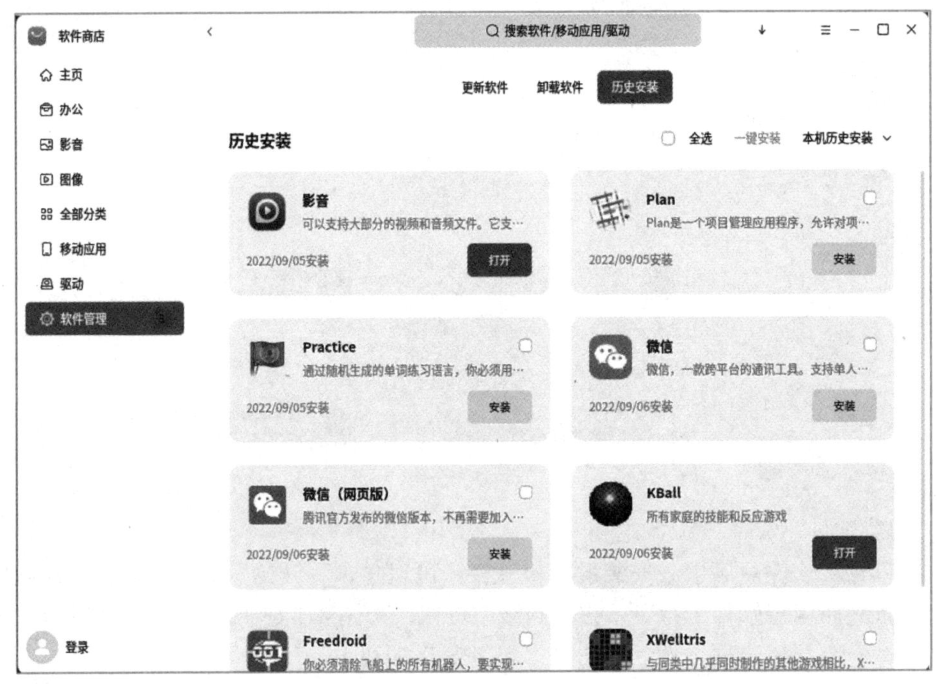


图 3-1-46

若软件已从本机卸载，可单击“下载”按钮重新下载安装。

如果在使用软件商店时出现错误提示，可根据错误代码提示解决问题。若无法解决，可以通过服务与支持工具寻求帮助。

## 二、软件的手动安装和卸载

安装器工具用于用户在系统中进行图形化安装或卸载 deb 格式的软件安装包。

需要注意的是，国产操作系统有别于 Windows 系统的安装包格式（exe 或 msi），两种格式的安装包不兼容。

### 1. 打开方式

单击“开始”菜单，选择“安装器”选项，打开“安装器”窗口（图 3-1-47），单击“添加”按钮后选择软件安装包进行安装；也可以在任务栏中搜索“安装器”，打开“安装器”窗口。

### 2. 安装软件

单个软件包安装有 3 种方式：

第一种：单击“开始”菜单，选择“安装器”，单击“添加”按钮后选择需要安装的软件包，单击“安装”按钮，如图 3-1-48 所示；也可以一次性选中多个软件安装包，进行批量安装。

图 3-1-47

图 3-1-48

第二种：双击需要安装的 deb 格式的软件包，在弹出的“安装器”界面单击“一键安装”按钮。

第三种：在终端窗口输入命令（kylin-installer +包名）进行安装。例如，安装 360 安全浏览器，在终端窗口输入命令（注意命令中的空格），如图 3-1-49 所示，按回车键。这时，页面会出现输入密码的提示，此密码为当前用户登录密码；正确输入后，弹出安装界面，单击“一键安装”按钮，如图 3-1-50 所示。

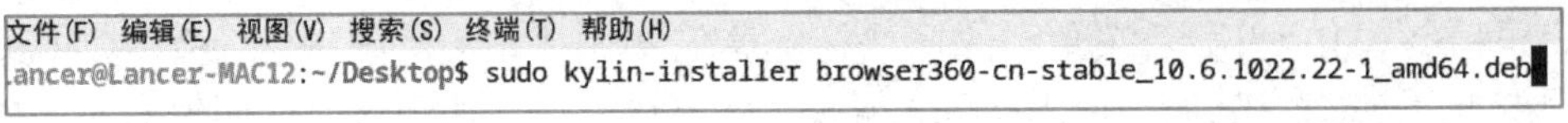

```
文件(F) 编辑(E) 视图(V) 搜索(S) 终端(T) 帮助(H)
.ancer@Lancer-MAC12:~/Desktop$ sudo kylin-installer browser360-cn-stable_10.6.1022.22-1_amd64.deb
```

图 3-1-49

图 3-1-50

需要注意的是，当软件包的格式与计算机的芯片指令集架构不符或软件包命名不规范时，安装器将会弹出错误提示，如图 3-1-51、图 3-1-52 所示。

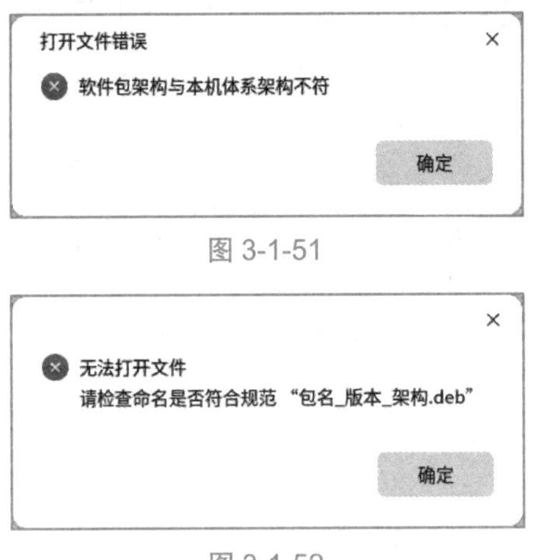


图 3-1-51

图 3-1-52

### 3. 卸载软件

卸载软件有以下两种方式。

第一种：单击“开始”菜单，选择要卸载的软件，右击，在弹出的快捷菜单中选择“卸载”，会弹出卸载界面，如图 3-1-53 所示。

第二种：在终端窗口输入命令（kylin-uninstaller + desktop）进行卸载。例如，卸载 360 安全浏览器，在终端窗口输入：sudo kylin-uninstaller /home/kylin/桌面/browser360-cn.desktop，按回车键，会弹出如图 3-1-54 所示的对话框。

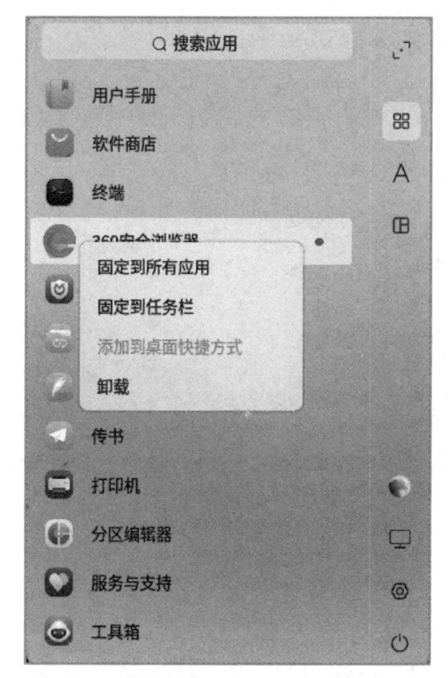


图 3-1-53

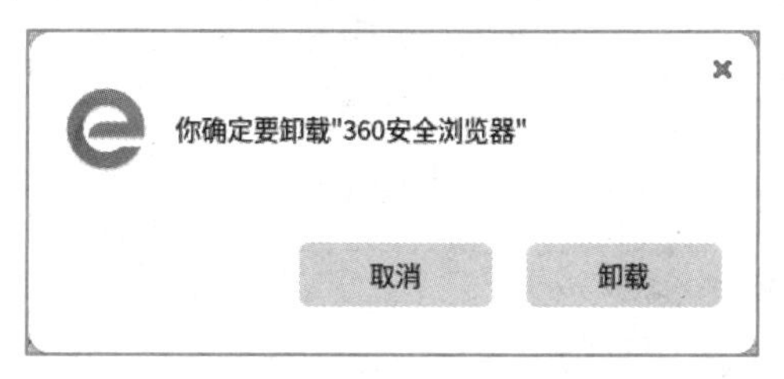


图 3-1-54

说明：

（1）当应用软件正在运行时，软件不允许卸载。

（2）不允许同时卸载两个及以上软件。

（3）如果应用软件安装在国产操作系统中，要注意安装版本与芯片指令集版本应匹配，国产通用 CPU 的架构分为：

① ARM64 指令集：飞腾芯片、华为鲲鹏芯片、海思麒麟芯片；

② LoongArch64 指令集：龙芯芯片；

③ SW64 指令集：申威芯片；

④ AMD64 指令集（又称 X86，与 Intel 兼容）：海光芯片、兆芯芯片。

## 任务四　系统快捷键操作

系统默认有众多的快捷键操作，可以执行截图、显示切换、开关机、锁屏、搜索等常用操作。可以选择“设置”→“快捷键配置”命令，查看系统快捷键，也可以添加自定义快捷键等相关配置，如图 3-1-55、图 3-1-56 所示。

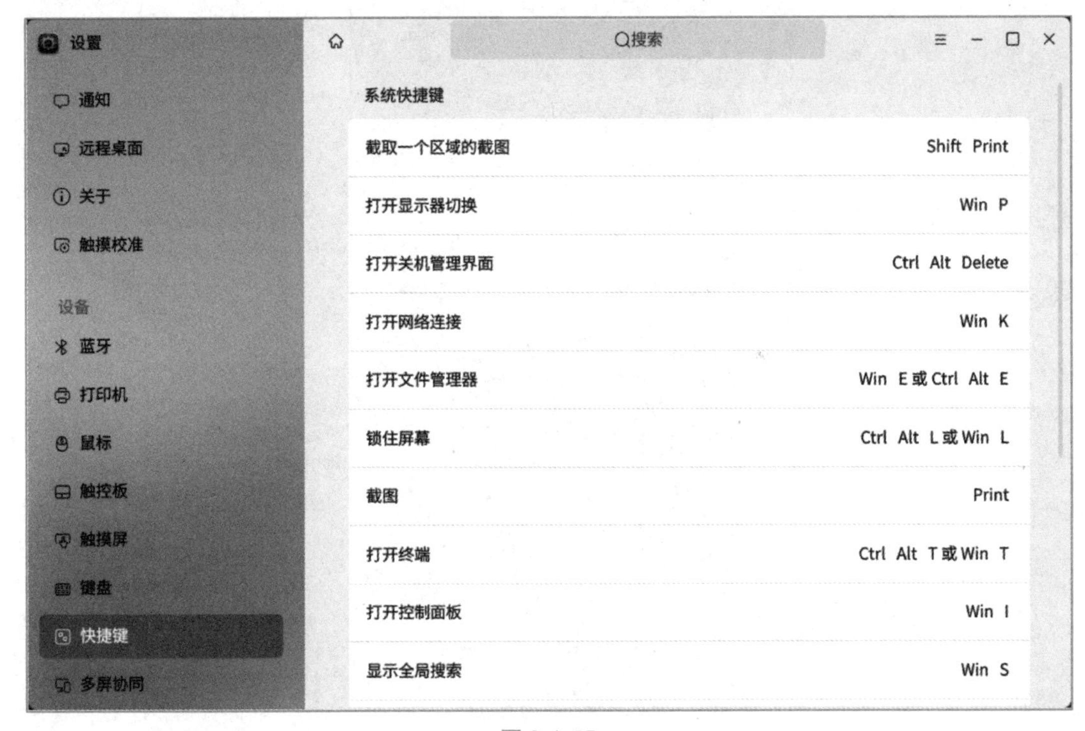


图 3-1-55

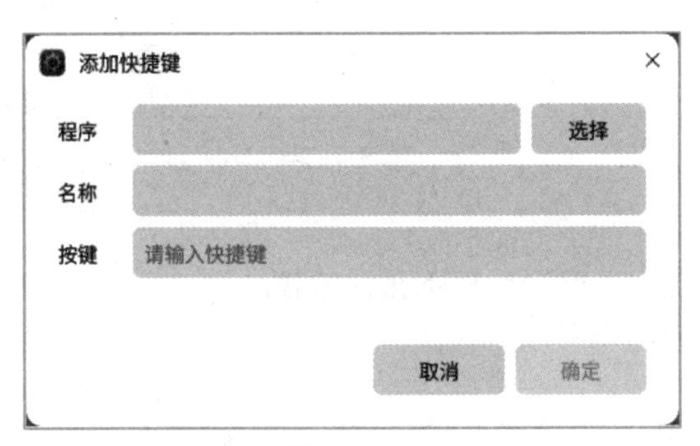


图 3-1-56

# 任务五　常用软件使用

## 一、文本编辑器

文本编辑器是一款系统自带的快速记录文字的文档编辑工具，可以使用文本编辑器进行临时性内容的快速记录和编辑，支持打印、文档拼写检查、文档统计、搜索、查找等功能。

在桌面空白处右击，在弹出的快捷菜单中选择“新建”→“记事本”命令，打开“文本编辑器”。或者单击“开始”菜单，选择“文本编辑器”。

文本编辑器窗口如图 3-1-57 所示。

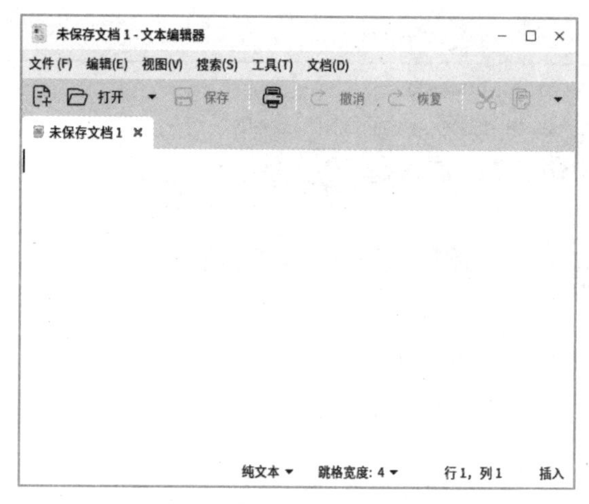


图 3-1-57

### 1. 新建文档操作

选择菜单栏中的“文件”→“新建”/“打开”可以新建/打开文档，或者单击新建文档图标，单击“打开”按钮打开文档。

单击菜单栏中的“视图”后，根据需要可选择是否打开“工具栏”“状态栏”和“侧边栏”。

在打开的文档中进行编辑时，单击“撤销”按钮可以撤销上次操作，单击“恢复”按钮可以恢复上次撤销的操作。

### 2. 编辑操作

如图 3-1-58 所示，选中需要编辑的内容后单击剪切图标剪切内容，单击复制图标复制内容。选中需要编辑的内容后，右击，在弹出的快捷菜单中选择“剪切”/“复制”，也可以快速进行“剪切”/“复制”操作，还可以“删除”选中的内容，单击“全选”则选中全部文本内容。在鼠标指针所在处右击，在弹出的快捷菜单中选择“粘贴”。

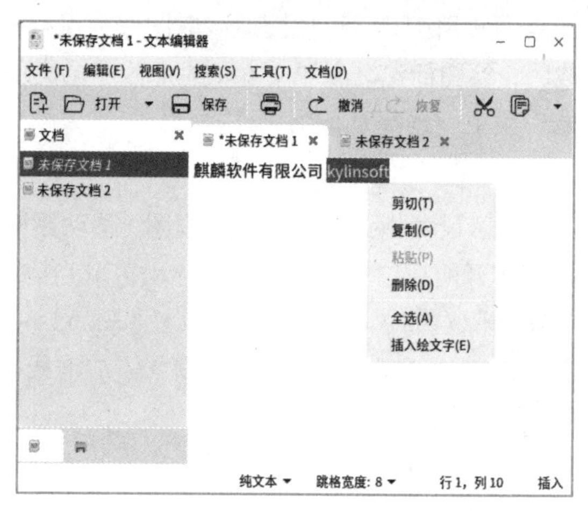


图 3-1-58

选择“插入绘文字”将打开绘文字选择窗口，选中绘文字内容即可插入到文本中，如图 3-1-59 所示。

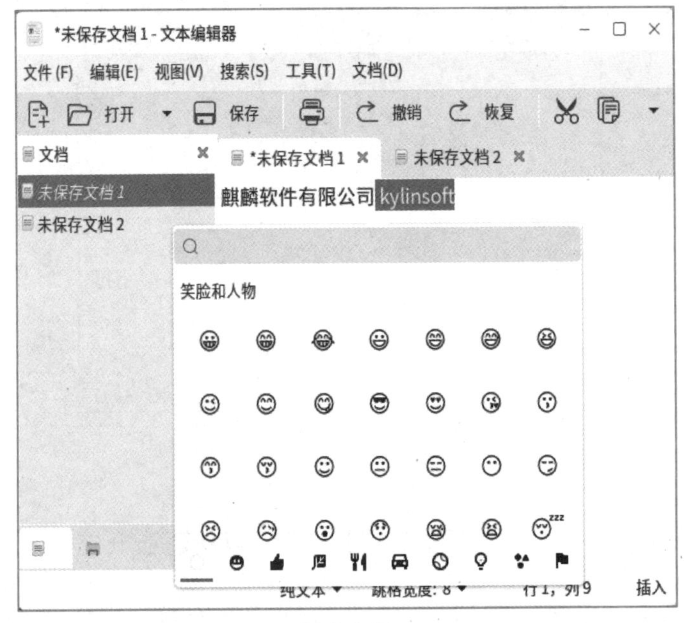


图 3-1-59

完成编辑后，选择菜单栏中的“文件”→“保存”/“另存为”，或者单击保存图标，即可保存文件。

选择菜单栏中的“文件”→“打印”，或者单击打印图标，即可进行打印的相关设置。

## 二、截图

截图是一款多功能的桌面实用工具，可便捷地截取图像并保存，支持快捷键截图、框选截图、全屏截图、延迟截图、绘图标记、添加文本、固定截图至桌面等功能。可通过以下操作进行截图：单击“开始”菜单→选择“截图”。

### 1. 截取窗口

打开截图工具后，桌面显示鼠标指针的实时位置框图，移动鼠标指针后单击鼠标可自定义框选需要截取的区域，在打开的窗口中单击鼠标可自动截取当前的框选区域。

截图后，自动显示当前截取区域的大小和截图工具栏（图 3-1-60），可以通过拉伸截图区域调整区域大小。使用工具栏工具可以对截图进行编辑（添加框线、文字、马赛克、文字识别等）、保存、复制到剪贴板等操作。

### 2. 截图的快捷键

右击任务栏中的截图图标，在弹出的快捷菜单中选择“快捷键”即可查看截图常用的快捷键操作。截图的快捷键如图 3-1-60 所示。

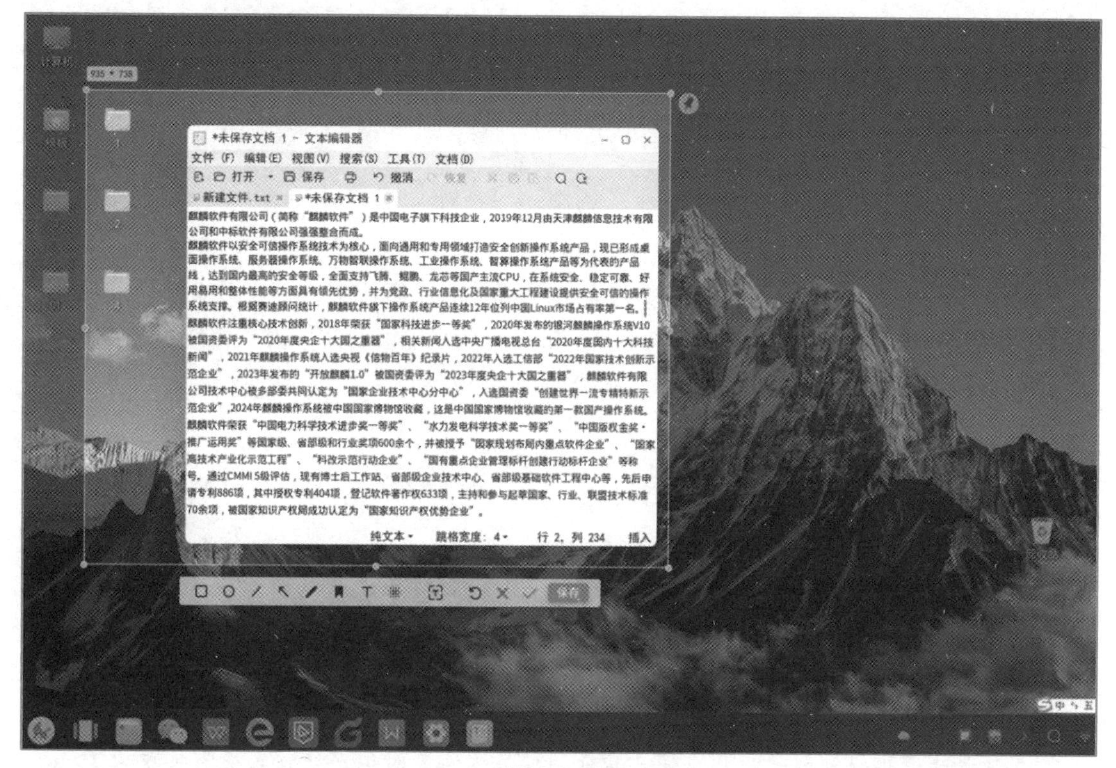


图 3-1-60

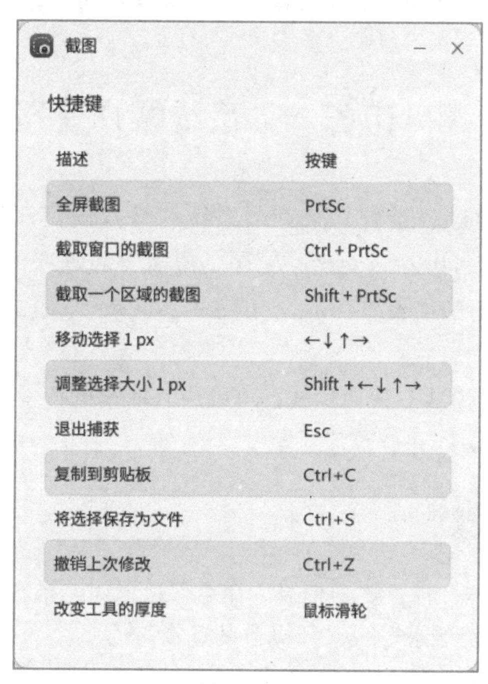


图 3-1-61

# 项目二　银河麒麟操作系统管理

## 项目导读

银河麒麟操作系统 V10 具备完善的系统管理功能，满足用户日常对系统的管理和配置，可以简单、快捷地进行相关操作。本项目旨在让学生了解和掌握国产操作系统的基本设置、访问路径和配置方式。

## 学习目标

1. 熟悉银河麒麟操作系统的基本设置。
2. 掌握银河麒麟操作系统的日常配置方法和技巧。

## 思政目标

1. 使学生掌握银河麒麟操作系统日常使用操作方法，对国产操作系统有基本的认识。
2. 使学生熟悉银河麒麟操作系统日常配置，可独立使用、维护国产操作系统。

## 任务一　系统账户管理

银河麒麟操作系统通过“设置”来管理系统的基本设置，包括账户、系统、设备、网络、个性化、时间语言、更新、安全、应用、搜索等。进入桌面环境后，单击“开始”菜单，选择“设置”，弹出的“设置”界面如图 3-2-1 所示，在此界面可进行相应的系统设置。

“设置”界面支持全屏模式与窗口模式，可以通过搜索框搜索相关设置。“设置”界面还支持通过单击二级目录直接打开设置项。

### 一、账户的日常管理

选择“设置”→“账户”→“账户信息”命令，可以对当前账户的密码、头像等属性进行设置，也可以选择“免密登录”或“开机自动登录”。

账户信息界面如图 3-2-2 所示。

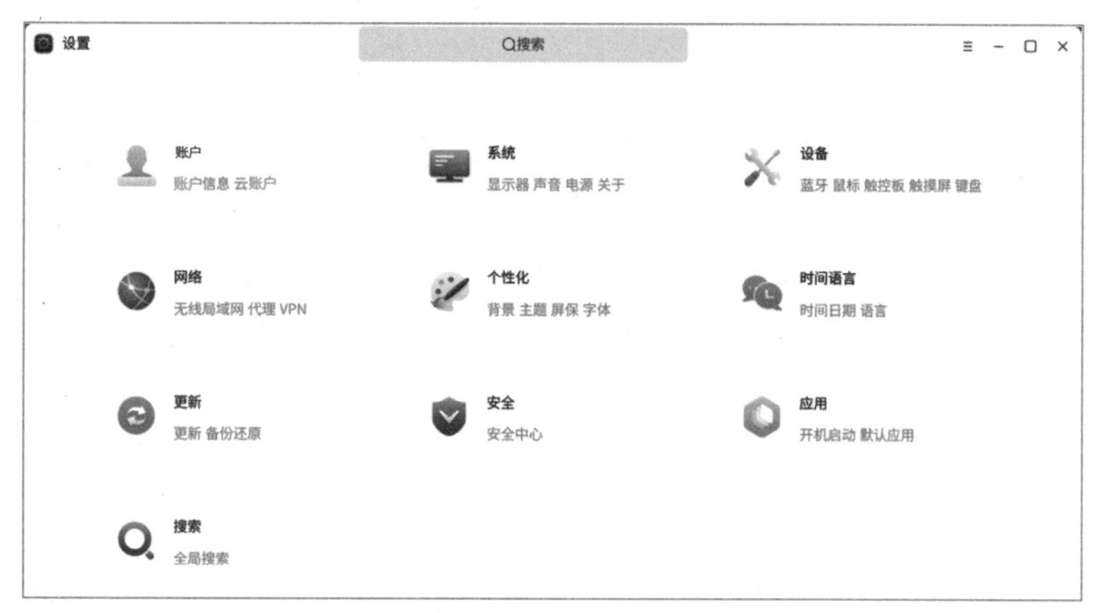


图 3-2-1

图 3-2-2

可以在“其他用户”区域中单击“添加”按钮，弹出“新建用户”对话框，如图 3-2-3 所示，可以添加新的用户并设置该用户的权限。

选择“修改密码”选项，弹出“修改密码”对话框，可对密码进行修改，如图 3-2-4 所示。管理员有权对其他用户进行设置和修改。

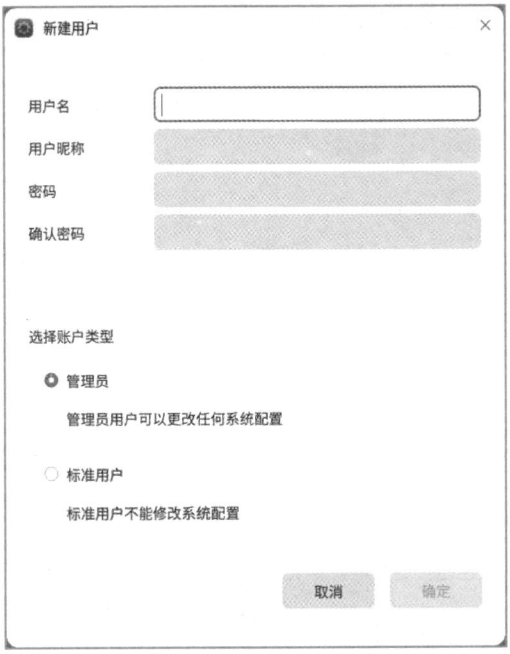

图 3-2-3

图 3-2-4

单击已建立的用户右侧的“删除”按钮，弹出询问“是否删除用户”的对话框，对话框中有“保留该用户下所属的桌面、文件、收藏夹、音乐等数据”和“删除该用户所有数据”两个单选按钮，如图 3-2-5 所示，可以根据具体情况进行选择。

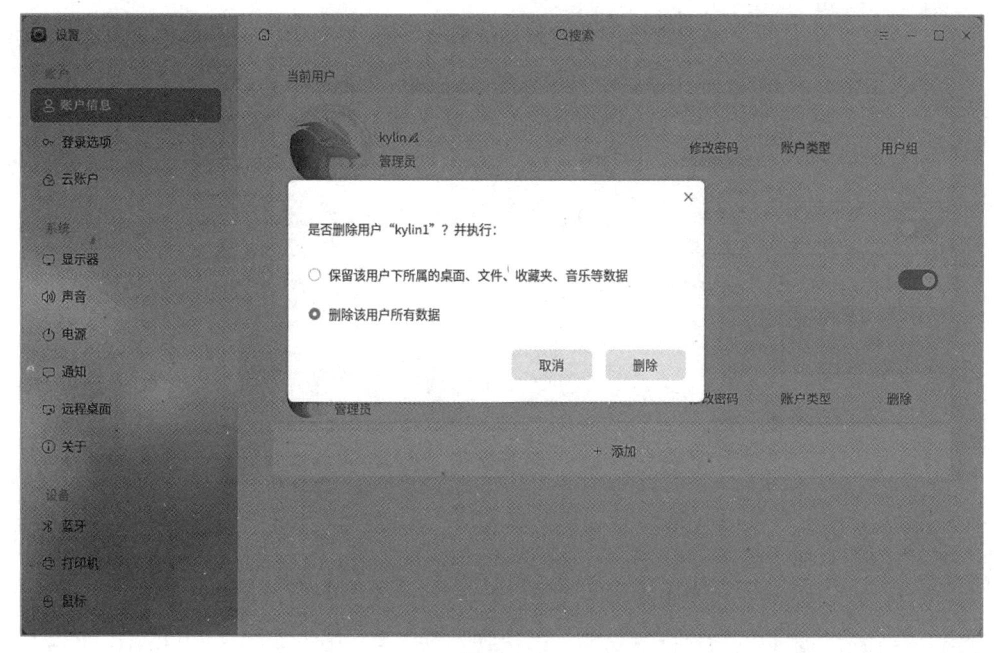


图 3-2-5

## 二、登录选项

登录选项中有“密码”“扫码登录”“生物识别”选项（图 3-2-6），单击“生物识别”可选择禁用该功能和高级设置，单击“高级设置”可以打开生物特征管理工具进行相关设置。

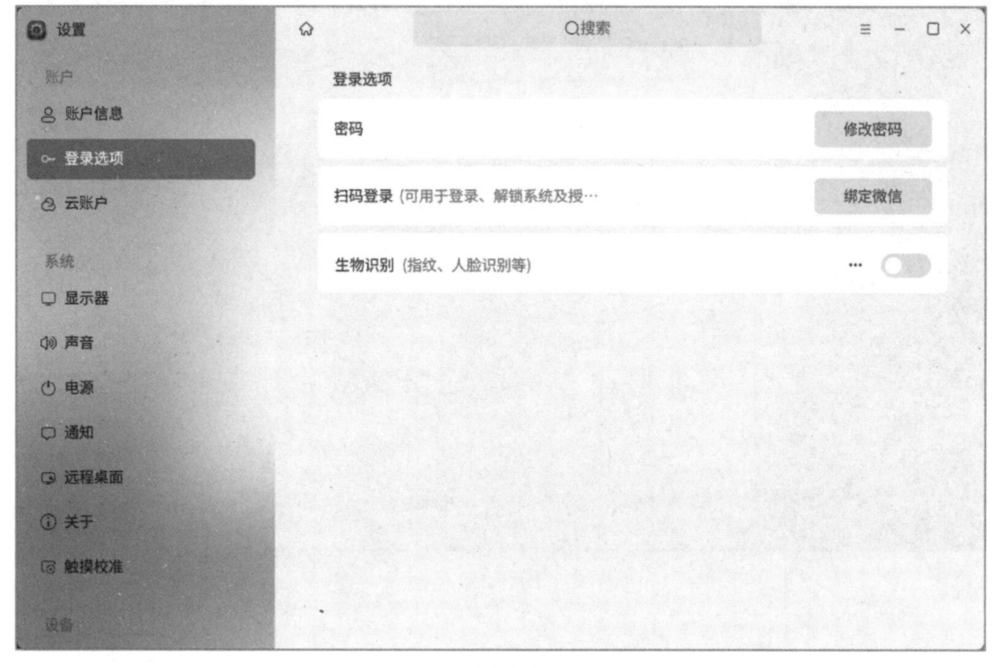


图 3-2-6

单击“密码”右侧的“修改密码”按钮，可弹出“修改密码”对话框，如图 3-2-7 所示。

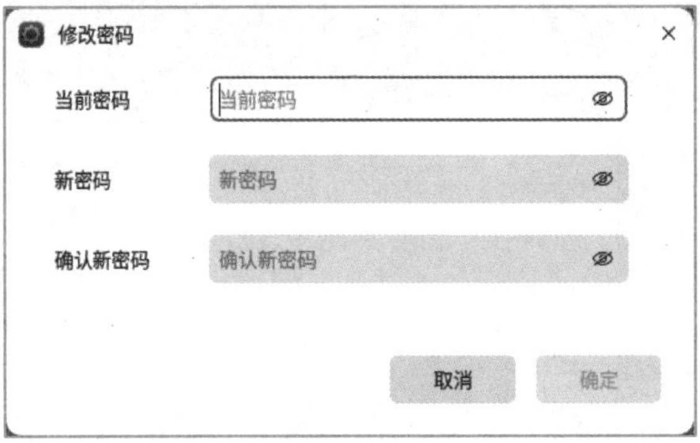

图 3-2-7

在终端处于互联网可访问状态时，可扫码登录，在第三方认证平台绑定身份认证方式，单击“绑定微信”，弹出二维码，用手机微信扫码即可绑定。

生物识别功能用于终端的生物特征认证组件的管理，登录时可以使用生物识别（图 3-2-8），支持录入、重命名、删除生物特征等功能。以指纹为例，录入指纹如图 3-2-9 所示、修改指纹名称如图 3-2-10 所示。

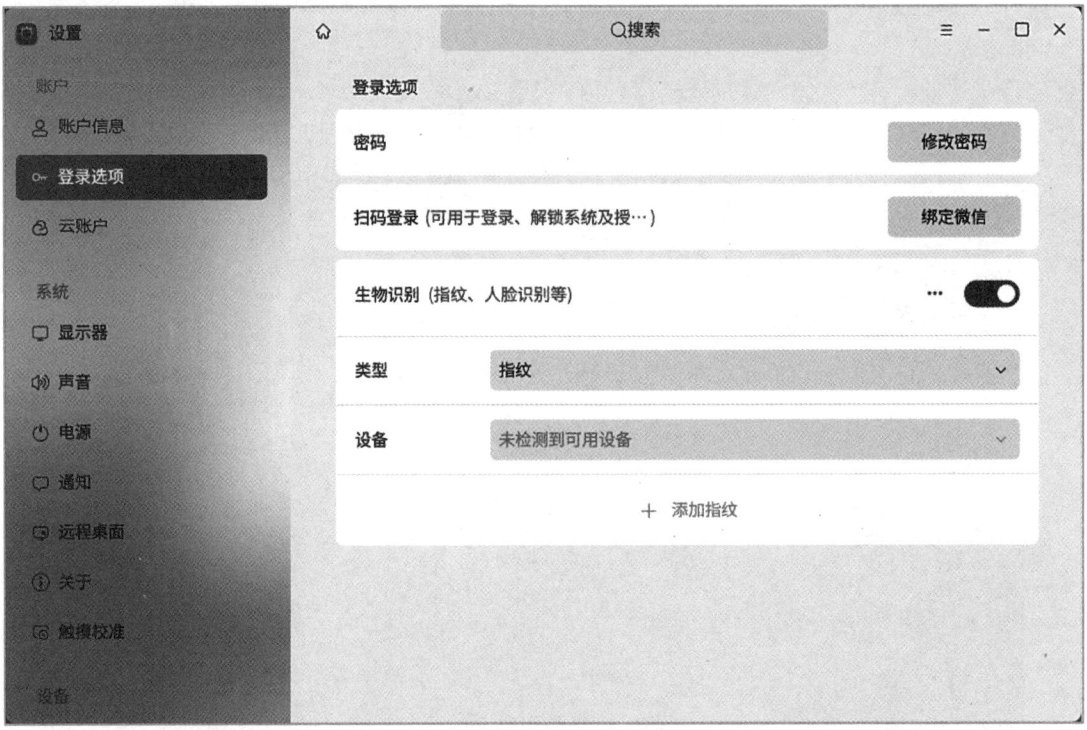

图 3-2-8

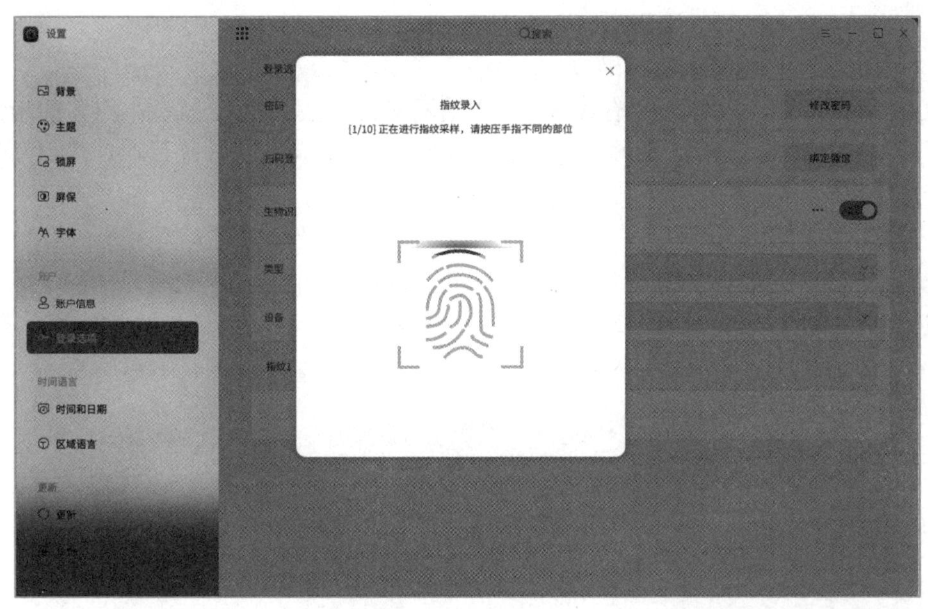


图 3-2-9

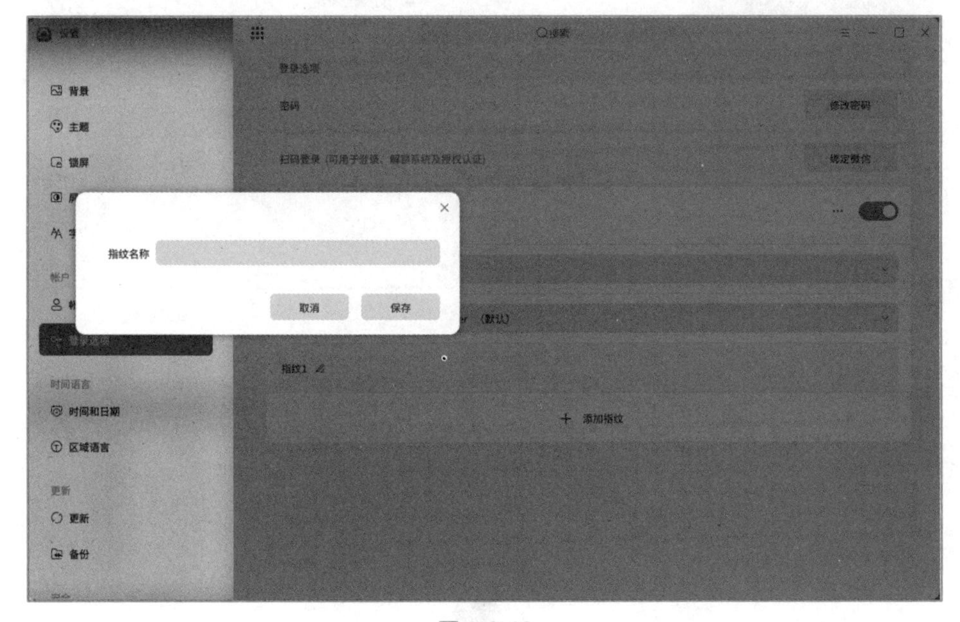


图 3-2-10

# 任务二　计算机基本设置

通过“设备”“网络”选项，可以进行硬件组件和外部设备的维护管理，包括网络、蓝牙、打印机、鼠标、触摸板、触摸屏、键盘、快捷键、多屏协同等；还有输入法、系统字体等基本设置。以下讲解主要的基本设置。

## 一、网络设置

通过“网络”选项可以对“有线网络、无线网络、代理、VPN、移动热点”的相关配置进行管理。可以创建、修改、删除网络连接或代理，或者将本机网络连接通过热点方式供其他设备连接使用。

### 1. 有线网络的设置

当网线插入本机时，有线网络自动开启，若本机有多个网卡，开启使用的网卡后，可进行有线网络连接的配置，如图 3-2-11、图 3-2-12 所示。

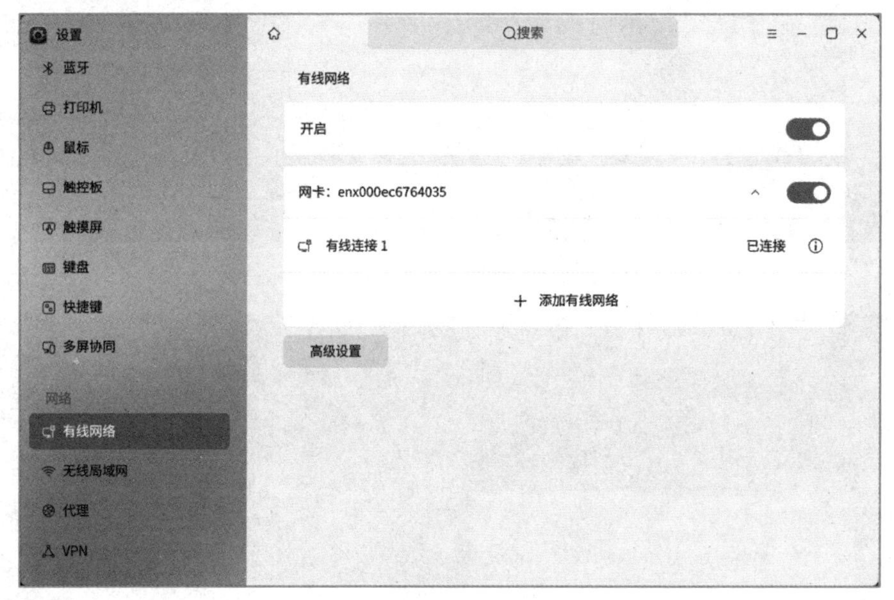


图 3-2-11

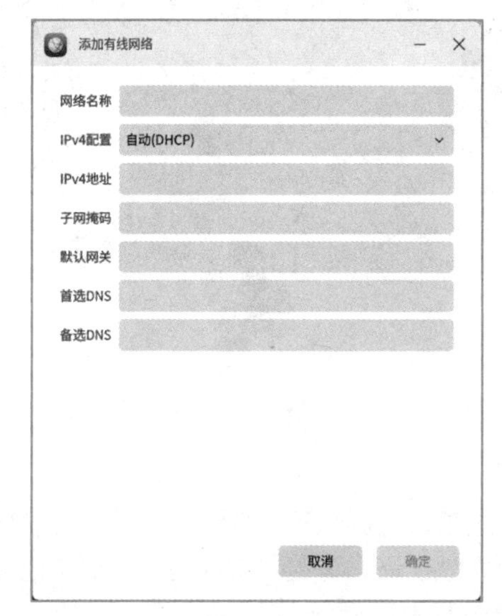


图 3-2-12

单击“添加有线网络”，打开配置窗口。若无须设置固定网络地址，则单击“IPv4 配置”右侧的下拉列表中选择“自动（DHCP）”。

若需要设置固定的网络地址，则单击“IPv4 配置”右侧的下拉列表中选择“手动”，根据实际网络情况填写“IPv4 地址则单击”（IP 地址）、“子网掩码”、“默认网关”、“首选 DNS”和“备选 DNS”（如果有），如图 3-2-13 所示。

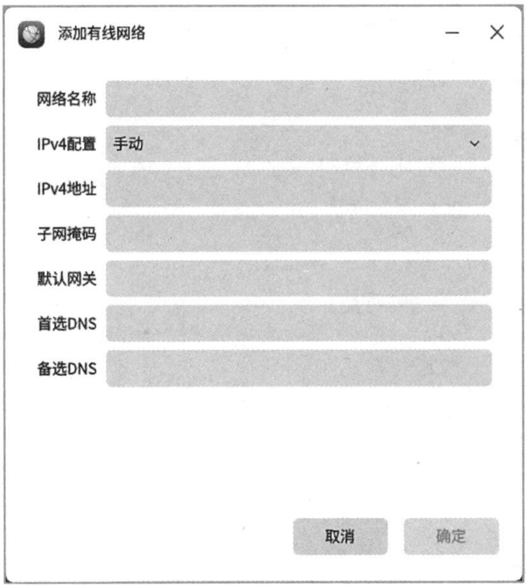

图 3-2-13

配置完成后可单击图标 ⓘ 查看详细信息（图 3-2-14），单击图标可复制全部信息。

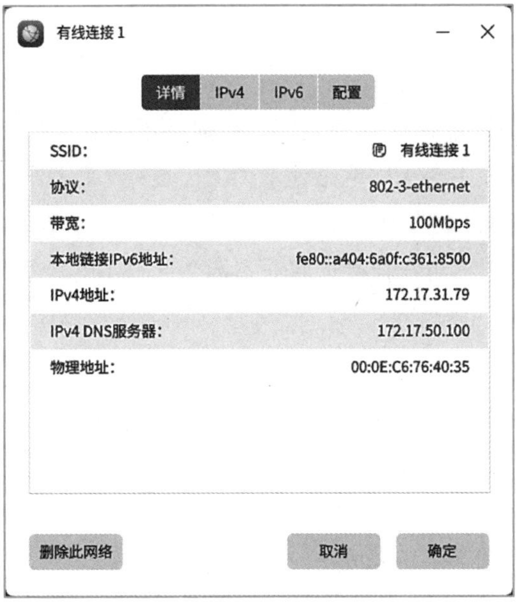

图 3-2-14

## 2. 无线局域网的设置

当无线网络开启时，本机通过连接搜寻到的信号进行网络访问，若本机有多个网卡，开启使用的网卡后，可进行无线网络连接的配置，方式如下（如图 3-2-15 所示）。

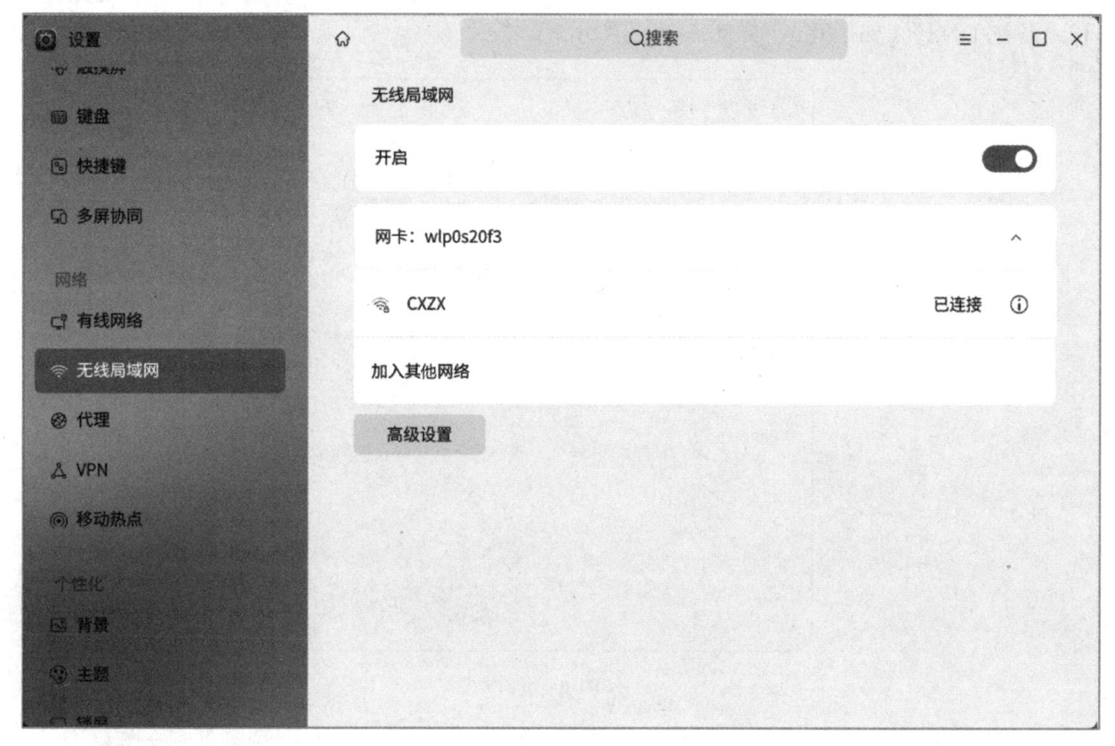


图 3-2-15

（1）开启无线局域网。

（2）选择对应的网卡，根据实际情况选择列表中的无线网络。

（3）若该无线网络图标带有标志🔒，则表明需要正确输入对应无线信号的密码。

（4）连接成功后，列表中该无线网络标示为“已连接”，且屏幕右下角托盘图标的网络连接显示图标，单击列表中的图标ⓘ可查看该无线网络的详情信息和安全设置。

（5）若不再连接该信号，可在详情页取消勾选“自动连接”，或者单击“忘记此网络”断开连接并清空保存的密码。

## 3. VPN

在 VPN 设置中单击“添加”，在有线或无线网络配置中选择一条后单击“+添加”，在弹出的快捷菜单中选择 L2TP 或 PPTP 协议，设置 VPN 网络环境即可，如图 3-2-16 所示。

以配置 L2TP 协议 VPN 为例，在“编辑”窗口的“VPN”标签页中填写网关、用户名、密码和 NT 域等信息，如图 3-2-17 所示。

根据实际情况，在“代理”“IPv4 设置”标签页中填写相关信息，如图 3-2-18 所示。

PPTP 协议的 VPN 配置同上操作。

设置
键盘
快捷键
多屏协同
网络
有线网络
无线局域网
代理
VPN
移动热点
搜索
VPN
+ 添加
网络连接
名称
最后使用的
无线局域网
CXZX
现在
以太网
有线连接 1

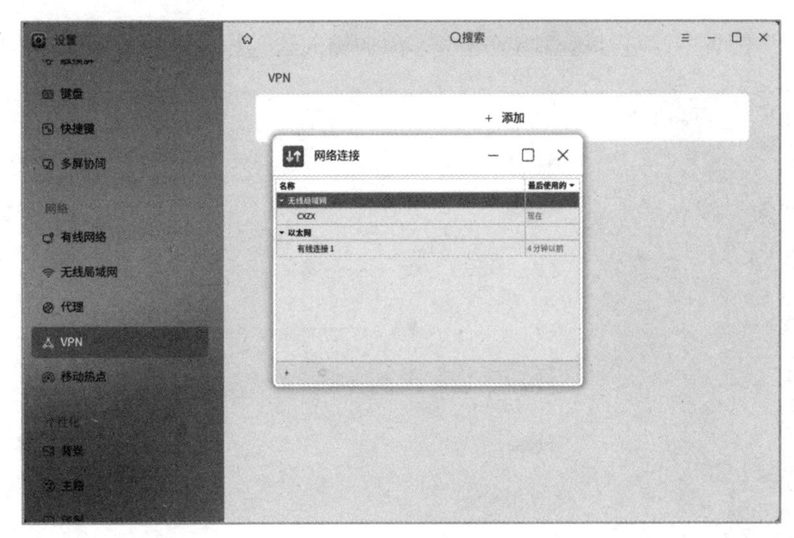

图 3-2-16

正在编辑 VPN 连接 2
连接名称(n)
VPN 连接 2
常规
VPN
代理
IPv4 设置
一般
网关(G):
192.168.2.1
用户鉴定
用户名(_U):
kylin
密码:
显示密码
NT 域:
IPsec 设置(I)…
PPP 设置(T)…
取消(C)
保存(S)

图 3-2-17

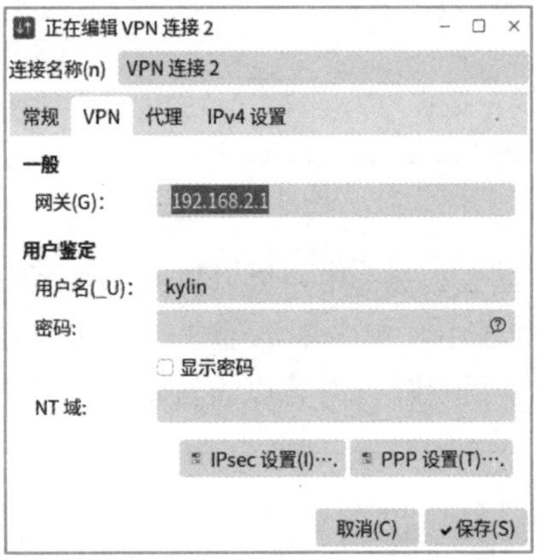

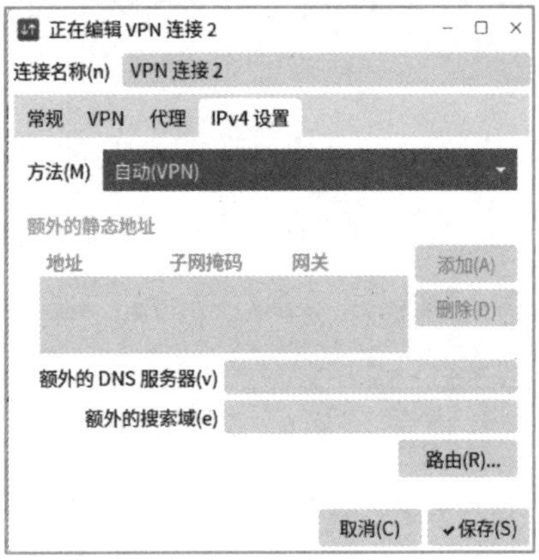

正在编辑 VPN 连接 2
连接名称(n)
VPN 连接 2
常规
VPN
代理
IPv4 设置
方法(M)
自动(VPN)
额外的静态地址
地址
子网掩码
网关
添加(A)
删除(D)
额外的 DNS 服务器(v)
额外的搜索域(e)
路由(R)...
取消(C)
保存(S)

图 3-2-18

## 二、键盘及输入法设置

在“键盘”配置中，进行键盘响应速度、添加输入法等相关配置，如图 3-2-19 所示。

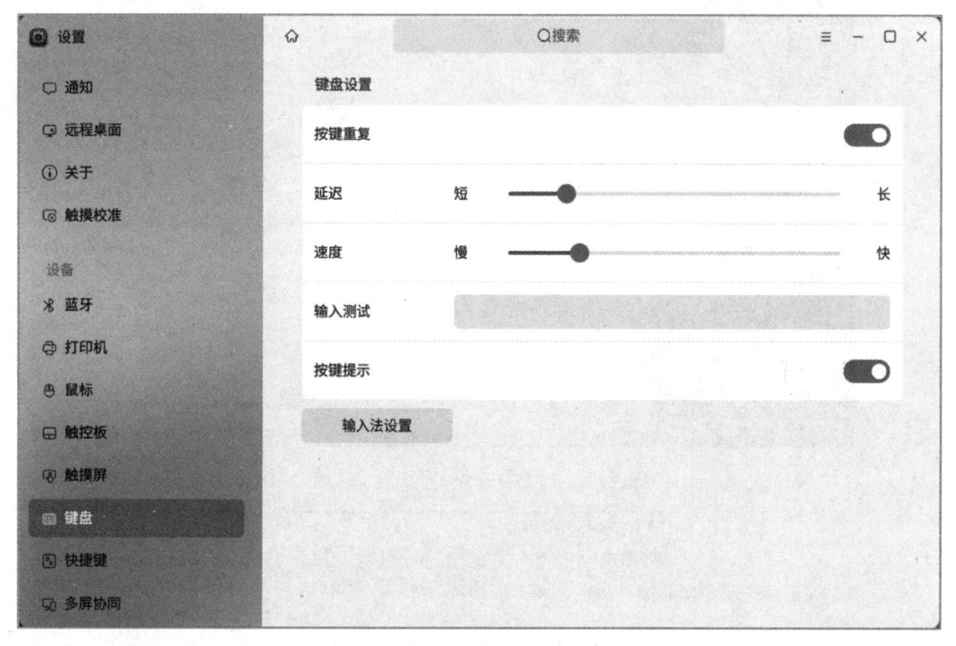


图 3-2-19

在“输入法配置”窗口（图 3-2-20）中，可以进行添加/删除输入法、设置输入法顺序和全局配置的操作。在输入法列表中，单击底部的“＋”可以选择并添加其他输入法，单击“−”可以删除输入法。单击“↑”或“↓”可以设置输入法顺序。

输入法配置
输入法　全局配置
键盘 - 英语（美国）　英语
搜狗输入法麒麟版　汉语（中国）
第一个输入法将作为非激活状态。通常您需要将**键盘**或**键盘 - *布局名称***放在第一个。

图 3-2-20

在输入法的“全局配置”窗口，可以设置输入法切换键、默认输入法状态、在窗口间共享状态等配置，如图 3-2-21 所示。

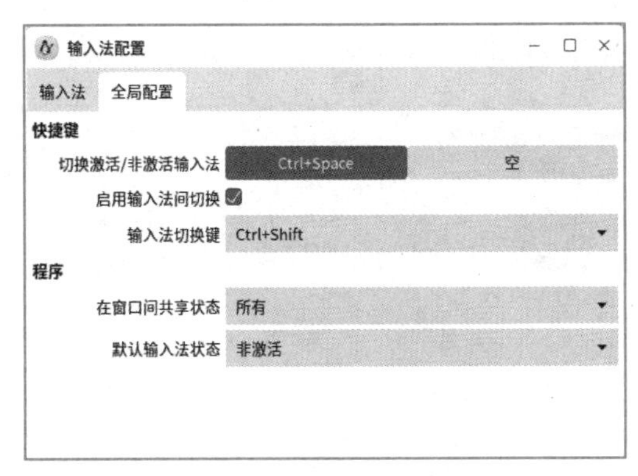


图 3-2-21

## 三、打印机的设置

系统支持添加多个打印机外设，并且支持网络打印机设备的使用。可以通过选择“设置”→“设备”→“打印机”命令进行配置，也可以通过系统的“打印机”工具来配置，还可以通过软件商店中的驱动版块安装对应的打印机管理器。

添加和管理打印机设备：系统使用了强大的和易于配置的 CUPS 打印系统。除了支持的打印机类型更多、配置选项更丰富，CUPS 打印系统还能设置并允许任何联网的计算机通过局域网访问单个服务器。

### 1. 直连打印机

有的打印机，直接插上 USB 数据线即可识别。此处，以直连“Lenovo LJ2655DN”打印机为例，步骤如下。

（1）在“设置”菜单中单击“打印机”，如图 3-2-22 所示。

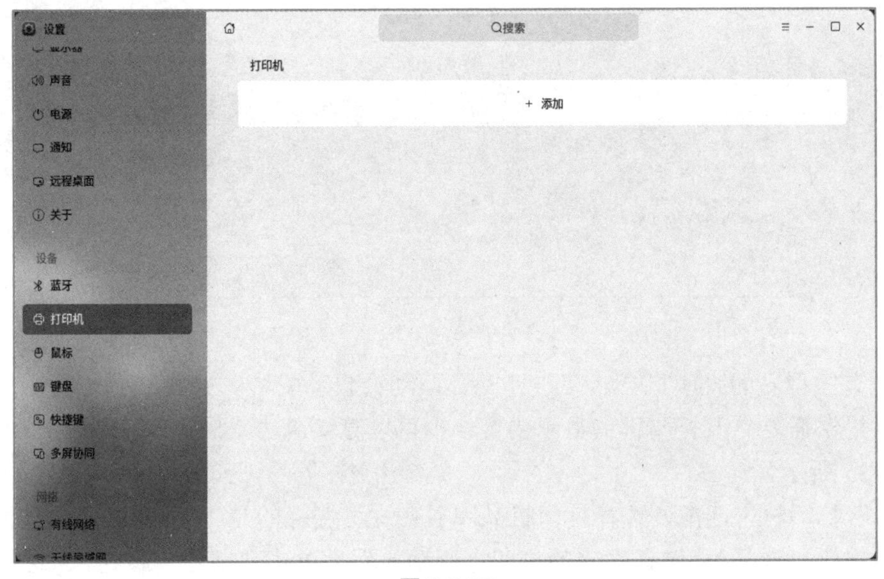


图 3-2-22

（2）单击“添加”，添加打印机，如图 3-2-23 所示。

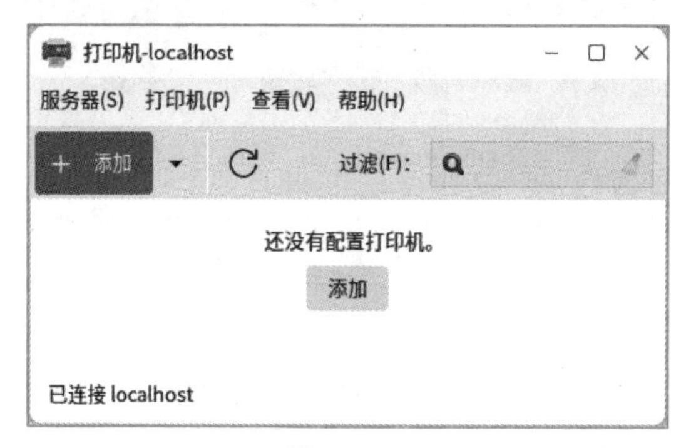


图 3-2-23

（3）在“新打印机”界面中，打印机会直接被识别到，选择对应型号的设备，打印机的连接方式选择“USB”，然后单击“前进”按钮，如图 3-2-24 所示。

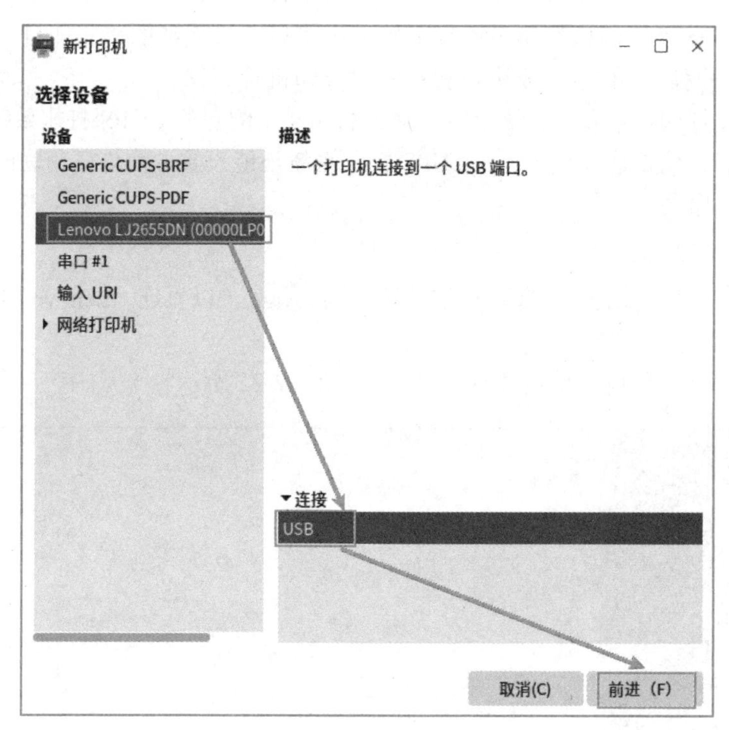


图 3-2-24

（4）有些型号的打印机会直接被匹配，驱动会自动安装，并直接弹出打印机描述界面，可以根据需要更改打印机的显示内容，也可以直接单击“应用”按钮，打印测试页，如图 3-2-25 所示。

（5）若打印机未匹配，选择打印机品牌后（这里选择的是“Lenovo”，具体情况可根据实际情况进行选择），选择对应的打印机驱动，然后单击“前进”按钮，如图 3-2-26、图 3-2-27 所示。

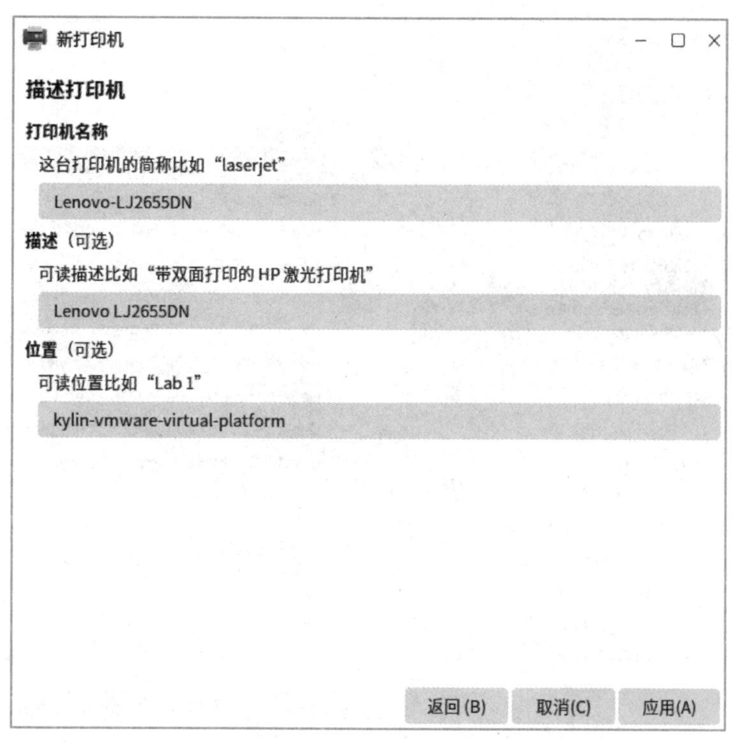
新打印机
描述打印机
打印机名称
这台打印机的简称比如“laserjet”
Lenovo-LJ2655DN
描述（可选）
可读描述比如“带双面打印的 HP 激光打印机”
Lenovo LJ2655DN
位置（可选）
可读位置比如“Lab 1”
kylin-vmware-virtual-platform
返回 (B)
取消(C)
应用(A)

图 3-2-25

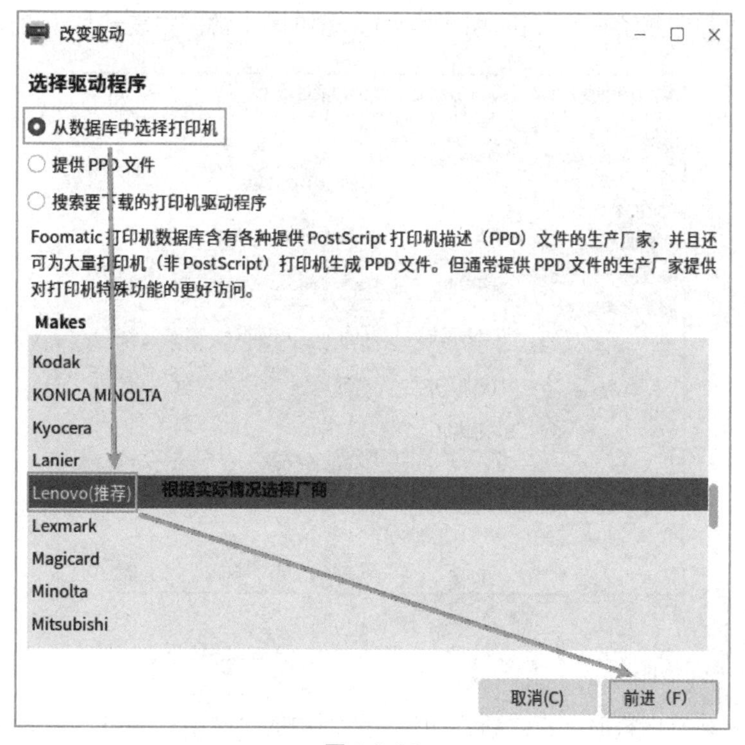
改变驱动
选择驱动程序
从数据库中选择打印机
提供 PPD 文件
搜索要下载的打印机驱动程序
Foomatic 打印机数据库含有各种提供 PostScript 打印机描述（PPD）文件的生产厂家，并且还可为大量打印机（非 PostScript）打印机生成 PPD 文件。但通常提供 PPD 文件的生产厂家提供对打印机特殊功能的更好访问。
Makes
Kodak
KONICA MINOLTA
Kyocera
Lanier
Lenovo(推荐)
根据实际情况选择厂商
Lexmark
Magicard
Minolta
Mitsubishi
取消(C)
前进（F)

图 3-2-26

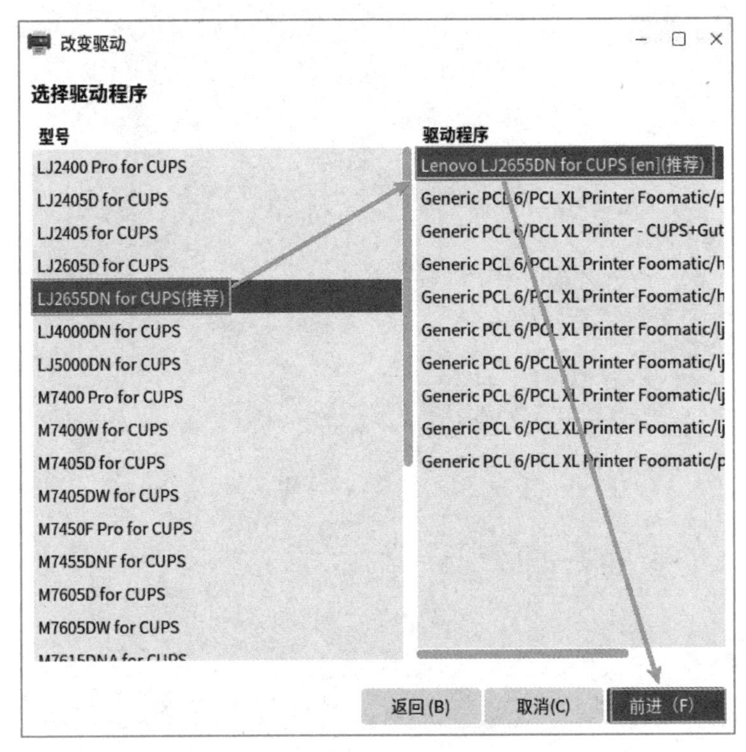


图 3-2-27

（6）选择“打印测试页”按钮(图 3-2-28)，若打印正常，则表示打印机连接成功。

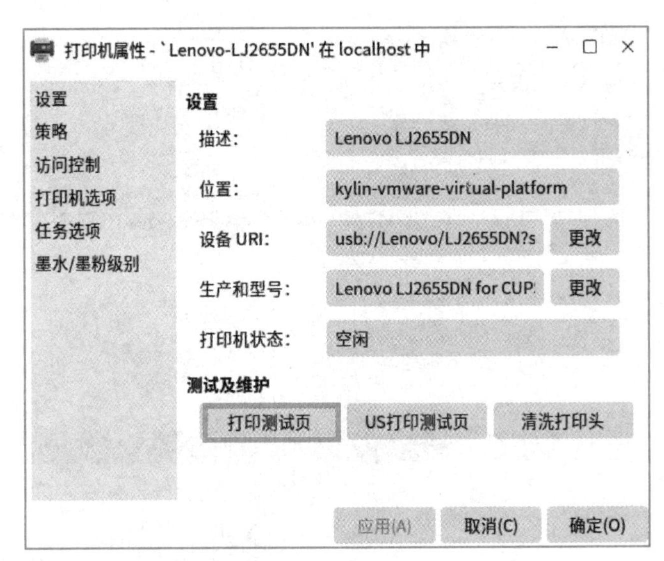


图 3-2-28

### 2. 添加网络打印机

（1）添加网络打印机时，在“新打印机”界面中的“网络打印机”菜单中设置；一部分型号的网络打印机可直接被识别，另一部分则需要输入 IP 地址才能被识别。

单击“网络打印机”，根据括号内的 IP 地址选择网络打印机，如图 3-2-29 所示。

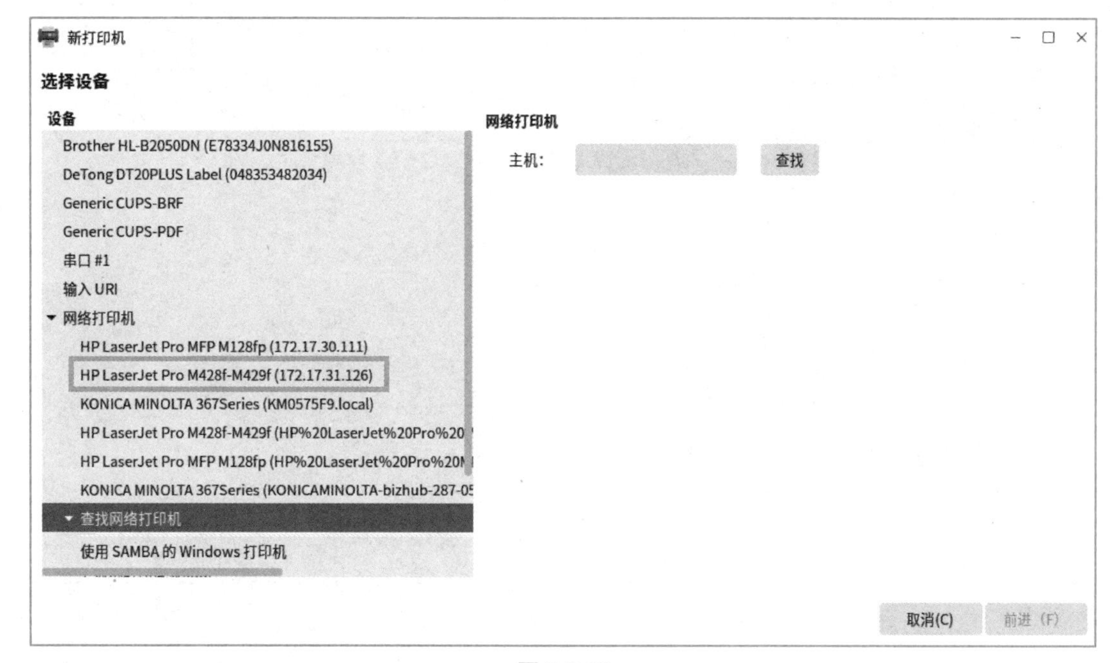


图 3-2-29

在打印机未被直接识别的情况下，单击“查找网络打印机”选项，然后在该页面右侧的输入框中输入网络打印机的 IP 地址，输入完后单击旁边的“查找”按钮，如图 3-2-30、图 3-2-31 所示。

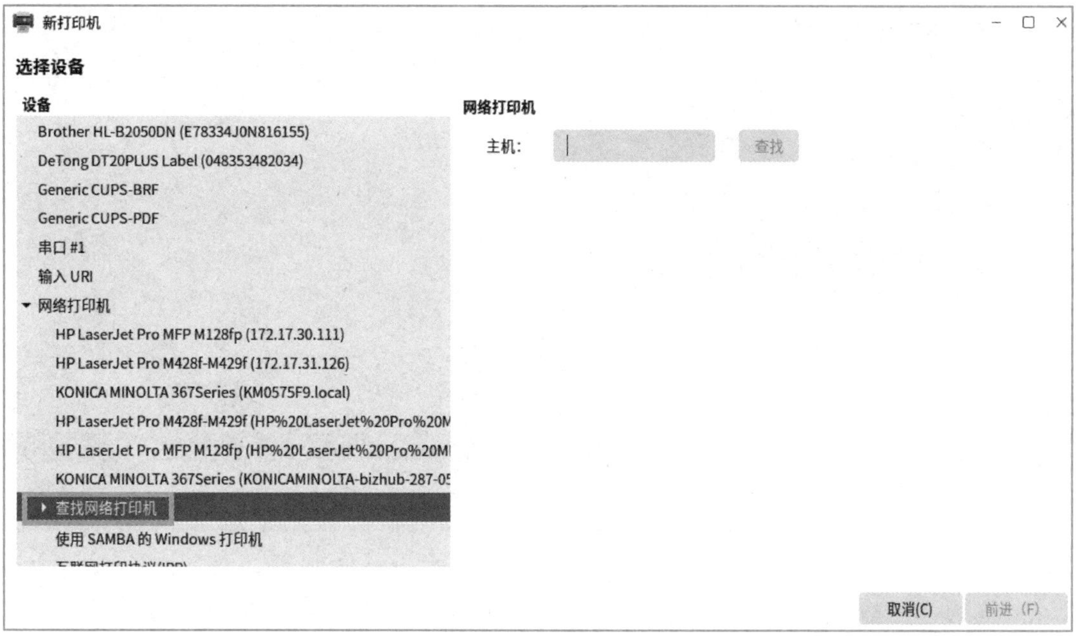

图 3-2-30

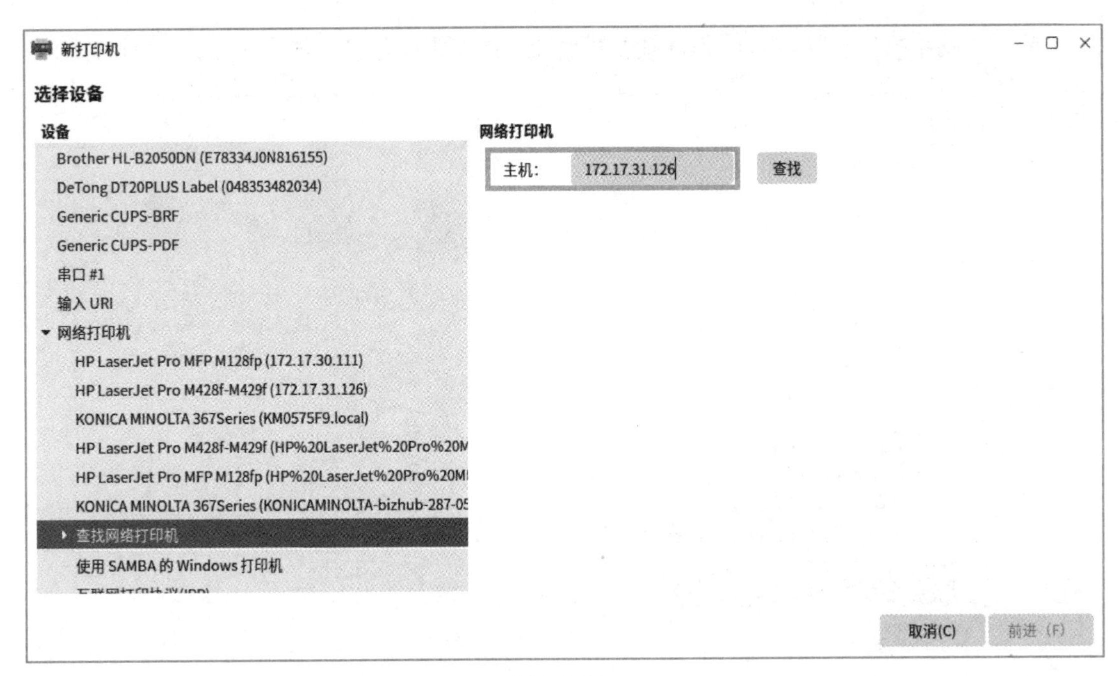


图 3-2-31

（2）获取到网络打印机的位置后，单击“前进”按钮，如图 3-2-32 所示，弹出“描述打印机”界面。

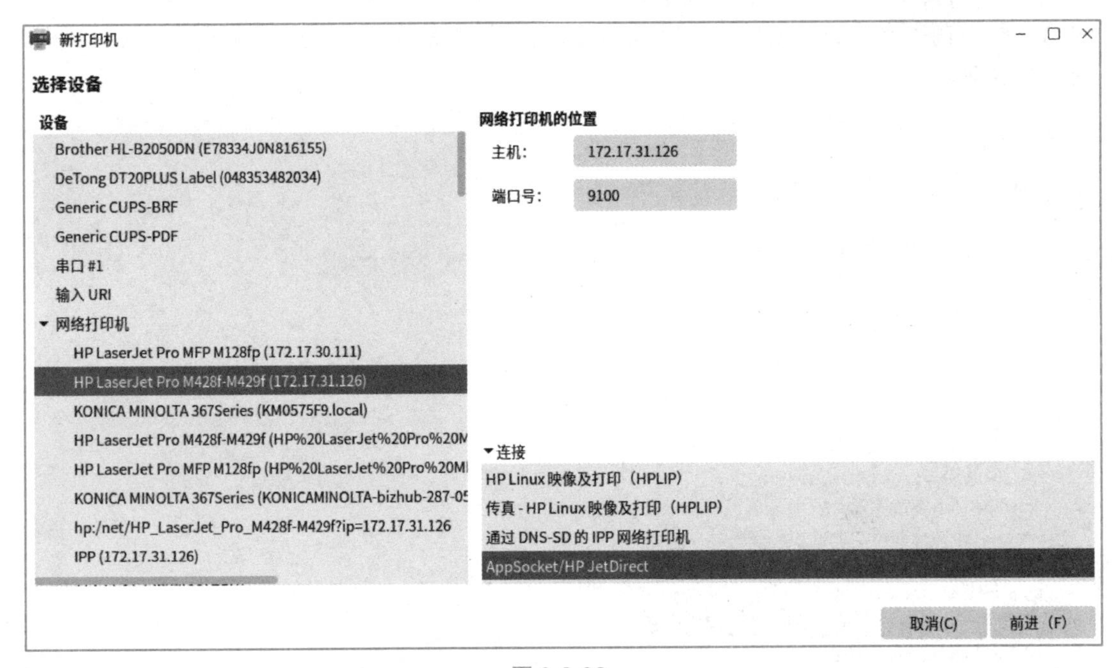


图 3-2-32

（3）在弹出的“描述打印机”界面中，可以根据需要更改该界面中的内容，也可以直接单击“应用”按钮，打印测试页，如图 3-2-33 所示。

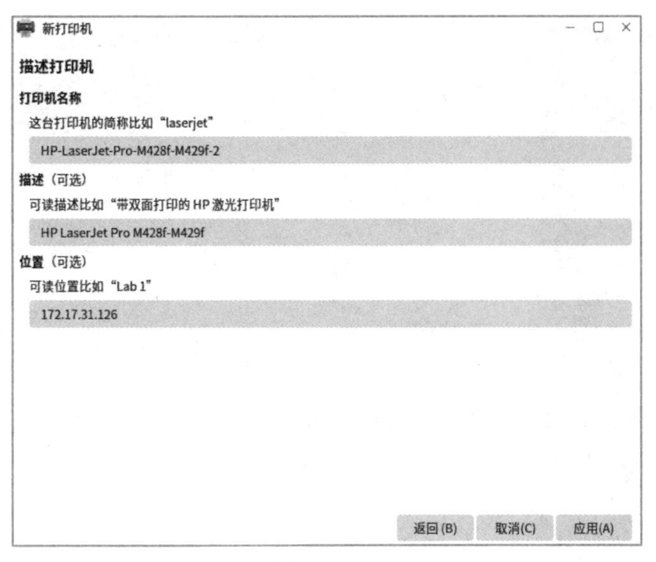


图 3-2-33

## 四、鼠标的设置

对于鼠标的使用习惯提供个性化需求配置，选择“鼠标”，可进行鼠标、指针、光标的个性化设置，如图 3-2-34 所示。

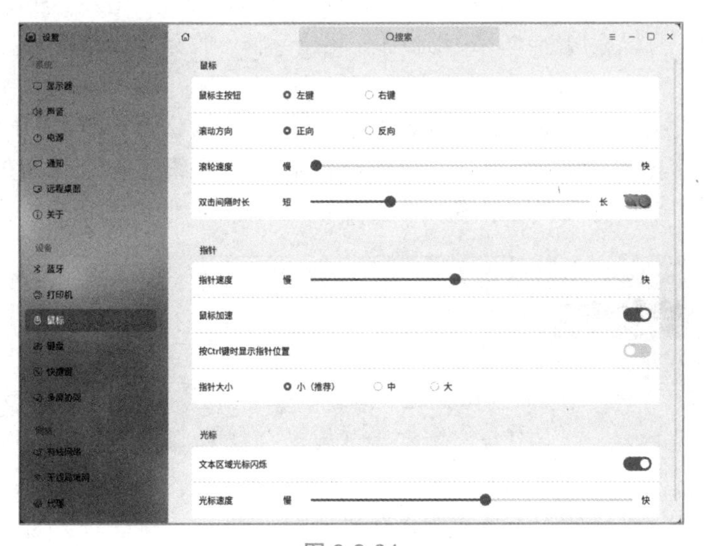


图 3-2-34

## 五、蓝牙的设置

通过蓝牙管理可以配置“开启/关闭蓝牙”“在任务栏显示蓝牙图标”“可被附近的蓝牙设备发现”“自动发现蓝牙音频设备”。在“其他设备”栏可以进行设备筛选，支持筛选所有设备、音频设备、键鼠设备、计算机、手机，如图 3-2-35 所示。

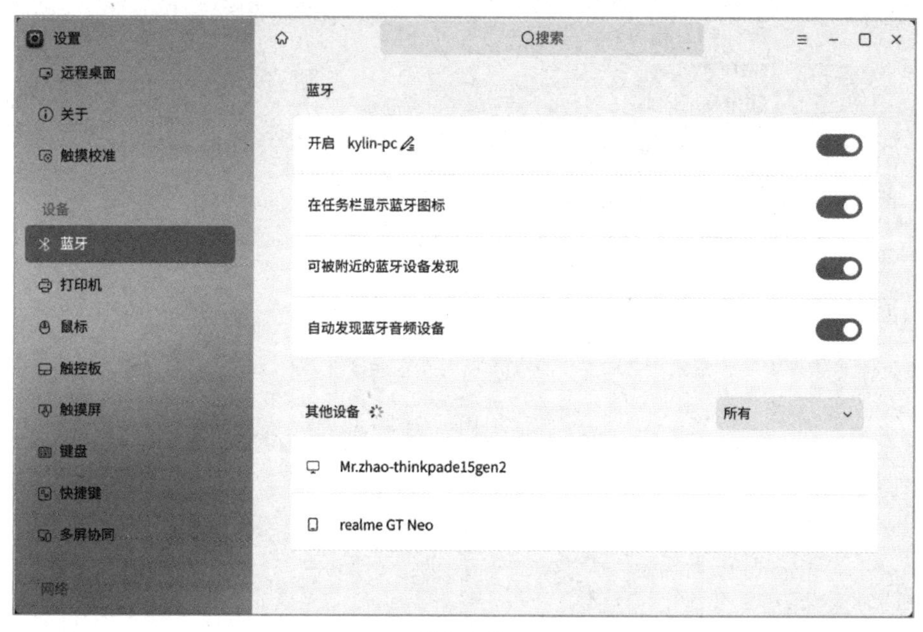


图 3-2-35

## 六、系统字体的设置

系统字体管理，即通过“字体管理器”软件工具进行查看、增加、删除等操作。在查看字体样式的同时，可以应用字体、卸载字体、导出字体、收藏字体，还可以改变预览内容和预览字号。

单击“开始”菜单，选择并单击“字体管理器”。在“字体管理器”窗口中，“所有字体”包含“系统字体”“我的字体”和“收藏字体”。“系统字体”是系统中自带的字体；“我的字体”是用户自行安装的字体；“收藏字体”是用户收藏的字体，如图 3-2-36 所示。

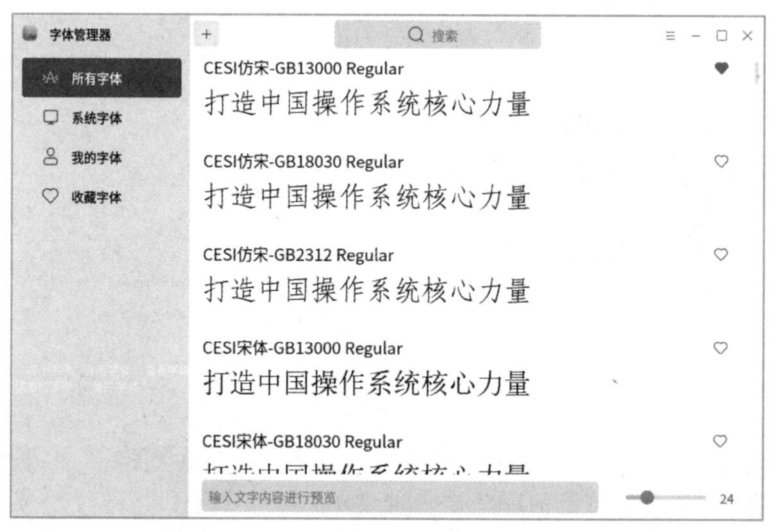


图 3-2-36

### 1. 添加字体

单击图标＋可以添加字体。添加后的字体会在“我的字体”和“所有字体”中显示，如图 3-2-37 所示。

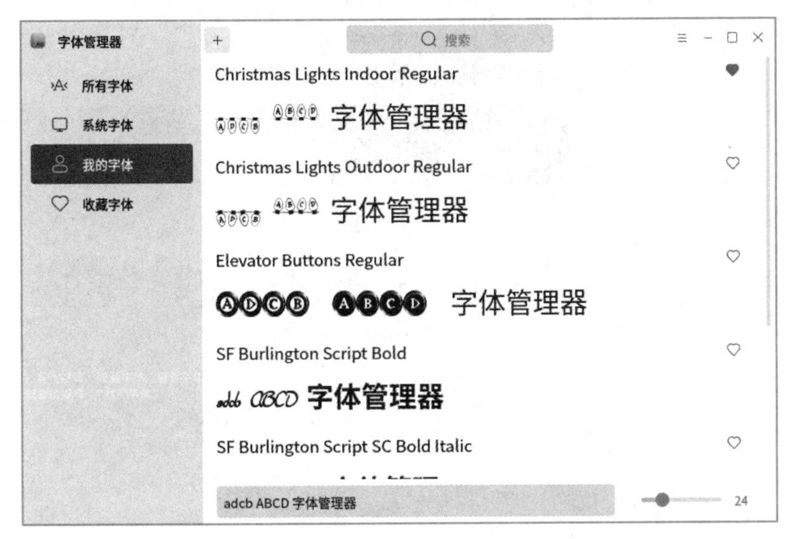


图 3-2-37

### 2. 快捷菜单

在“系统字体”的字体列表中右击，在弹出的快捷菜单中可以进行添加字体、应用字体、收藏字体等操作，如图 3-2-38 所示。

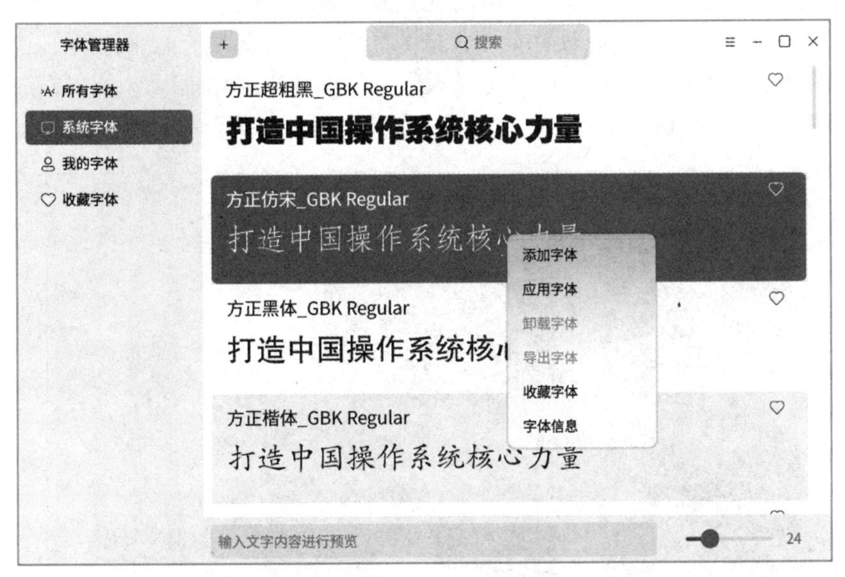


图 3-2-38

在“我的字体”的字体列表中右击，在弹出的快捷菜单中可以进行添加字体、应用字体、卸载字体、导出字体、收藏字体等操作，如图 3-2-39 所示。

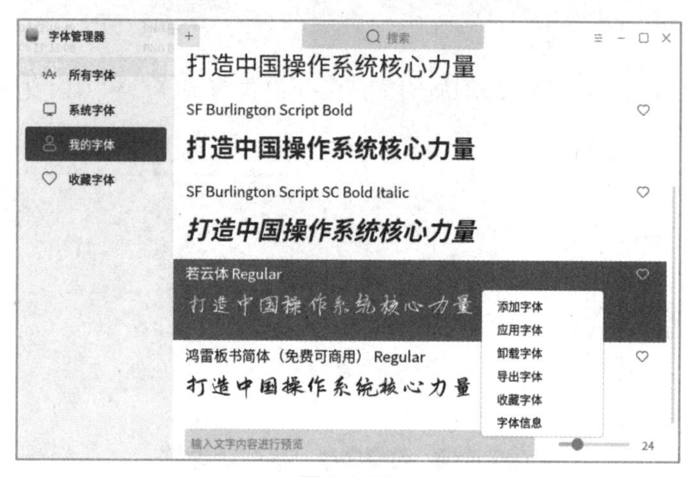


图 3-2-39

# 任务三　系统个性化管理

## 一、桌面背景设置

在桌面空白处右击，在弹出的快捷菜单中选择“设置背景”，打开桌面的个性化设置，如“背景”“主题”“锁屏”“屏保”“字体”和“任务栏”设置；或者选择“开始”→“设置”→“个性化”命令，进入个性化设置。

在“背景”选项中，可预览系统自带的壁纸效果，选择线上图片时可下载线上壁纸，单击所选壁纸后即可生效；还可以设置桌面背景的显示方式，如填充、平铺、居中、拉伸、适应、跨区等，如图 3-2-40 所示；也可以选择自定义的图片来美化桌面，让计算机的显示与众不同，具体操作：直接选择图片文件，右击，在弹出的快捷菜单中选择“设为壁纸”。

图 3-2-40

## 二、系统主题设置

系统提供多种主题并且支持自定义主题，可以一键切换主题，如图 3-2-41 所示。此外，还可以设置窗口外观及强调色、图标、光标、窗口特效、壁纸及提示音等。

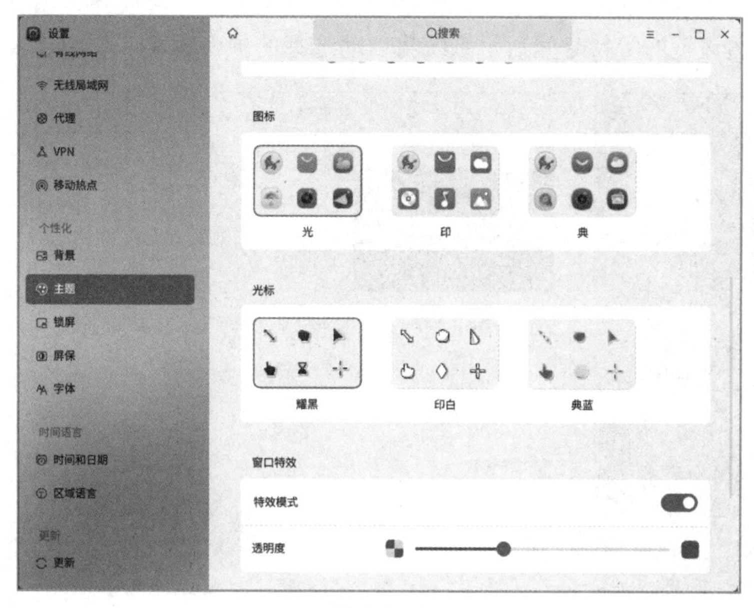


图 3-2-41

## 三、系统锁屏设置

锁屏功能，既可以在提供的图像中选择任意的图像设为锁屏背景，也可以浏览本地图像或下载线上图片设置为锁屏背景，还可以设置是否显示锁屏壁纸在登录界面、激活屏保时锁定屏幕、设定锁屏的时间段，如图 3-2-42 所示。

图 3-2-42

## 四、屏保设置

屏保功能可在用户离开电脑时防范他人访问并操作电脑。在桌面空白处右击，在弹出的快捷菜单中选择“设置背景”，在个性化菜单栏中选择“屏保”，或选择“开始”→“设置”→“个性化”→“屏保”命令。设置是否显示休息时间、屏保样式和等待时间，待计算机无操作到达设置的等待时间后，系统将启动选择的屏保程序，如图 3-2-43 所示。

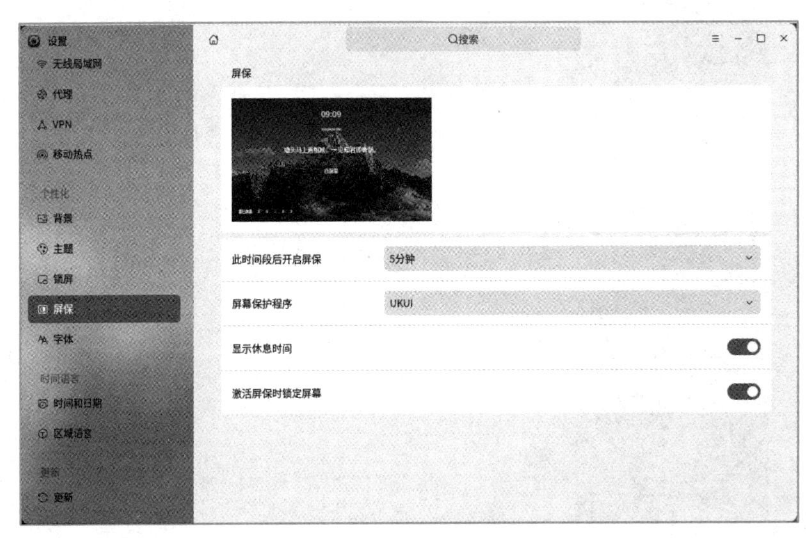


图 3-2-43

## 五、界面字体设置

界面字体设置，即可以设置桌面系统的字体大小，选择不同的字体、设置等宽字体，如图 3-2-44 所示。

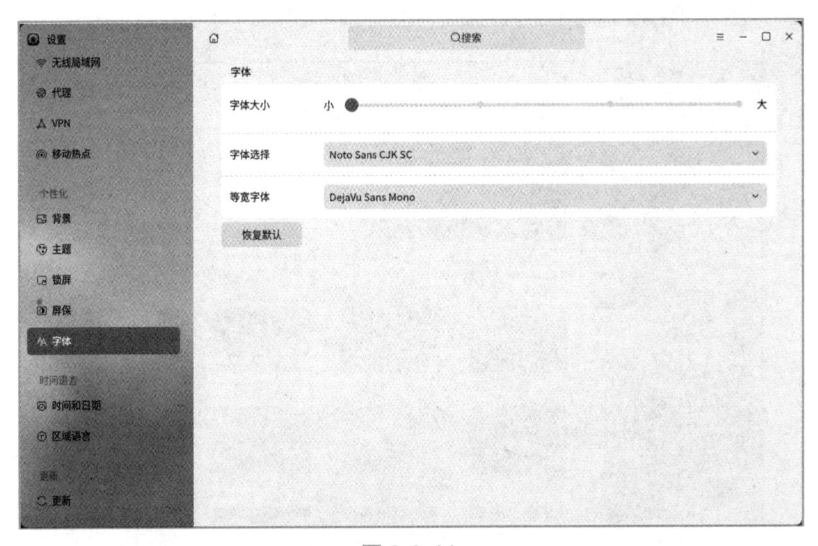


图 3-2-44

# 任务四 系统维护管理

## 一、系统监视器

“系统监视器”软件工具用于银河麒麟系统运行状态，包括 CPU、内存、网络、系统进程、系统资源等信息展示，可以对应用程序、系统进程进行结束、强制结束操作。

单击“开始”菜单，选择“系统监视器”，或者在桌面任务栏中右击，在弹出的快捷菜单中选择“系统监视器”。“系统监视器”界面分为“进程”项、“服务”项、“磁盘”项和左边的资源监测栏。

### 1. 查看

“进程”项可监测系统正在运行的后台服务，通过进程名称、用户名、磁盘、处理器、进程号、网络、内存和优先级显示进程信息，如图 3-2-45 所示。

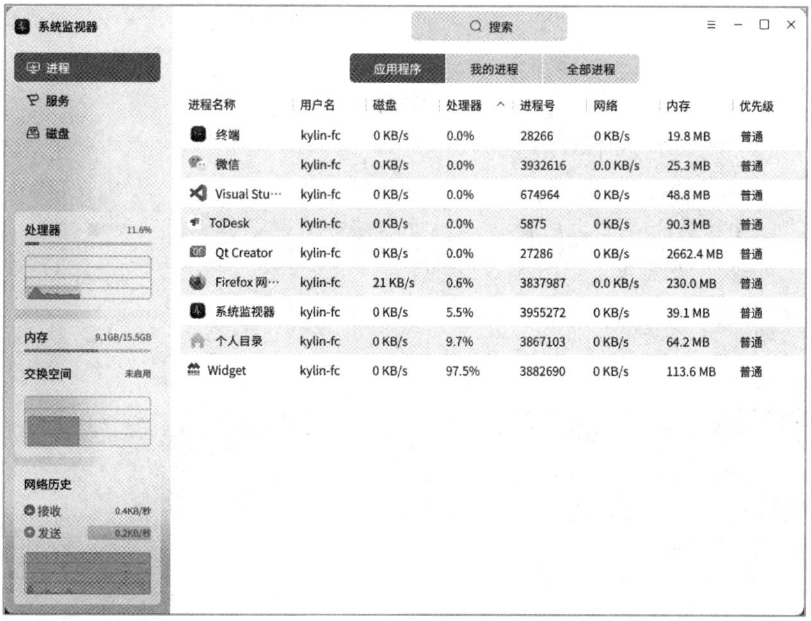

图 3-2-45

通过筛选应用程序、我的进程和全部进程来查找进程，或者直接在“搜索”栏搜索进程名称，也可通过单击进程列表的表头名称进行排序查找。在进程列表中，右击某个进程，可以对该进程进行结束、继续、查看进程属性的操作。

“服务”项、“磁盘”项同理操作，主要用于系统服务项、磁盘空间的查询。

### 2. 资源监测栏

资源监测，即监测处理器、内存、交换空间及网络流量信息。界面上会显示当前数据和数据动态历史变化的统计折线图。

## 二、系统信息管理

系统的“工具箱”工具提供了整机信息、硬件参数、硬件监测、驱动管理等功能。

（1）在“整机信息”界面，可查看本机基本信息和本机硬件信息，包括处理器、主板、硬盘、网卡、显卡等，如图3-2-46所示。

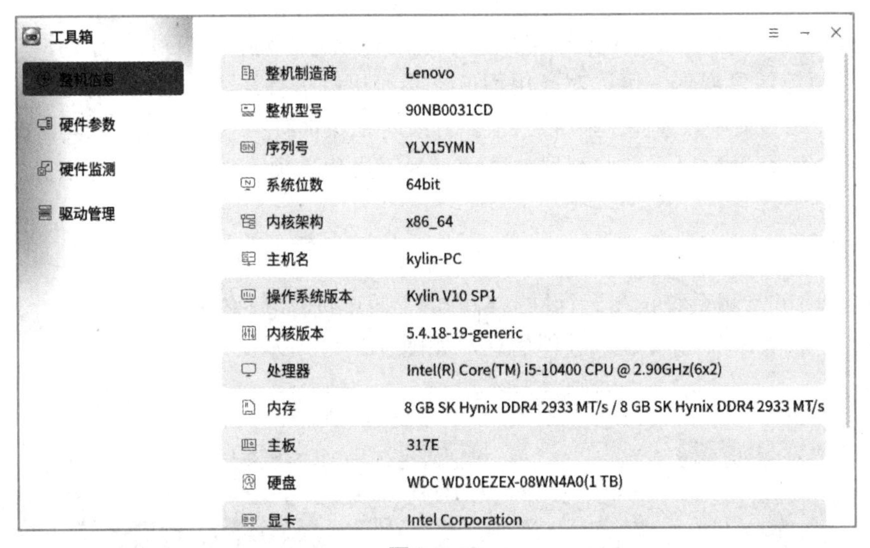


图3-2-46

（2）在“硬件参数”界面，可查看本机处理器、内存、显卡、主板、网卡、硬盘、显示器、声卡、键盘等详细信息，如图3-2-47所示。

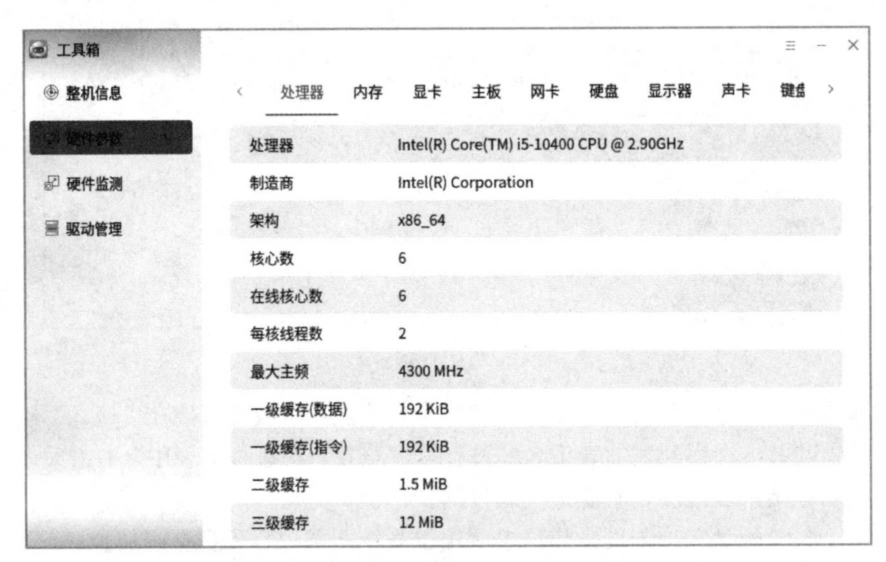


图3-2-47

（3）在“硬件监测”界面中的“设备监测”界面，可实时查看CPU温度和CPU、内存的使用率，如图3-2-48所示。

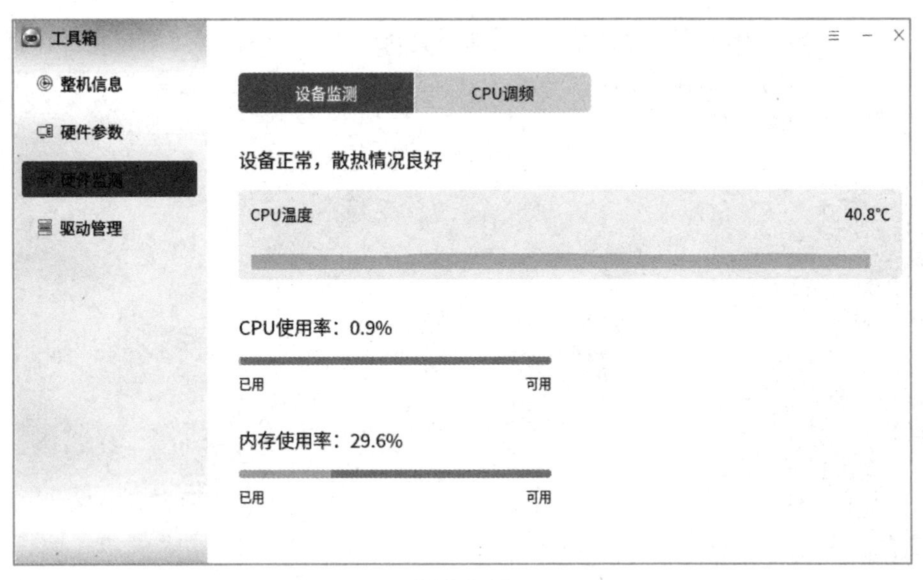


图 3-2-48

（4）在“驱动管理”界面，可查看计算机中的各个驱动信息（图 3-2-49），便于后期更新驱动程序。

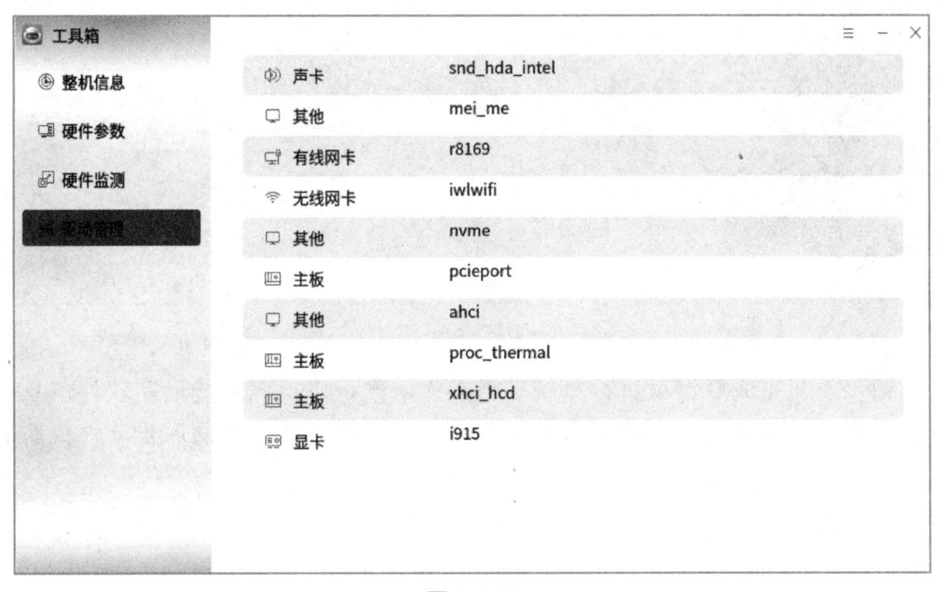


图 3-2-49

## 三、系统更新管理

选择“设置”→“更新”命令，可检测系统是否有可用更新并进行更新的相关设置。“系统更新”界面中，显示当前系统更新状态和上次检测更新时间，单击“检查更新”，会自动打开银河麒麟系统的更新管理器并进行更新内容的获取。

在“更新”界面中，可设置是否允许通知可更新应用、是否自动更新、是否开启下载限速（图 3-2-50）。开启下载限速后，系统会在下次下载时进行限速。选择“查看更新历史”，可以搜索和查看更新详情。

图 3-2-50

系统初步安装完成后，可进行系统更新操作，既可以检测系统最新软件信息并将软件更新至最新，又可以刷新升级源服务器信息，也可以刷新软件商店里软件更新的显示信息。

## 四、系统备份还原操作

选择“设置”→“备份还原”命令，可以创建系统、数据的备份，还原历史备份。单击“开始备份”按钮或“开始还原”按钮，会自动打开备份还原工具，可以进行系统备份、系统还原、数据备份、数据还原、操作日志及 Ghost 镜像等操作，如图 3-2-51 所示。

### 1. 备份操作

系统备份可以将除/backup、/media、/run、/proc、/dev、/sys、/cdrom、/mnt 等目录外的整个文件系统中的数据（包含用户数据）进行备份，如图 3-2-52 所示。

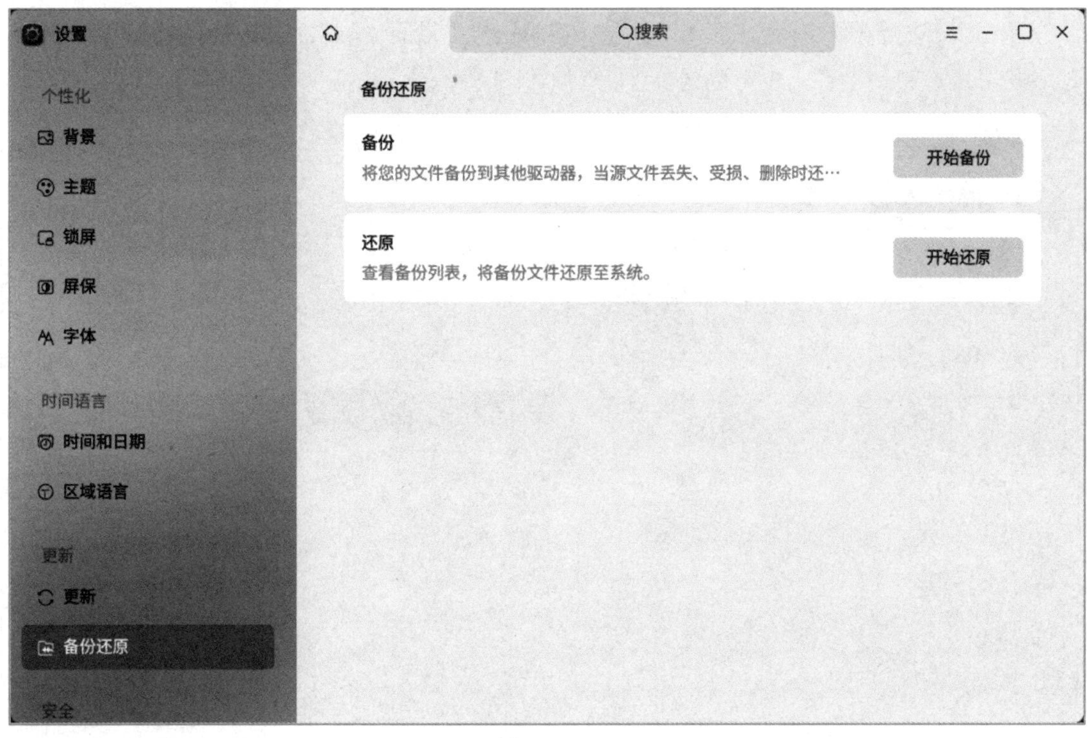
设置
搜索
个性化
背景
主题
锁屏
屏保
字体
时间语言
时间和日期
区域语言
更新
更新
备份还原
安全
备份还原
备份
将您的文件备份到其他驱动器，当源文件丢失、受损、删除时还…
开始备份
还原
查看备份列表，将备份文件还原至系统。
开始还原

图 3-2-51

备份还原工具
系统备份
系统还原
数据备份
数据还原
操作日志
Ghost镜像
系统备份
系统原始文件受损或丢失时可以进行还原
多还原点
体积小
安全保障
操作简单
开始备份
备份管理 >>

图 3-2-52

单击“开始备份”按钮，进入“请选择备份位置”界面（图 3-2-53），可以选择备份到本地备份分区或移动设备，也可以选择备份到本机非备份分区，但不会受到保护。

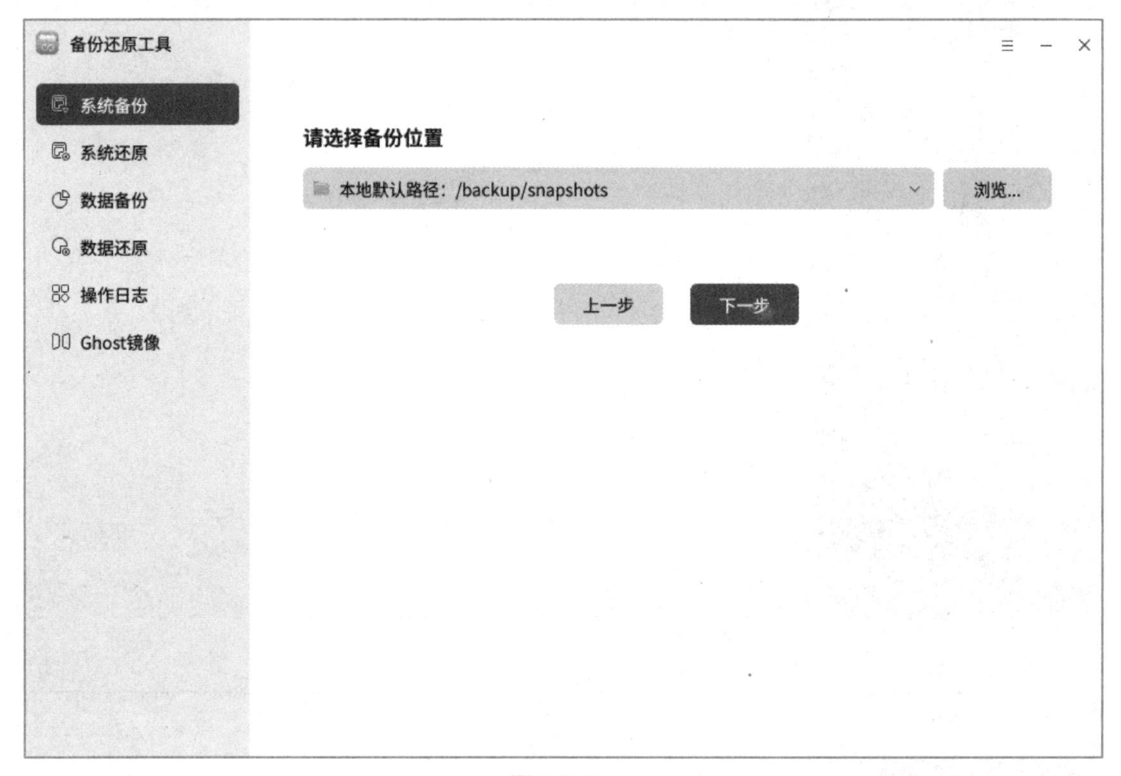


图 3-2-53

单击“下一步”按钮，进入“环境检测”界面，检测备份空间是否充足等。检测完成后，系统会展示检测结果。确认结果无误后，进行备份操作并返回“备份结果”界面。

通过“数据备份”项可以对用户指定的目录或文件进行备份，操作与系统备份相似。可以新建备份，也可以对原有备份进行更新。

### 2. 还原操作

通过“系统还原”项可将系统还原到前一个备份时的状态，如图 3-2-54 所示。需要注意的是，系统还原时同样会将用户数据进行还原，为防止用户数据丢失，可以先用数据备份功能将重要的用户数据进行备份；若需要保留完整的用户数据，也可以勾选系统还原首页中的“保留用户数据”复选框后再还原。

单击“开始还原”按钮，弹出系统备份信息窗口，如图 3-2-55 所示；选择相应的备份点，单击“确定”按钮，进入系统还原的“环境检测”界面；检测成功后，单击“下一步”按钮，进入“还原”页面，开始进行系统还原。

数据还原与系统还原同理操作。

备份还原工具
系统备份
系统还原
数据备份
数据还原
操作日志
Ghost镜像
系统还原
在您遇到问题时可将系统还原到以前的状态
操作简单
安全可靠
修复系统损坏
自主操作
开始还原
保留用户数据

图 3-2-54

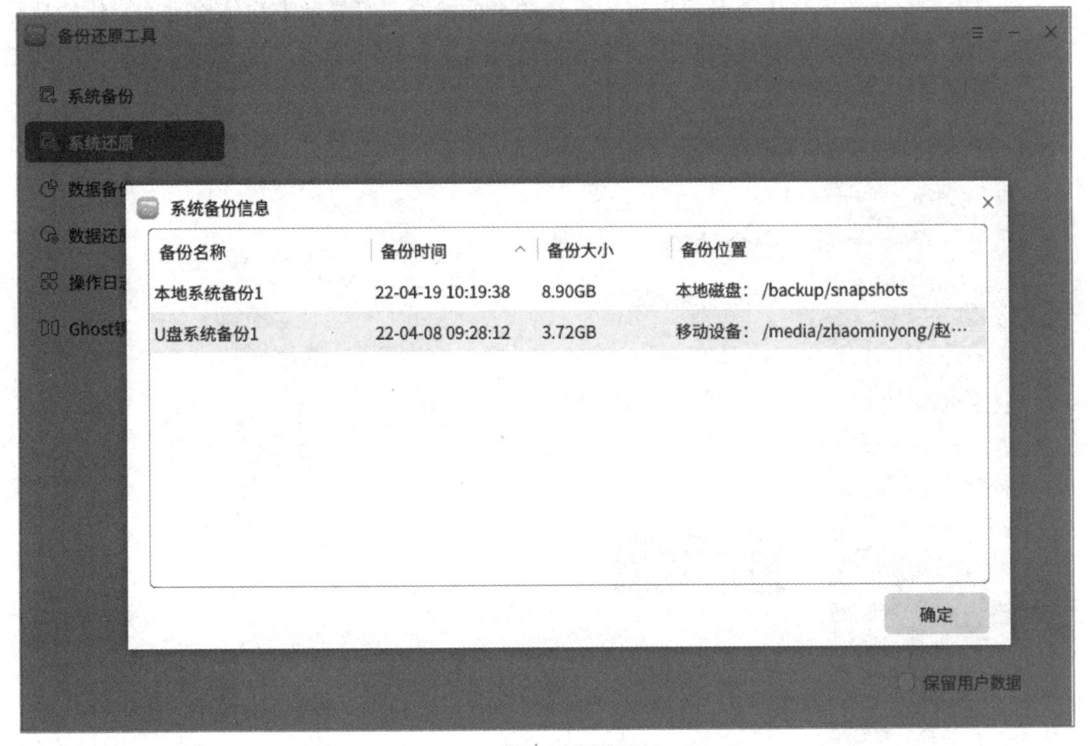
备份还原工具
系统备份
系统还原
系统备份信息
备份名称
备份时间
备份大小
备份位置
本地系统备份1
22-04-19 10:19:38
8.90GB
本地磁盘：/backup/snapshots
U盘系统备份1
22-04-08 09:28:12
3.72GB
移动设备：/media/zhaominyong/赵…
确定
保留用户数据

图 3-2-55

## 五、系统安全管理

银河麒麟操作系统自身的“安全中心”工具集安全体检、账户保护、网络保护、病毒防护、应用保护和设备安全等功能于一体，全面保障系统运行环境的安全性。

安全体检：提供账户安全、运行安全、系统安全等多维度的扫描与一键修复，可自动更新漏洞补丁，及时发现系统安全隐患。

账户保护：提供系统账户密码强度检查和账户锁定机制，实现对系统账户的统一管控，提升系统账户安全防御能力，有效防止密码被暴力破解。

网络保护：提供防火墙和应用联网控制功能，实时防护未知应用网络行为，阻断主动外联及其他异常网络活动，提高网络访问安全性。

应用保护：提供进程防杀死、内核模块防卸载和文件防篡改功能，保护系统关键文件完整性，阻止系统关键应用服务异常中断。

病毒防护：提供杀毒软件的统一管理入口，能够兼容多款主流的病毒防护软件，实时防护病毒入侵，保护系统安全。

设备安全：提供外部设备接入的多重防护控制功能，有效防止系统重要数据意外丢失和恶意盗取。

单击“开始”菜单，单击“安全中心”，打开“安全中心”界面，或者选择“设置”→“安全中心”项中任一选项进入“安全中心”。

### 1. 安全体检

通过“安全体检”项主要是可以进行系统的全面检查，可显示上次体检时间、体检持续时间、发现风险问题项数和体检扫描项数等信息，如图 3-2-56 所示，并可以针对发现的问题进行一键修复。

图 3-2-56

### 2. 账户保护

安全中心提供系统账户密码强度策略配置、账户锁定策略配置功能。单击首页的“账户保护”按钮，或者通过左侧列表中的“账户保护”标签页进入“账户保护”界面。安全中心可根据用户要求提供多维度的账户及认证安全管理基线配置，如图 3-2-57 所示。

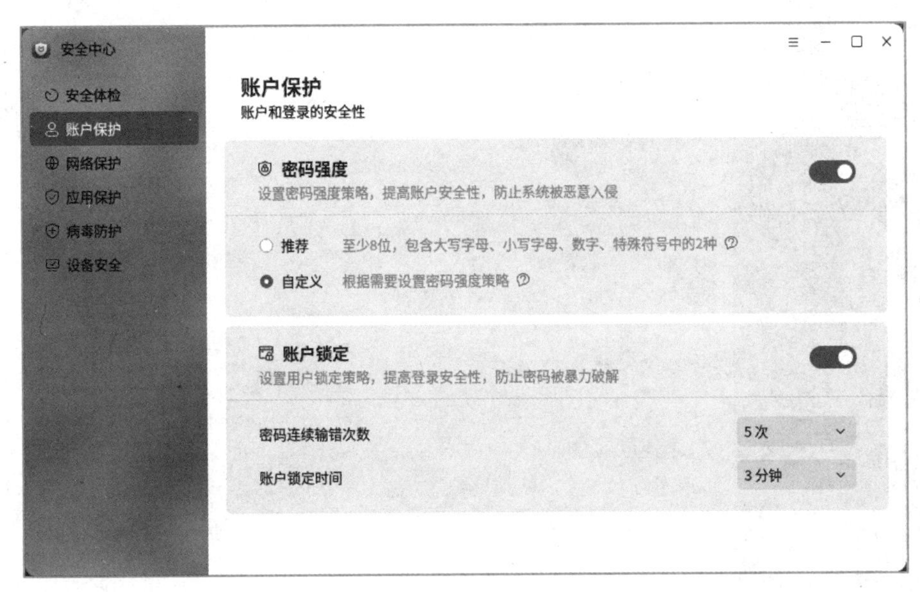


图 3-2-57

### 3. 网络保护

安全中心提供防火墙和联网控制功能，保障系统网络安全性。单击首页的“网络保护”按钮，或者通过左侧列表中的“网络保护”标签页进入“网络保护”界面，如图 3-2-58 所示。

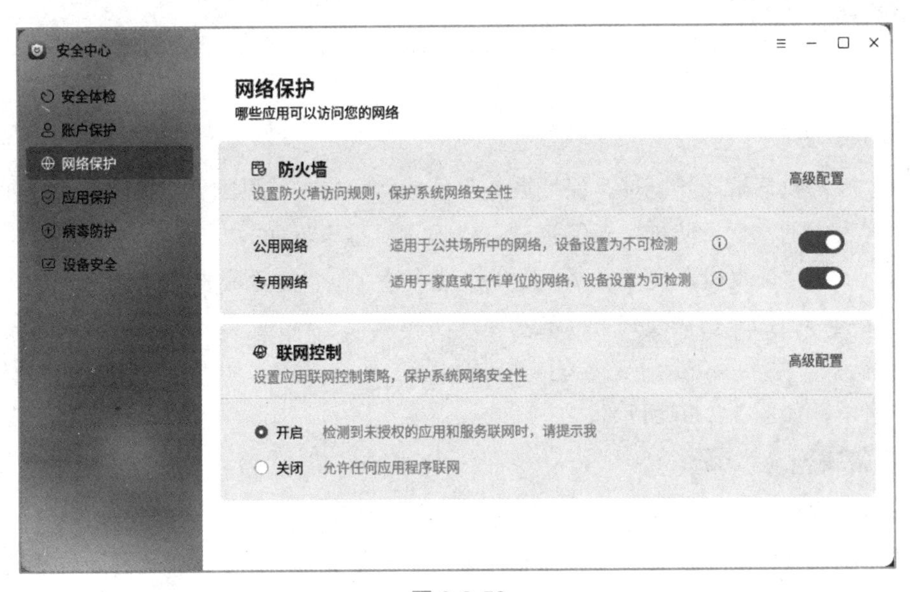


图 3-2-58

### 4. 应用保护

安全中心提供应用保护功能，保护系统免受安全威胁。单击首页的“应用保护”按钮，或左侧列表中“应用保护”标签页进入“应用保护”界面，如图 3-2-59 所示。

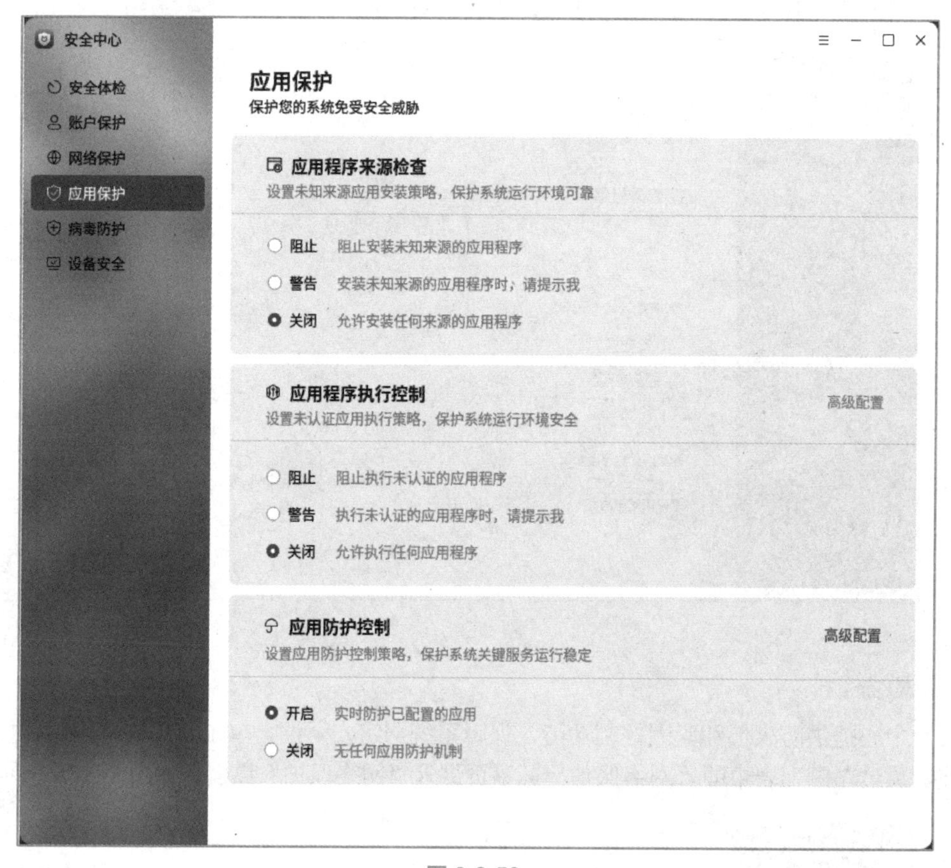


图 3-2-59

### 5. 病毒防护

安全中心提供病毒防护功能，保护系统免受威胁。单击首页的“病毒防护”按钮，或者通过左侧列表中的“病毒防护”标签页进入“病毒防护”界面。

目前，系统默认集成奇安信引擎，提供快速查杀、全盘查杀和自定义查杀 3 种查杀方式对系统进行病毒扫描，扫描模式有标准和高速两种模式。

“病毒防护”主界面展示了对应病毒防护引擎的保护天数、病毒库安装时间和已启用的病毒防护引擎，如图 3-2-60 所示。

### 6. 设备安全

安全中心提供设备安全功能，以提升设备使用的安全性。单击首页的“设备安全”按钮，或者通过左侧列表中的“设备安全”标签页进入“设备安全”界面。在此界面可进行外设管控、接口、权限、策略等多维度管理和审计，如图 3-2-61 所示。

图 3-2-60

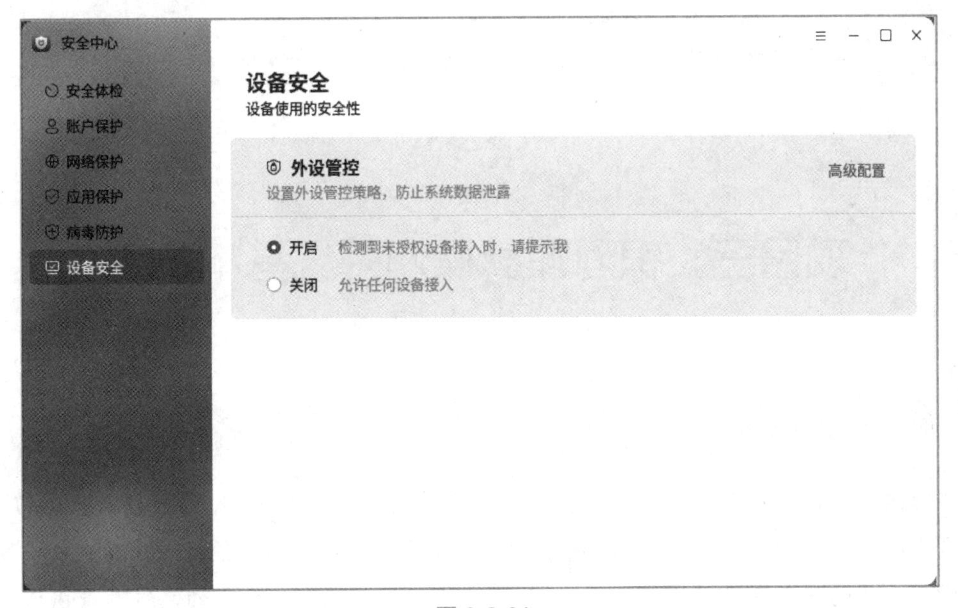


图 3-2-61

## 六、系统日志管理

“日志查看器”工具是一款系统日志集中展示工具，提供系统日志图形化的解析和分类显示功能。单击“开始”菜单，选择“日志查看器”，打开“日志查看器”界面，如图 3-2-62 所示。

“日志查看器”工具提供系统日志、启动日志、登录日志、应用日志、麒麟安全、崩溃日志、审计日志、指令流日志、可信日志等的查看。

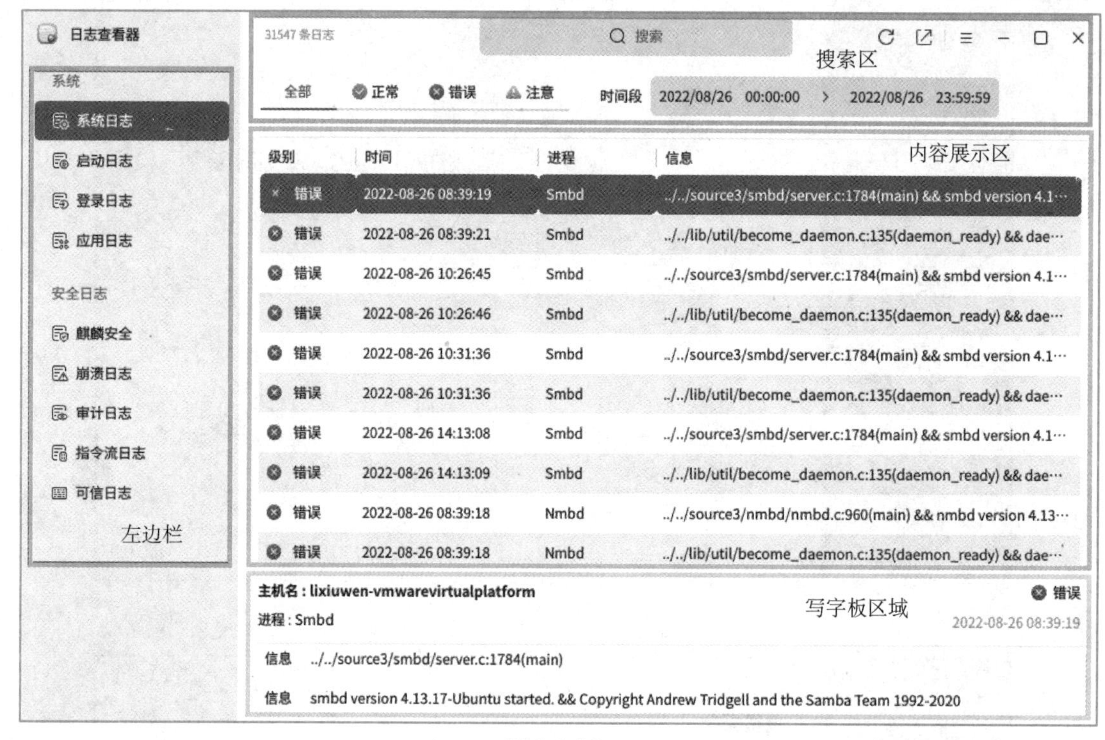


图 3-2-62

# 项目三　银河麒麟操作系统基本命令

## 项目导读

银河麒麟桌面操作系统 V10 一方面提供完善的图形化桌面操作，另一方面又保留 Linux 系统命令的操作习惯，为系统维护、问题排查等深层次的操作提供便捷的工具。本项目通过学习常用命令的基本参数操作，让学生可以举一反三地扩展学习命令的高级参数操作和其他高级命令。

## 学习目标

1. 熟悉银河麒麟操作系统的命令操作窗口和基本操作方式。
2. 掌握银河麒麟操作系统的基础命令和基本系统维护方法。

## 思政目标

1. 通过对银河麒麟操作系统基础命令的学习，让学生掌握国产操作系统一般性使用和维护方法。

2. 进一步深化对银河麒麟操作系统的学习，提升学生对国产操作系统使用和学习的兴趣。

# 任务一　使用终端工具

终端工具是银河麒麟操作系统使用系统命令操作的媒介，提供了在图形化界面下的字符系统窗口，通过“终端”窗口输入系统命令，可以与系统进行交互。

在桌面空白处右击，在弹出的快捷菜单中选择“打开终端”；或者在文件管理器中需要操作命令的文件夹界面内，同理操作打开“终端”窗口，如图 3-3-1 所示。

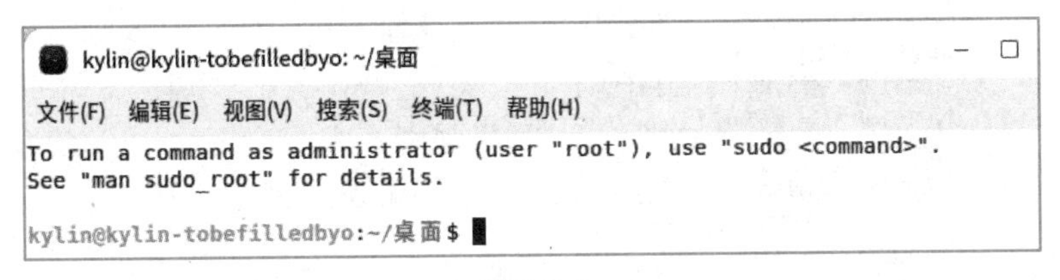


图 3-3-1

（1）在“$”字符后输入命令及各类参数，注意在输入命令、各类参数时，中间要有空格，不能连续输入。

（2）对于某些高权限操作命令，最前面加上“sudo”命令，用于提升权限操作。例如，$ sudo apt update（操作系统访问网络上的软件源服务器，从中获取软件包、软件包依赖和更新信息，相当于手动刷新系统的软件升级信息），如图 3-3-2 所示。

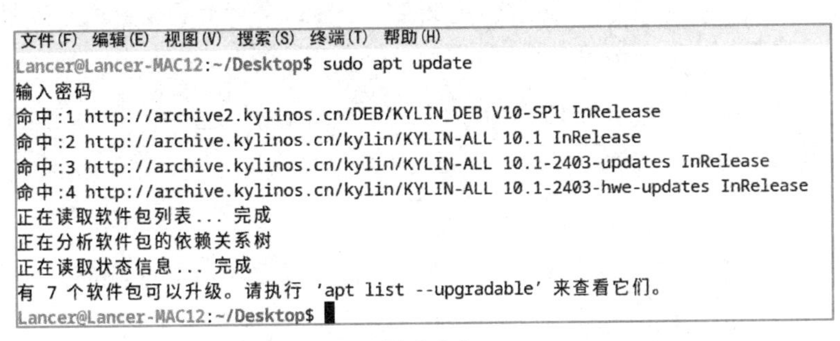


图 3-3-2

（3）在“终端”操作过程中，输入命令后缀相关参数时，要注意参数的大小写，大写和小写往往表达不同的执行；若对有关命令不熟悉，可以在命令后缀加上“--help”参数，以查看此命令所有参数解释及参考模式。

（4）在执行过程中，若要停止命令，则按 Q 键或“Ctrl+C”组合键。

# 任务二　系统管理命令

## 一、显示操作系统信息

### 1. $ cat /etc/*release

本命令有助于核查版本发行信息，命令运行结果如图3-3-3所示，主要信息如下。

```
文件(F)  编辑(E)  视图(V)  搜索(S)  终端(T)  帮助(H)
Lancer@Lancer-MAC12:~/Desktop$ cat /etc/*release*
DISTRIB_ID=Kylin
DISTRIB_RELEASE=V10
DISTRIB_CODENAME=kylin
DISTRIB_DESCRIPTION="Kylin V10 SP1"
DISTRIB_KYLIN_RELEASE=V10
DISTRIB_VERSION_TYPE=enterprise
DISTRIB_VERSION_MODE=normal
NAME="Kylin"
VERSION="银河麒麟桌面操作系统V10 (SP1)"
VERSION_US="Kylin Linux Desktop V10 (SP1)"
ID=kylin
ID_LIKE=debian
PRETTY_NAME="Kylin V10 SP1"
VERSION_ID="v10"
HOME_URL="http://www.kylinos.cn/"
SUPPORT_URL="http://www.kylinos.cn/support/technology.html"
BUG_REPORT_URL="http://www.kylinos.cn/"
PRIVACY_POLICY_URL="http://www.kylinos.cn"
VERSION_CODENAME=kylin
UBUNTU_CODENAME=kylin
PROJECT_CODENAME=V10SP1
KYLIN_RELEASE_ID="2403"
```

图3-3-3

发行信息：厂商ID（Kylin）、发行版本的主号（V10）、版本描述（Kylin V10 SP1）、发行版本的级别（enterprise）等信息。

版本详细信息：版本［银河麒麟桌面操作系统V10（SP1）］、官方网站、技术服务网址、发行迭代版本ID（2403）等信息。

### 2. $ uname –a

本命令用于查询系统基本内核信息，如类型（Linux）、主机名（Lancer-MAC12）、内核版本（5.10.0-9-generic）、CPU指令集（x86_64）等信息，如图3-3-4所示。

```
文件(F)  编辑(E)  视图(V)  搜索(S)  终端(T)  帮助(H)
Lancer@Lancer-MAC12:~/Desktop$ uname -a
Linux Lancer-MAC12 5.10.0-9-generic #7~v10pro-KYLINOS SMP Tue Mar 19 08:29:14 UTC 2024 x86_6
4 x86_64 x86_64 GNU/Linux
Lancer@Lancer-MAC12:~/Desktop$
```

图3-3-4

## 二、系统监控

### 1. $ top

top 命令是一个功能十分强大的系统监控命令，对于系统管理员而言尤其重要。它的缺点是系统资源消耗大，如图 3-3-5 所示。

```
文件(F) 编辑(E) 视图(V) 搜索(S) 终端(T) 帮助(H)
top - 00:43:49 up  4:53,  1 user,  load average: 1.41, 2.01, 2.13          第一行
任务: 339 total,   2 running, 331 sleeping,   0 stopped,   6 zombie          第二行
%Cpu(s): 13.4 us, 13.5 sy,  0.0 ni, 73.1 id,  0.0 wa,  0.0 hi,  0.0 si,  0.0 st   第三行
MiB Mem :   7838.0 total,    522.6 free,   4942.4 used,   2373.1 buff/cache    第四行
MiB Swap:  17023.0 total,  15945.0 free,   1078.0 used.   1921.6 avail Mem     第五行
 scroll coordinates: y = 1/339 (tasks), x = 1/12 (fields)
进程号 USER      PR  NI    VIRT    RES    SHR    %CPU  %MEM     TIME+ COMMAND    第七行
 67697 Lancer    20   0 1325888 132100  79152 R  34.8   1.6  39:48.54 ukui-system-mon
 29017 Lancer    20   0 3007692   1.5g 153908 S  12.6  19.1  83:13.26 wps
  6874 Lancer    20   0 2769440 164356  26324 S  11.9   2.0  23:03.33 LxMainNew
 11496 Lancer    20   0 1509188 303960  89312 S  11.9   3.8  28:47.59 et
  6734 Lancer    20   0 3369176 187268  37376 S   5.6   2.3  11:35.75 LxMainNew
  1770 root      20   0 1176320  42160  10552 S   4.0   0.5   9:20.51 qaxsafed
  1635 root      20   0  840440 199740 150364 S   3.3   2.5  17:38.53 Xorg
  3055 Lancer    20   0 3756220  92760  66028 S   3.0   1.2  12:06.90 ukui-kwin_x11
  3062 Lancer    20   0 1224284 114160  74424 S   2.6   1.4   5:57.74 ukui-panel
  1249 root      20   0  235736   6240   3576 S   1.3   0.1   2:18.92 eaio_agent
  2678 Lancer    20   0  262464  12276   9932 S   1.3   0.2   2:33.71 eaio_agent
   436 root      19  -1  539224 204880 202536 S   1.0   2.6   2:29.70 systemd-journal
```

图 3-3-5

（1）第一行显示的项目依次为当前时间、系统启动时间、当前系统登录用户数目、平均负载。其中，平均负载显示系统在过去 1 分钟、5 分钟、15 分钟内的平均负载。如果对比数值在增加，则表明 CPU 负载越来越高。

（2）第二行显示的是所有启动的进程，即目前运行（running）、挂起（sleeping）、停止（stopped）和无用（zombie）进程。

（3）第三行显示的是目前 CPU 的使用情况，包括用户空间（us）、内核空间（sy）、优先级较低的进程用户态（ni）、CPU 空闲（id）、CPU 等待 I/O 完成（wa）、硬中断占用（hi）、软中断占用（si）、被虚拟机偷取的时间（st）占用 CPU 的百分比。

（4）第四行显示的是物理内存的使用情况，包括总可用的物理内存量、当前已经使用的内存量、当前可用但未使用的内存量、被系统用作文件缓存和缓冲区的内存量。

（5）第五行显示的是交换分区使用情况，包括系统总可用的交换空间大小、当前可用但未使用的交换空间大小、当前已经使用的交换空间大小。

（6）第七行显示的项目最多，下面是每列的说明。

进程号（英文 Process ID）：进程标识号。

USER：进程所有者的用户名。

PR：进程的优先级别。

NI：调整进程优先级的数值。

VIRT：进程占用的虚拟内存值。

RES：进程占用的物理内存值。

SHR：进程使用的共享内存值。

%CPU：进程占用的 CPU 使用率。

%MEM：进程占用的物理内存值和总内存值的百分比。

TIME+：进程启动后占用的总的 CPU 时间。

COMMAND：进程启动的启动命令名称。

（7）top 命令在使用过程中，还可以使用一些交互的命令来完成其他参数的功能，这些命令是通过快捷键启动的。

P 键：显示的进程根据 CPU 占用大小进行排序。

M 键：显示的进程根据内存占用大小进行排序。

T 键：显示的进程根据时间、累计时间进行排序。

Q 键：退出 top 命令。

M 键：切换内存信息显示方式（第四行、第五行）。

T 键：切换进程和 CPU 状态信息显示方式（第三行）。

C 键：切换显示命令名称或程序完整文件夹路径（COMMAND 列）。

### 2. $ df –h

此命令用于主要文件系统容量查询，包括总容量、已用、可用、已用%和挂载点（文件夹名），如图 3-3-6 所示。

```
文件(F) 编辑(E) 视图(V) 搜索(S) 终端(T) 帮助(H)
Lancer@Lancer-MAC12:~/Desktop$ df -h
文件系统          总容量  已用  可用 已用% 挂载点
udev              3.8G     0  3.8G    0% /dev
tmpfs             784M  1.7M  783M    1% /run
/dev/nvme0n1p3     50G   21G   27G   44% /
/dev/nvme0n1p1    300M   37M  263M   13% /boot/efi
/dev/nvme0n1p6    184G   24G  151G   14% /data
tmpfs             3.9G   82M  3.8G    3% /dev/shm
tmpfs             5.0M  4.0K  5.0M    1% /run/lock
tmpfs             3.9G     0  3.9G    0% /sys/fs/cgroup
tmpfs             784M  236K  784M    1% /run/user/1000
/dev/nvme0n1p4     24G   45M   23G    1% /backup
Lancer@Lancer-MAC12:~/Desktop$
```

图 3-3-6

例如，查看发现挂载点（/）的使用率为 100%，已清理了大文件，但使用率还是 100%，这就有可能是大量进程在占用内存使用率，可进一步结合其他命令排查问题。

## 三、电源命令

### 1. $ reboot

此命令的作用是强制重新启动计算机，它的使用权限是系统管理员。

### 2. $ shutdown now

此命令的作用是立即关闭计算机操作系统。

# 任务三　网络维护命令

## 一、网络状态

### 1. $ ifconfig

此命令用于显示或设置网卡参数信息，如接口信息、状态、IP 地址等，如图 3-3-7 所示。

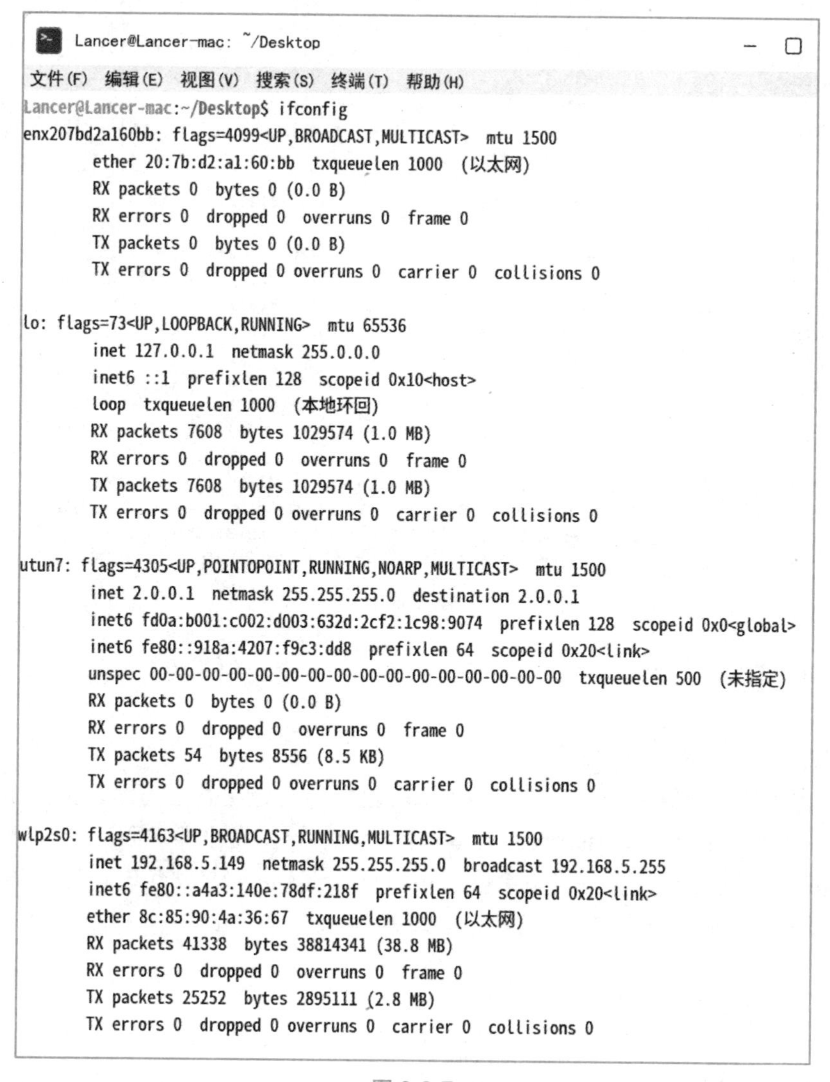


图 3-3-7

例如，网卡 wlp2s0 显示端口状态（UP）、IP 地址、掩码、MAC 地址、网口速率、收包、发包等信息。

### 2. $ netstat –a lmore

此命令用于检测本地网络开放的协议号、本地端口号，对端 IP 及端口号和本地端口的

会话连接状态信息。其中,“|more”参数表示分页显示运行结果,适用于输出结果较多的命令,如图 3-3-8 所示。

```
文件(F) 编辑(E) 视图(V) 搜索(S) 终端(T) 帮助(H)
Lancer@Lancer-MAC12:~/Desktop$ netstat -a |more
激活Internet连接 (服务器和已建立连接的)
Proto Recv-Q Send-Q Local Address           Foreign Address         State
tcp        0      0 localhost:57630         0.0.0.0:*               LISTEN
tcp        0      0 localhost:56641         0.0.0.0:*               LISTEN
tcp        0      0 localhost:7777          0.0.0.0:*               LISTEN
tcp        0      0 localhost:54630         0.0.0.0:*               LISTEN
tcp        0      0 localhost:54631         0.0.0.0:*               LISTEN
tcp        0      0 localhost:8750          0.0.0.0:*               LISTEN
tcp        0      0 localhost:domain        0.0.0.0:*               LISTEN
tcp        0      0 127.0.0.53:domain       0.0.0.0:*               LISTEN
tcp        0      0 localhost:56630         0.0.0.0:*               LISTEN
tcp        0      0 localhost:ipp           0.0.0.0:*               LISTEN
tcp        0      0 localhost:51242         localhost:44937         TIME_WAIT
tcp        0      0 localhost:56641         localhost:54972         ESTABLISHED
tcp        0      0 Lancer-MAC12:41384      111.7.100.67:http       TIME_WAIT
tcp        0      0 localhost:39194         localhost:36547         TIME_WAIT
tcp        0      0 localhost:34438         localhost:56641         ESTABLISHED
tcp        0      0 localhost:34234         localhost:36871         TIME_WAIT
tcp        0      0 localhost:56852         localhost:43973         TIME_WAIT
tcp        0      0 localhost:56641         localhost:34438         ESTABLISHED
tcp        0      0 localhost:54914         localhost:56641         ESTABLISHED
tcp        0      0 localhost:36300         localhost:33097         TIME_WAIT
tcp        0      0 localhost:41484         localhost:33677         TIME_WAIT
tcp        0      0 localhost:33504         localhost:45699         TIME_WAIT
tcp        0      0 Lancer-MAC12:41354      111.7.100.67:http       TIME_WAIT
tcp        0      0 Lancer-MAC12:35870      ecs-117-78-45-80.:https ESTABLISHED
tcp        0      0 Lancer-MAC12:53482      hn.kd.ny.adsl:http      ESTABLISHED
```

图 3-3-8

## 二、网络连通测试

### 1. $ ping IP 地址或域名

此命令用于检测计算机与目标主机或对象之间的网络连接是否可达。执行 ping 命令会使用 ICMP(Internet Control Message Protocol)传输协议,发出要求回应的信息,若远端主机的网络和网络间路由没有问题,就会回应该信息。ping 的网络回包时长越短越好,这是判断目标主机网络访问是否正常的手段之一,如图 3-3-9 所示。

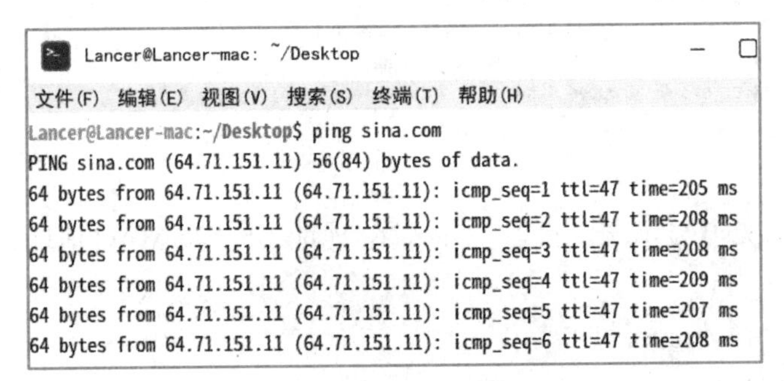

```
Lancer@Lancer-mac: ~/Desktop
文件(F) 编辑(E) 视图(V) 搜索(S) 终端(T) 帮助(H)
Lancer@Lancer-mac:~/Desktop$ ping sina.com
PING sina.com (64.71.151.11) 56(84) bytes of data.
64 bytes from 64.71.151.11 (64.71.151.11): icmp_seq=1 ttl=47 time=205 ms
64 bytes from 64.71.151.11 (64.71.151.11): icmp_seq=2 ttl=47 time=208 ms
64 bytes from 64.71.151.11 (64.71.151.11): icmp_seq=3 ttl=47 time=208 ms
64 bytes from 64.71.151.11 (64.71.151.11): icmp_seq=4 ttl=47 time=209 ms
64 bytes from 64.71.151.11 (64.71.151.11): icmp_seq=5 ttl=47 time=207 ms
64 bytes from 64.71.151.11 (64.71.151.11): icmp_seq=6 ttl=47 time=208 ms
```

图 3-3-9

### 2. $ traceroute IP 地址或域名

此命令用于检测访问目标对象 IP 时，在网络中经过的每一跳网关地址、主机名、数据包往返时间等信息，是排查网络间路由是否正常的手段之一，如图 3-3-10 所示。

```
文件(F)  编辑(E)  视图(V)  搜索(S)  终端(T)  帮助(H)
Lancer@Lancer-MAC12:~/Desktop$ traceroute sina.com
traceroute to sina.com (64.71.151.11), 30 hops max, 60 byte packets
 1  XiaoQiang (192.168.5.1)  1.844 ms  1.747 ms  1.722 ms
 2  * * *
 3  * * *
 4  * * *
 5  10.237.56.13 (10.237.56.13)  16.414 ms  12.228 ms  16.351 ms
 6  10.237.8.9 (10.237.8.9)  18.197 ms  15.393 ms  14.246 ms
 7  * * *
 8  218.106.145.69 (218.106.145.69)  15.880 ms  14.263 ms 218.104.226.69 (218.104.226.69)  11.114 ms
 9  * 218.104.227.9 (218.104.227.9)  14.830 ms *
```

图 3-3-10

由于 traceroute 工具不是系统自带软件，结合本模块项目一任务三“软件的安装和卸载”中的手工安装软件，采用终端窗口方式输入如下命令：

```
$ sudo apt-get update
$ sudo apt-get install traceroute
```

需要注意的是，以上的网络命令操作可结合计算机网络教材中的知识进行学习和操作。

# 模块四　WPS 文字处理——文案达人，技术改变生活

## 项目一　制订学习计划

### 项目导读

文字处理是信息化办公最核心、最基本的操作，其本质是借助信息化协同办公平台，利用文字处理软件对文档进行处理。WPS 文字处理是一款优秀的文字处理软件，利用它可以轻松制作各种形式的文档，如报告、论文、简历、杂志和图书等，满足日常办公的需要。

### 学习目标

1. 学会设置字体和段落格式。
2. 学会为汉字添加汉语拼音。
3. 掌握项目符号的用法。
4. 掌握首字下沉、分栏的设置方法。
5. 掌握页面边框的设置方法。

### 思政目标

1. 促使学生能够与团队成员分工协作，集思广益，培养合作意识。
2. 培养学生严谨求实、吃苦耐劳的优秀品质。

### 任务一　新建文档

项目一完成后的效果如图 4-1-1 所示。

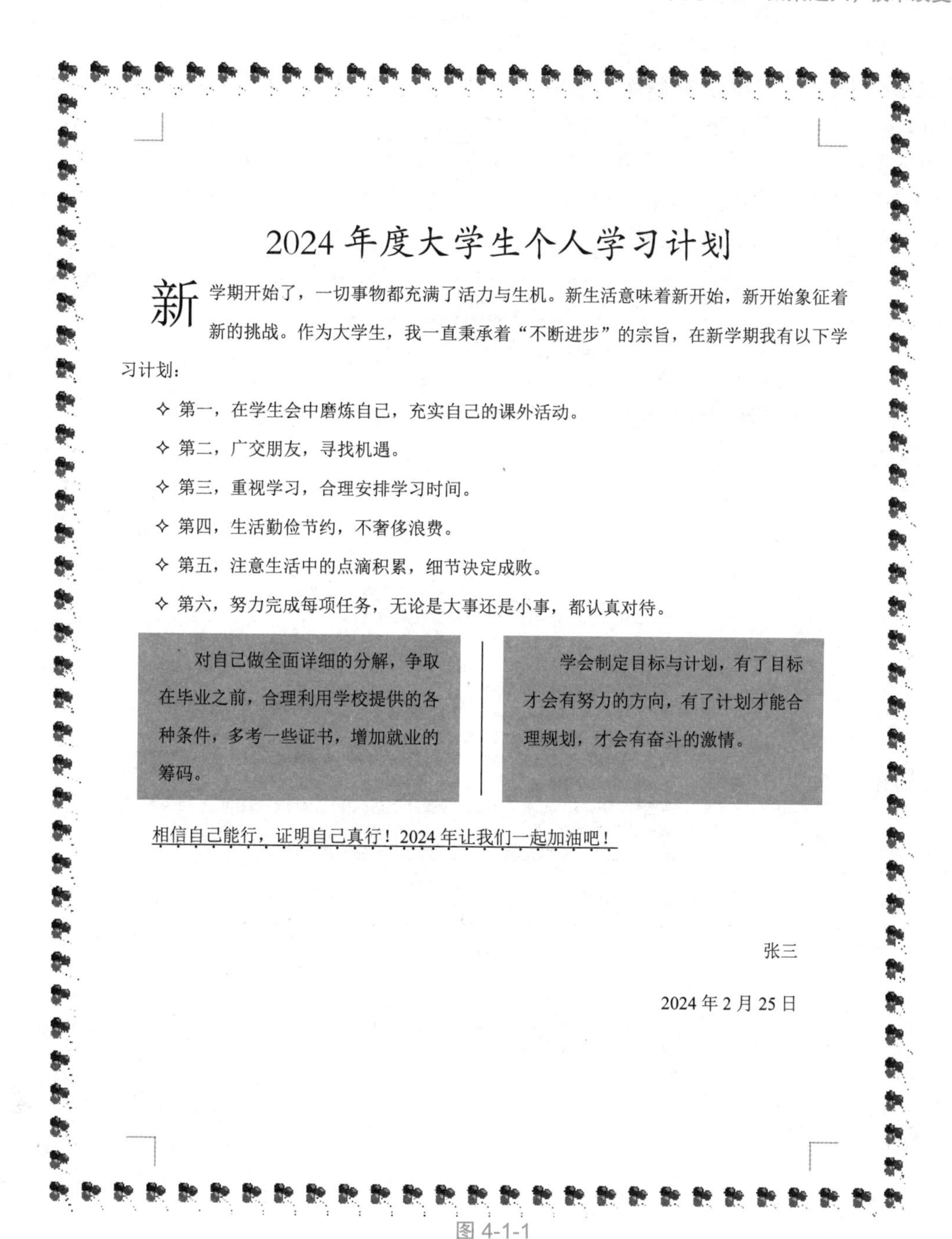

2024 年度大学生个人学习计划

新学期开始了，一切事物都充满了活力与生机。新生活意味着新开始，新开始象征着新的挑战。作为大学生，我一直秉承着“不断进步”的宗旨，在新学期我有以下学习计划：

- ✧ 第一，在学生会中磨炼自己，充实自己的课外活动。
- ✧ 第二，广交朋友，寻找机遇。
- ✧ 第三，重视学习，合理安排学习时间。
- ✧ 第四，生活勤俭节约，不奢侈浪费。
- ✧ 第五，注意生活中的点滴积累，细节决定成败。
- ✧ 第六，努力完成每项任务，无论是大事还是小事，都认真对待。

对自己做全面详细的分解，争取在毕业之前，合理利用学校提供的各种条件，多考一些证书，增加就业的筹码。

学会制定目标与计划，有了目标才会有努力的方向，有了计划才能合理规划，才会有奋斗的激情。

相信自己能行，证明自己真行！2024 年让我们一起加油吧！

张三

2024 年 2 月 25 日

图 4-1-1

## 新建文档

（1）如果文档是第一次执行“保存”操作，如新建的文档，操作完毕后进行保存时会弹出“另存为”对话框，在弹出的“另存为”对话框中设置好保存路径及文件名称，单击“保存”按钮即可。

（2）输入图 4-1-1 所示文字后，单击工具栏中的“保存”按钮，打开“另存为”对话框，选择保存文件的位置为“本地磁盘 E”，在“文件名”框中输入“2024 年度大学生个人学习计划.docx”，在“保存类型”下拉列表中选择“Word 文档”，单击“保存”按钮，这样就在计算机 E 盘中创建了一个名为“2024 年度大学生个人学习计划”的文件。

（3）打开“2024 年度大学生个人学习计划”文件，可通过菜单栏中的“开始”选项卡设置字体和段落格式，如图 4-1-2 所示。

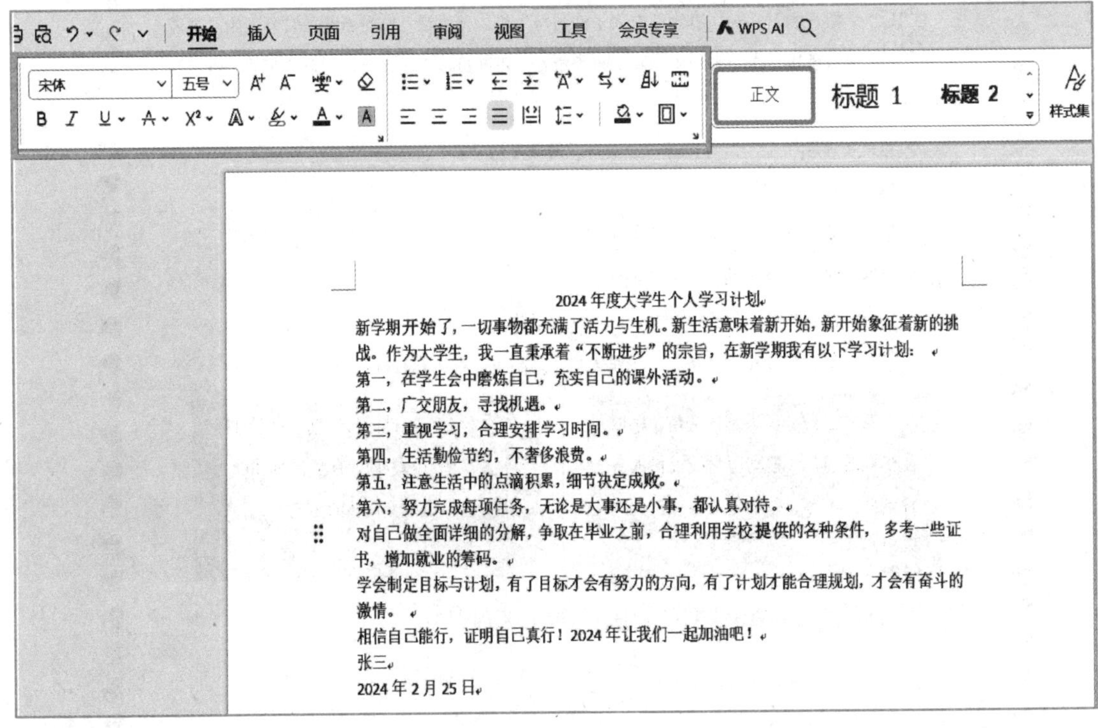


图 4-1-2

# 任务二　字符和段落格式设置

## 一、标题设置

（1）选中标题，单击“开始”→“字体”→“字体”下拉列表框右侧的三角按钮→选择字体。

（2）单击“开始”→“字体”→“字号”下拉列表框右侧的三角按钮→选择字号。

（3）单击“开始”→“字体”→单击“加粗”按钮。

（4）单击“开始”→“字体”→“字体颜色”右侧的三角按钮→选择颜色。

（5）单击“开始”→“段落”→单击“居中”按钮。

（6）单击“开始”→“字体”→“文字效果”下拉列表框右侧的三角按钮→选择“艺术字/阴影/倒影/发光”，再选择该项效果列表中的某一种效果。

（7）单击“开始”→“段落”→“边框”下拉列表框右侧的三角按钮→选择“边框和底

纹”→打开“边框和底纹”对话框→单击“边框”选项卡→设置：自定义→选择“线型”“颜色”“宽度”。

（8）单击“开始”→“段落”→“边框”下拉列表框右侧的三角按钮→选择“边框和底纹”→打开“边框和底纹”对话框→单击“底纹”选项卡→设置：填充和图案。

用上述方法设置主题：文字格式为“楷体”、小二、居中，并添加双波浪线文字边框和“橙色，着色 4”文字底纹。效果如图 4-1-3 所示。

2024 年度大学生个人学习计划

图 4-1-3

## 二、正文设置

（1）选择“开始”→“段落”→单击右下角的对话框启动器按钮→打开“段落”对话框→设置间距、行距、特殊格式→单击“确定”按钮。

用上述方法设置正文：设置标题外所有内容（“新学期开始了……2024 年 2 月 25 日”）的字体格式为宋体、小四，行距为 1.5 倍行距，段前和段后间距为 0.5 行，正文首行缩进 2 个字符，对齐方式为右对齐。

段落格式设置如图 4-1-4 所示。

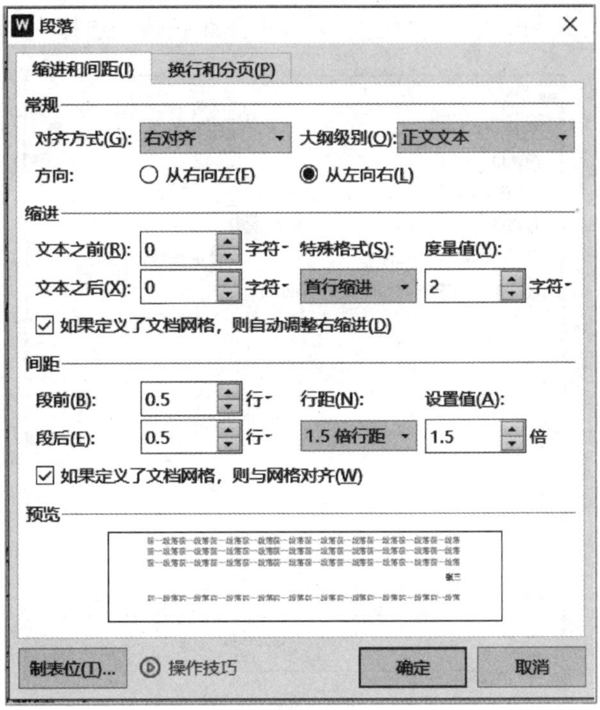

图 4-1-4

（2）选中对象→单击“开始”选项卡→字体→“下划线”右侧的三角按钮→选择线型，如图 4-1-5 所示。

（3）选中对象→单击“开始”选项卡→字体→“删除线”右侧的三角按钮→选择“着重号”，如图 4-1-6 所示。

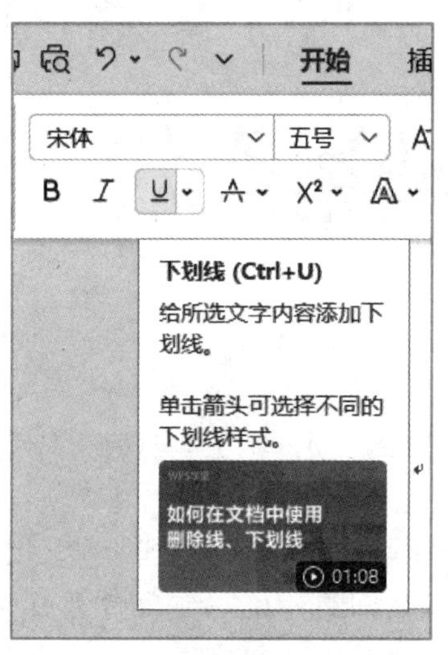


图 4-1-5

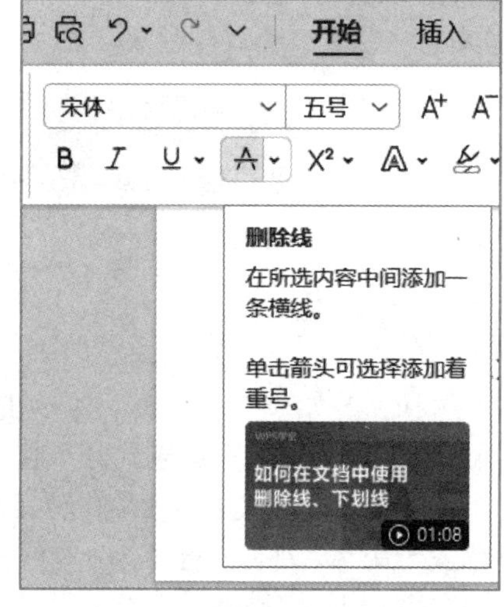


图 4-1-6

（4）选中对象→单击“开始”选项卡→字体→单击右下角的对话框启动器按钮→打开“字体”对话框→“字符间距”选项卡→“位置”右侧的三角按钮→选择“上升”，如图 4-1-7 所示。

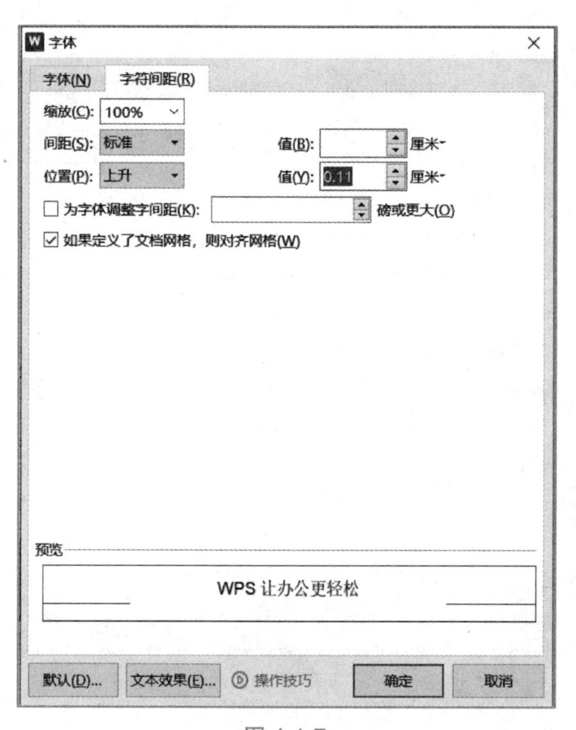


图 4-1-7

用上述方法设置正文最后一段，为文字添加下划线及着重号，将文字“自己”上升 4 磅，效果如图 4-1-8 所示。

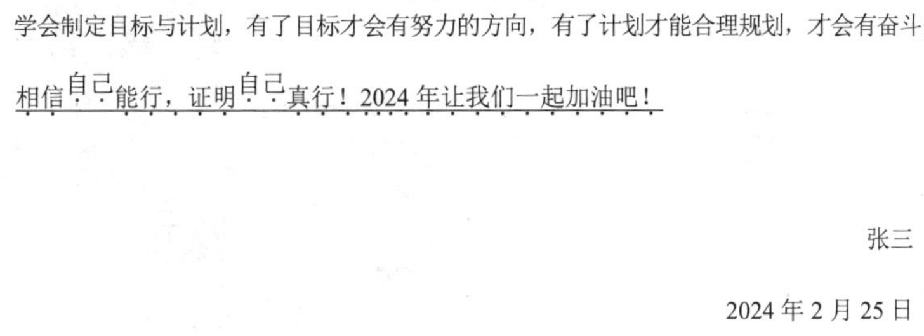

学会制定目标与计划，有了目标才会有努力的方向，有了计划才能合理规划，才会有奋斗的激情。

相信自己能行，证明自己真行！2024 年让我们一起加油吧！

张三

2024 年 2 月 25 日

图 4-1-8

## 三、首字下沉

选中对象→单击“插入”选项卡→首字下沉→打开“首字下沉”对话框→设置位置、选项（字体、下沉行数、距正文）。

用上述方法设置首字下沉：下沉行数为 2 行，下沉字体为宋体，如图 4-1-9 所示。

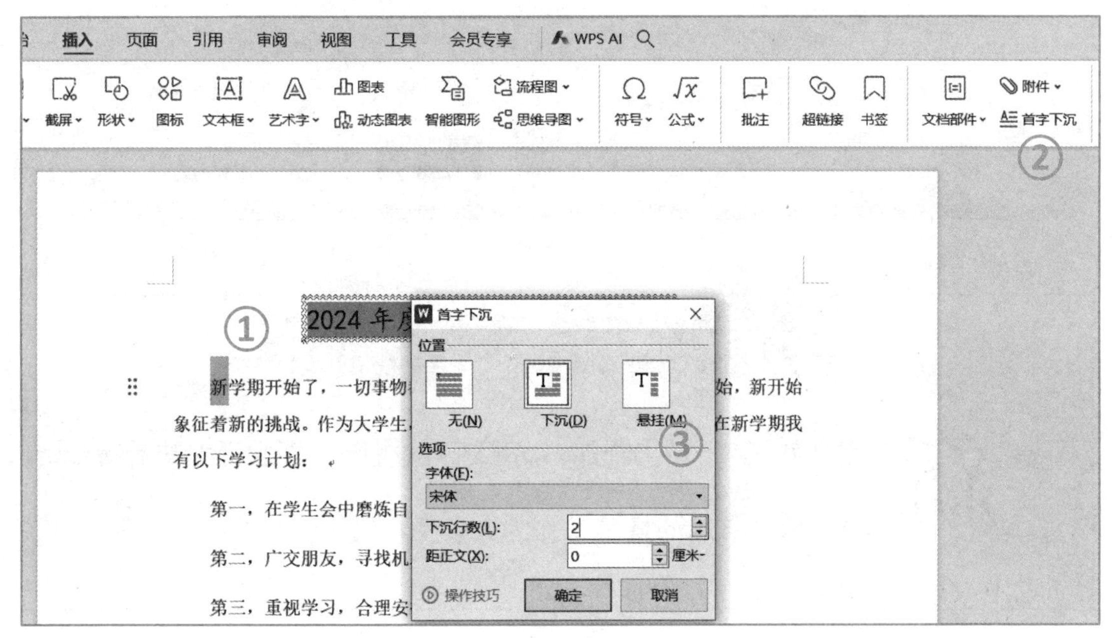


图 4-1-9

## 四、注音设置

选中对象→单击“开始”选项卡→字体→“拼音指南”右侧的三角按钮→选择“拼音指南”。用上述方法设置注音：为“不断进步”这 4 个字添加汉语拼音，步骤如图 4-1-10 所示，效果如图 4-1-11 所示。

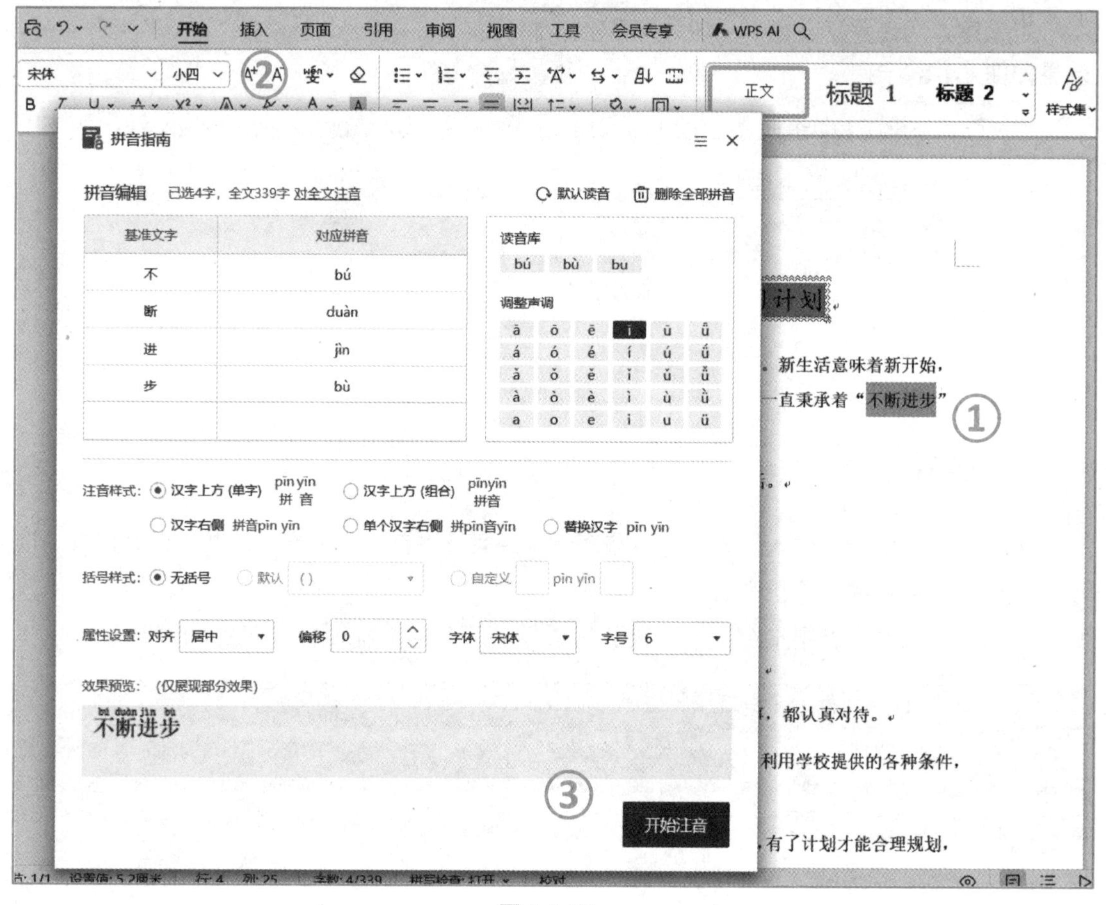


图 4-1-10

2024 年度大学生个人学习计划

新学期开始了，一切事物都充满了活力与生机。新生活意味着新开始，新开始象征着新的挑战。作为大学生，我一直秉承着“不断进步”的宗旨，在新学期我有以下学习计划：

图 4-1-11

## 五、添加项目符号

选中对象→单击“开始”选项卡→“段落”→“项目符号和编号”按钮→在展开的列表中选择和样文一样的类型即可。

用上述方法设置：为 6 条计划添加项目符号。效果如图 4-1-12 所示。

的宗旨，在新学期我有以下学习计划：

✧ 第一，在学生会中磨炼自己，充实自己的课外活动。

✧ 第二，广交朋友，寻找机遇。

✧ 第三，重视学习，合理安排学习时间。

✧ 第四，生活勤俭节约，不奢侈浪费。

✧ 第五，注意生活中的点滴积累，细节决定成败。

✧ 第六，努力完成每项任务，无论是大事还是小事，都认真对待。

对自己做全面详细的分解，争取在毕业之前，合理利用学校提供的各种条件，多考一些证书，增加就业的筹码。

图 4-1-12

# 任务三　文档的页面设置

## 一、分栏设置

选中对象→单击“页面”选项卡→“分栏”右侧的三角按钮→选择“更多分栏”→打开“分栏”对话框→设置“栏数”→设置“宽度和间距”→设置“分隔线”，如图 4-1-13 所示。

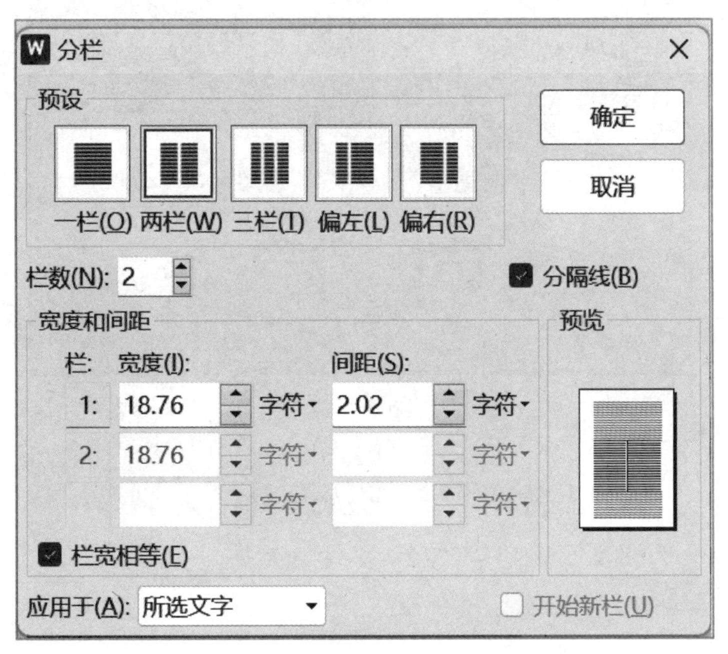


图 4-1-13

按照上述方法把正文倒数第二、第三段（“对自己……奋斗的激情”）分成两栏，要求栏宽相等，两栏间有分隔线，并添加“浅绿色”底纹。效果如图 4-1-14 所示。

✧ 第五，注意生活中的点滴积累，细节决定成败。

✧ 第六，努力完成每项任务，无论是大事还是小事，都认真对待。

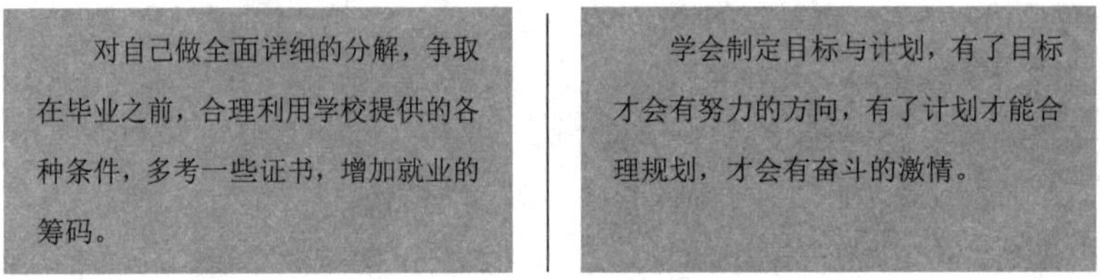

对自己做全面详细的分解，争取在毕业之前，合理利用学校提供的各种条件，多考一些证书，增加就业的筹码。

学会制定目标与计划，有了目标才会有努力的方向，有了计划才能合理规划，才会有奋斗的激情。

图 4-1-14

## 二、页面边框设置

单击“页面”选项卡→“页面边框”→“边框和底纹”对话框→设置“设置、线型、颜色、宽度、艺术型、应用于”。

用上述方法设置页面边框为方框、艺术型为气球，如图 4-1-15 所示。

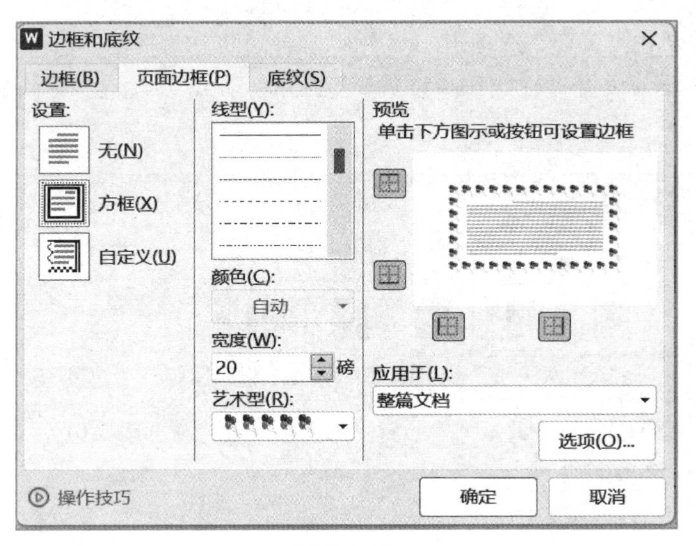


图 4-1-15

# 任务四　查找替换及格式刷

## 一、查找替换

单击“开始”选项卡→“查找替换”右侧的三角按钮→“替换”→打开“查找和替换”对话框→“替换”选项卡→在“查找内容”中填入“特殊格式”：手动换行符→在“替换为”中填入“特殊格式”：段落标记→单击“全部替换”按钮，如图 4-1-16 所示。查找替换可以准确快速地完成段落替换、手动换行，也可删除空白行。

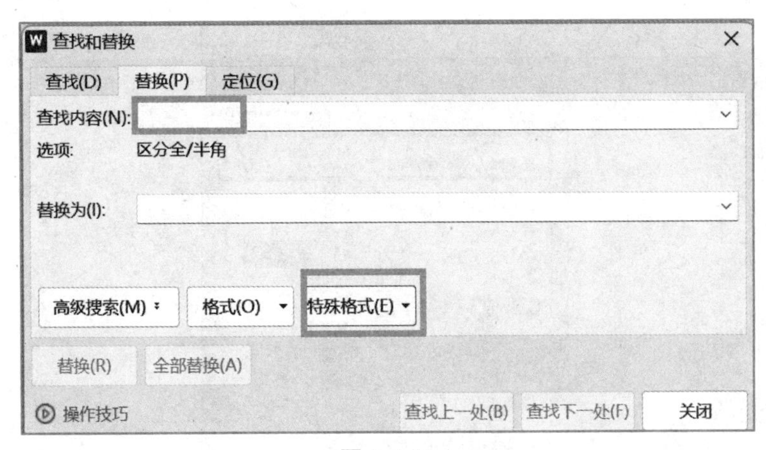


图 4-1-16

## 二、格式刷

格式刷的功能是复制所选内容的格式，应用到不同位置的内容。选中已设置好格式的内容，单击“格式刷”按钮（图 4-1-17），刷一次格式，单击两次，格式刷可以使用多次，直到再次单击“格式刷”按钮或按 Esc 键。

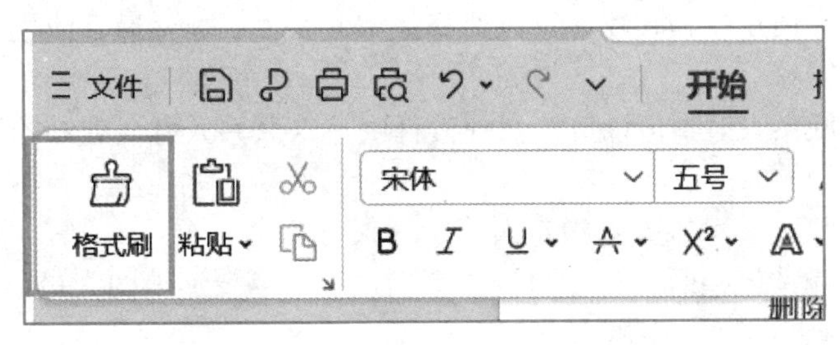


图 4-1-17

# 任务五 分享编辑

## 一、创建共享文档

在 WPS 文字处理中，可以通过以下步骤来创建共享文档。

（1）打开 WPS 文字处理软件，选择“文件”→“新建”。

（2）在新建页面中选择“创建一个新的文档”。

（3）在新建的文档中输入内容并进行编辑。

（4）单击 WPS 软件上方的“分享”选项（图 4-1-18）。

（5）在弹出的窗口中选择“和他人一起查看/编辑”再“复制链接”就可以分享他人共同编辑。

（6）单击“确定”按钮，文档就被成功创建并设置为共享状态了。

图 4-1-18

## 二、邀请他人协作

在 WPS 文字处理软件中，可以通过以下步骤邀请他人协作。

（1）在编辑共享文档的页面，单击 WPS 软件上方的“分享”按钮（图 4-1-19）。

（2）在弹出的邀请协作窗口中，可以选择邀请联系人、邮件邀请或生成邀请链接、二维码来邀请他人协作。

（3）选择邀请联系人时，可以直接在搜索框中输入联系人姓名或邮箱进行搜索，然后选择需要邀请的人员。

（4）在“链接权限”可以设置指定人或所有人可编辑。

（5）选择生成邀请链接时，可以将链接复制发送给需要邀请的人员。

（6）单击“确定”按钮，邀请就发送出去了。

图 4-1-19

## 三、协同编辑文档

在 WPS 文字处理软件中，可以通过以下步骤进行文档协同编辑。

（1）受邀请的人员接收到邮件后，在邮件中单击邀请链接，就可以进入共享文档进行编辑。

（2）多个人员同时编辑文档时，WPS 会自动进行同步，每个人员所做的修改都会实时显示在其他人员的编辑界面上。

（3）在编辑过程中，如果有人员对文档进行了修改并保存，其他人员会收到提示，可以选择查看修改内容并决定是否接受修改。

（4）所有人员都可以实时查看文档的版本历史记录，以便追溯和恢复到之前的版本。

## 四、文档共享和协作的注意事项

在进行文档共享和协作时，需要注意以下几点：

（1）在共享文档时，要确保选择合适的权限设置，可以限制他人的编辑、打印、复制等操作权限，以保障文档的安全性。

（2）在进行协同编辑时，要注意避免多人同时编辑同一部分内容，以免出现冲突。

（3）在接收到他人对文档的修改提示时，要仔细查看修改内容并审慎决定是否接受修改。

（4）定期保存文档和备份文档是很重要的，以防止意外情况导致的文档丢失或损坏。

（5）在文档高级设置中可以设置下载查看以及设置文档水印权限，如图 4-1-20 所示。

图 4-1-20

# 项目二　宣传海报的制作

## 项目导读

海报是人们生活中随处可见的一种速看广告，大多数人会被有趣的、醒目的海报所吸引。本项目涉及制作活动内容的安排，从学生关注自己身边的海报开始，拉近与海报的距离，通过分析海报的特点、构成元素、创意方法、版式等，使学生对海报设计有一个较为完整、清晰的认识。

## 学习目标

1. 掌握运用图形、图片、艺术字、文本框等对象综合处理问题。
2. 掌握文档的页面编辑。
3. 掌握文档的格式设置。
4. 发挥学生的设计才能和创意，并学会评价作品。

## 思政目标

1. 培养学生的合作意识，引导学生与团队成员分工合作。
2. 培养学生严谨求实、吃苦耐劳的优秀品质。
3. 引导学生自觉遵守国家法律法规，践行社会主义核心价值观。

# 任务一　设置页面

项目二完成后的效果如图 4-2-1 和图 4-2-2 所示。

图 4-2-1

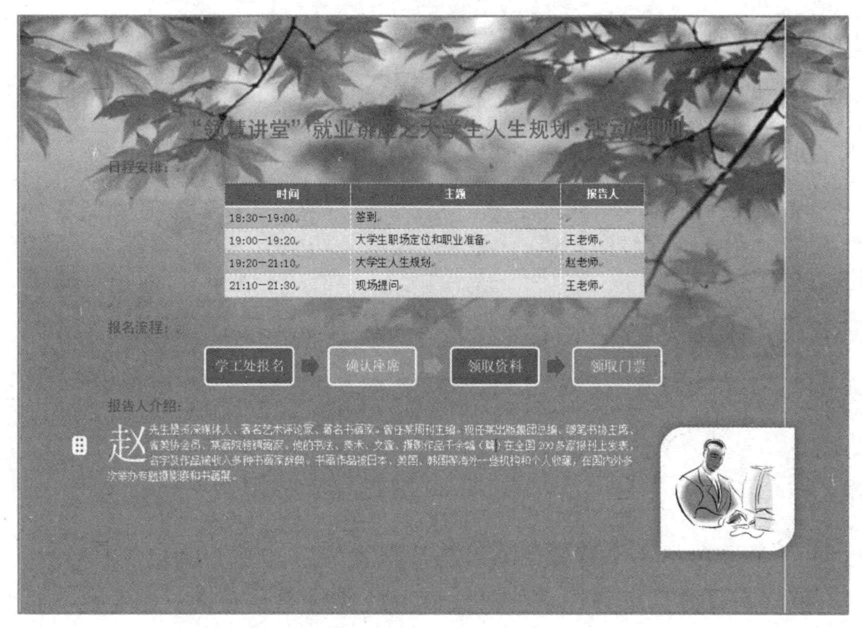


图 4-2-2

## 一、设置纸张大小

单击“页面”选项卡→“纸张大小”→“其他页面大小”（图 4-2-3），在打开的“页面设置”对话框中→单击“纸张”选项卡→“纸张大小”下拉列表→选择“自定义大小”→设置“宽度为 19 厘米，高度为 25 厘米”，如图 4-2-4 所示。

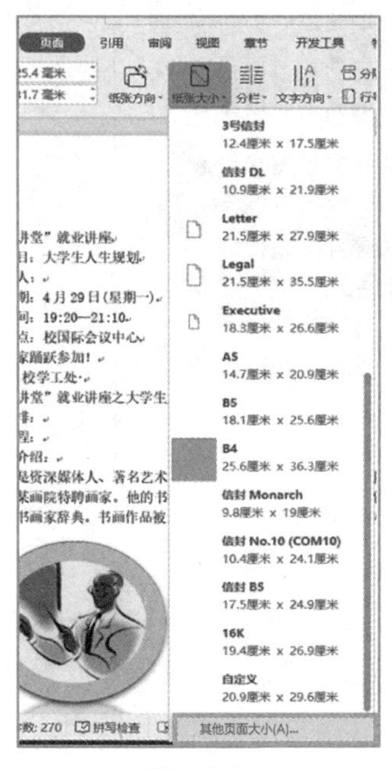


图 4-2-3

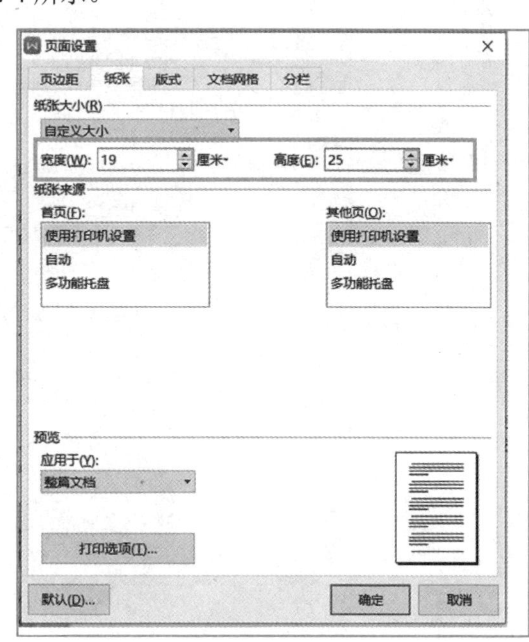


图 4-2-4

## 二、设置页边距

单击“页面”选项卡→“页边距”选项→设置“上、下页边距为 2 厘米，左、右页边距为 3 厘米”，如图 4-2-5 所示。

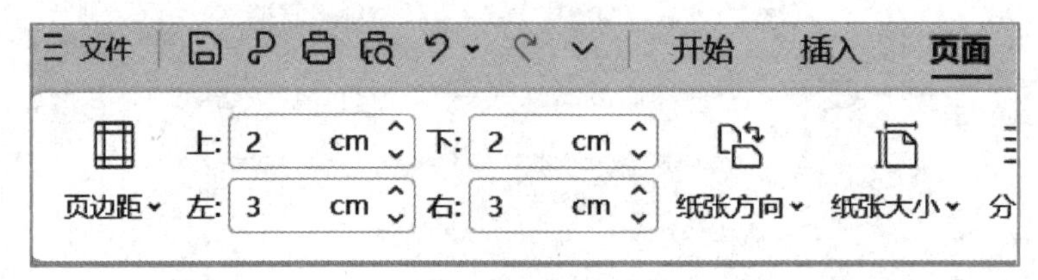


图 4-2-5

## 三、设置背景

单击“页面”选项卡→“背景”→“图片背景”→打开“填充效果”对话框→单击“选择图片”按钮→打开“选择图片”对话框→选择所需背景图片→单击“打开”按钮，如图 4-2-6 和图 4-2-7 所示。

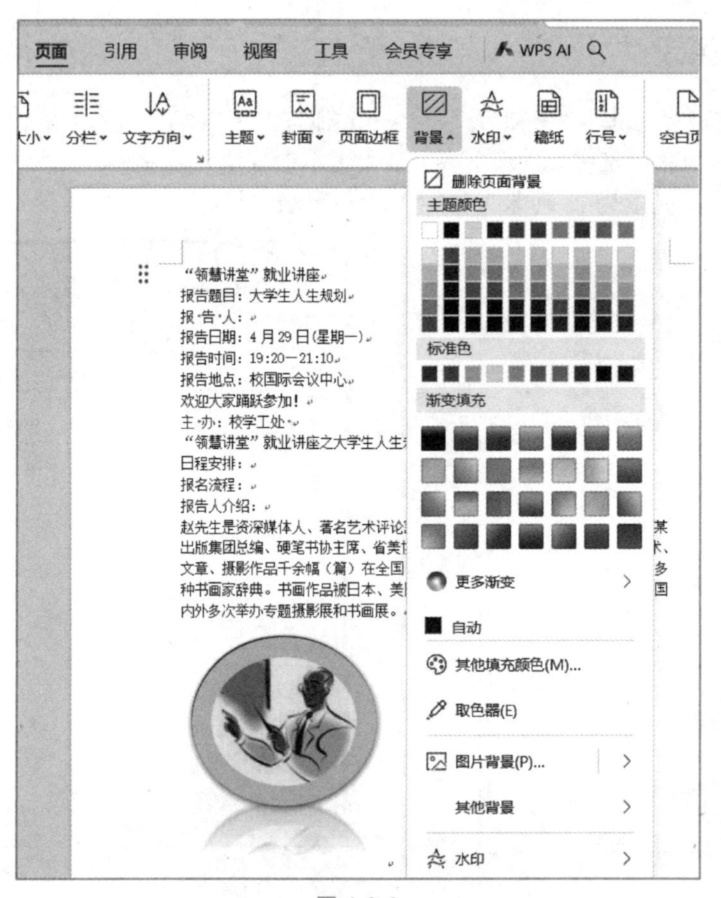


图 4-2-6

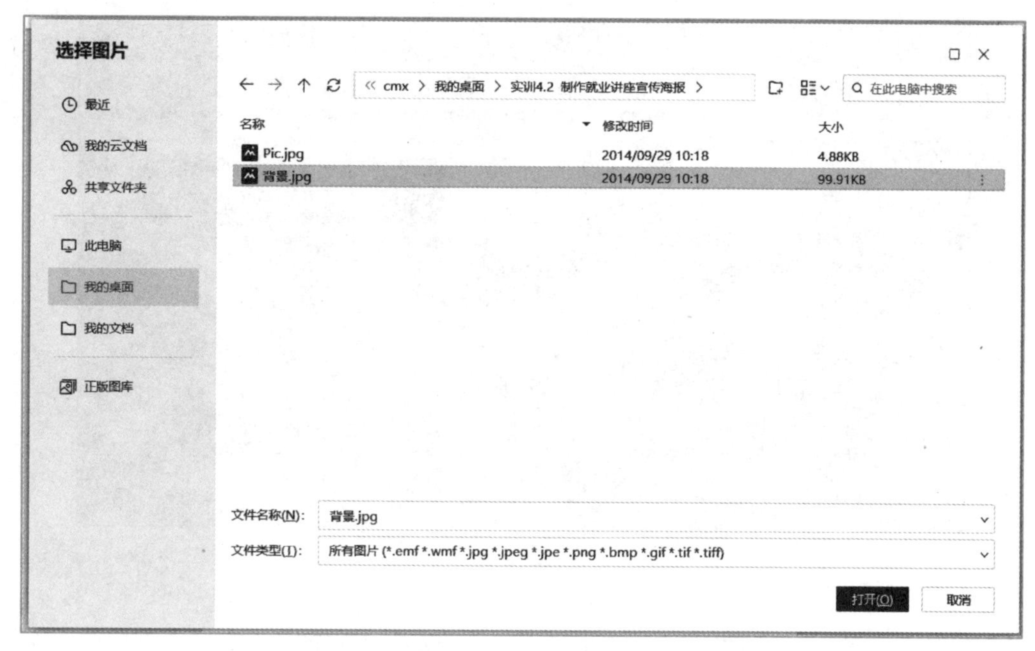


图 4-2-7

## 四、设置分页符

鼠标指针定位于“主办：校学工处”之后→“页面”→“分隔符”→“下一页分节符”，如图 4-2-8 所示。

图 4-2-8

## 五、设置纸张方向

单击“页面”选项卡→“纸张方向”→“横向”，如图 4-2-9 所示。

图 4-2-9

# 任务二　Excel 表格的设置

## 一、复制 Excel 表格

选中表格→复制→鼠标指针定位→右击，在弹出的快捷菜单中选择“选择性粘贴”。

例如，设置复制本次活动的日程安排（请参考配套资源包中的“活动日程安排.xlsx”文件），要求表格内容引用 Excel 文件中的内容，若 Excel 文件中的内容发生变化，Word 文档中的日程安排信息会随之发生变化。

步骤一：将鼠标指针定位于“日程安排”后面→按回车键另起一段。

步骤二：打开文件“活动日程安排.xlsx”→选中表格→复制。

步骤三：将鼠标指针定位于“日程安排”下面空段→右击，在弹出的快捷菜单中选择“选择性粘贴”，如图 4-2-10 所示。

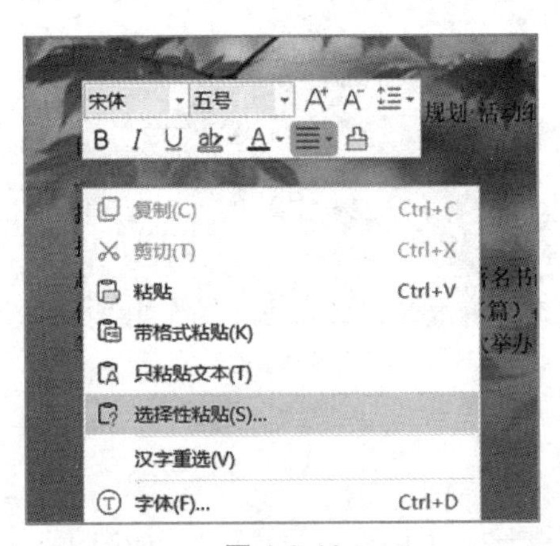


图 4-2-10

步骤四：打开“选择性粘贴”对话框→选择“粘贴链接”→单击“确定”按钮，如图 4-2-11 所示。

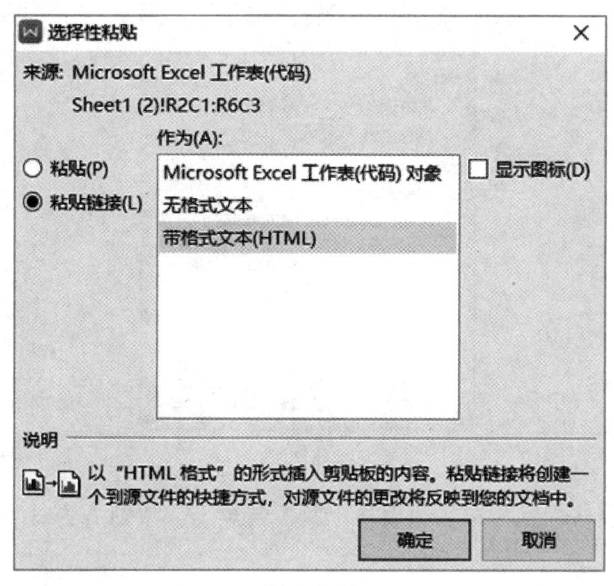

图 4-2-11

## 二、设置 Excel 表格格式

选中表格→单击“表格工具”选项卡→“表格属性”→打开“表格属性”对话框设置：表格宽度为 15 厘米，居中显示，行高为 0.8 厘米，表格标题水平居中，内容中部两端对齐。

步骤一：选中表格→单击“表格工具”选项卡→“表格属性”→打开“表格属性”对话框→“表格”选项卡→设置“指定宽度为 15 厘米”→“对齐方式为居中”，如图 4-2-12 所示。

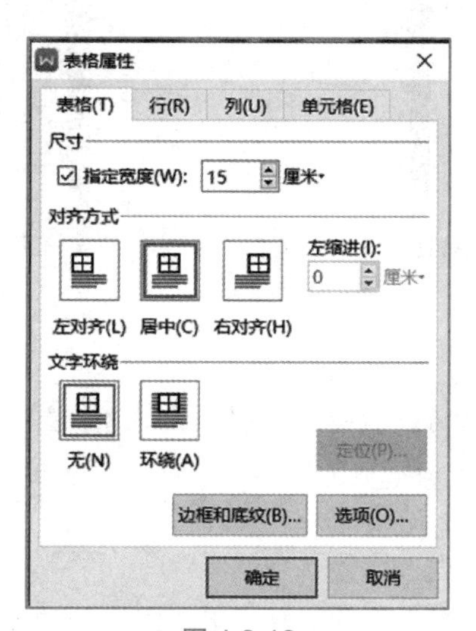

图 4-2-12

步骤二：单击“行”选项卡→设置“指定行高为 0.8 厘米”，如图 4-2-13 所示。

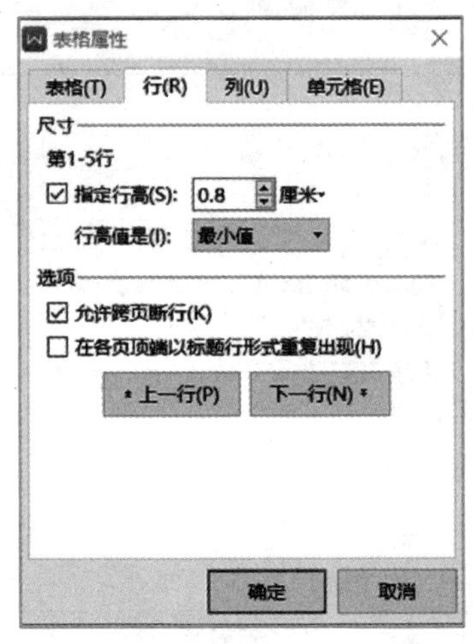

图 4-2-13

步骤 三：选中表格标题→单击“表格工具”选项卡→“对齐方式”→“水平居中”，如图 4-2-14 所示。

步骤四：选中表格其他内容→单击“表格工具”选项卡→“对齐方式”→“中部两端对齐”，如图 4-2-15 所示。

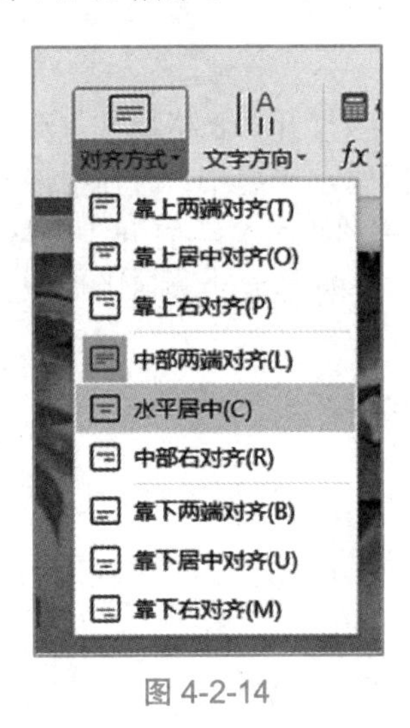

图 4-2-14

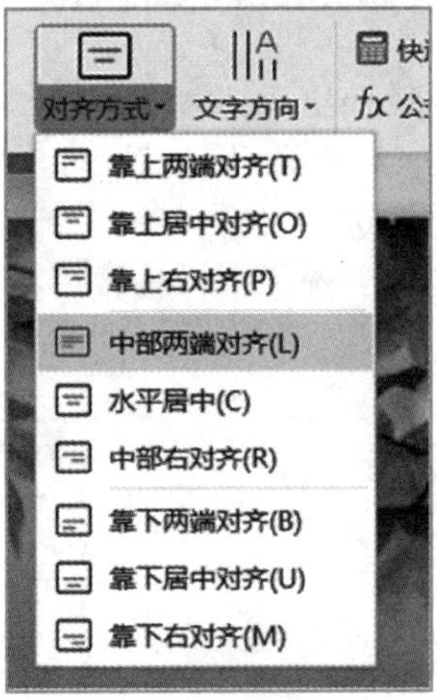

图 4-2-15

# 任务三　图片的设置

## 一、更改图片

选中图片→单击“图片工具”选项卡→“更改图片”，如图 4-2-16 所示。

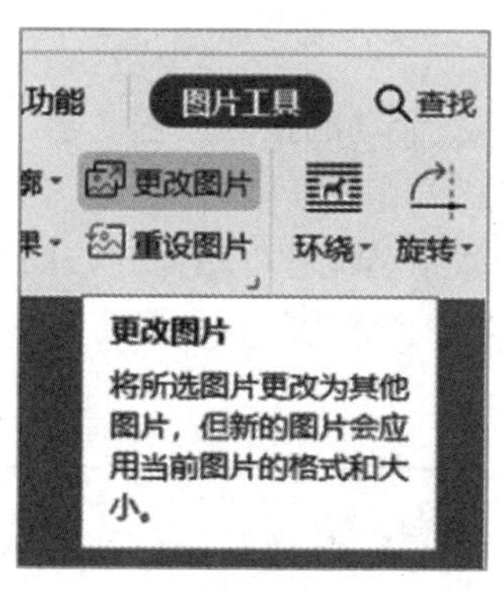


图 4-2-16

## 二、设置图片

### 1. 设置图片轮廓

选中图片→单击“图片工具”选项卡→“图片轮廓”右侧的三角按钮→选择“白色”，如图 4-2-17 所示。

### 2. 设置图片环绕方式

单击“图片工具”选项卡→“环绕”→选择“四周型环绕”（图 4-2-18）→拖到合适位置。

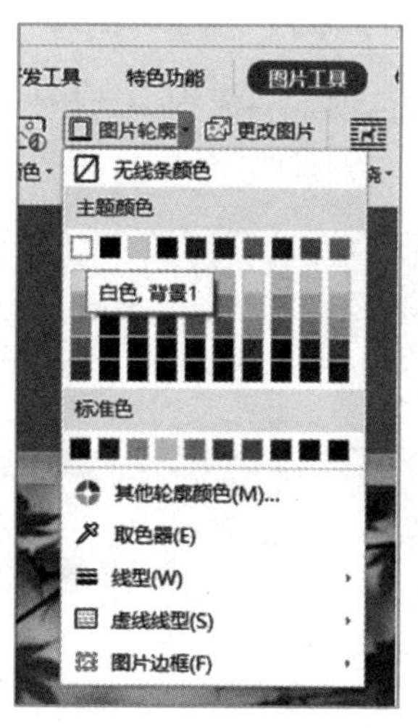


图 4-2-17

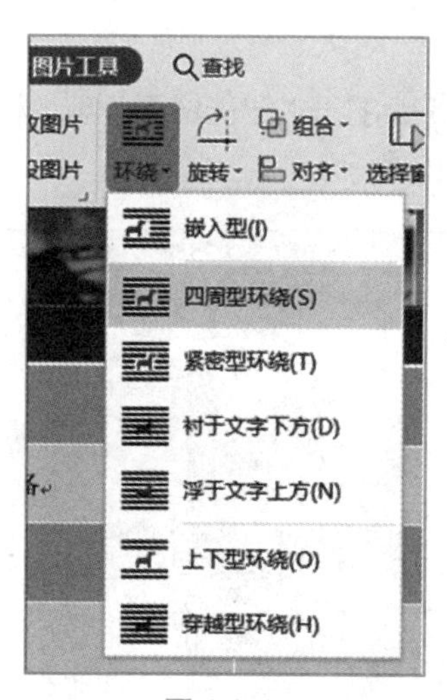


图 4-2-18

# 任务四　SmartArt 图形的设置

## 一、插入 SmartArt 图形

单击“插入”选项卡→“智能图形”→打开“选择智能图形”对话框→选择某种图形→

单击“确定”按钮。

例 4.1　利用智能图形制作本次活动的报名流程（学工处报名、确认座席、领取资料、领取门票），类型为“基本流程”。

步骤 一：将鼠标指针定位于“报名流程”后面→按回车键另起一段。

步骤 二：将鼠标指针定位于“报名流程”下面空段→单击“插入”选项卡→“智能图形”，如图 4-2-19 所示。

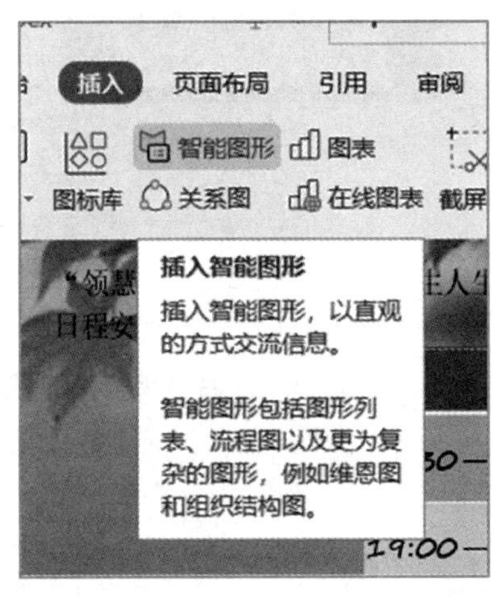


图 4-2-19

步骤 三：打开“智能图形”对话框→单击“SmartArt”选项卡→流程→选择“基本流程”，如图 4-2-20 所示。

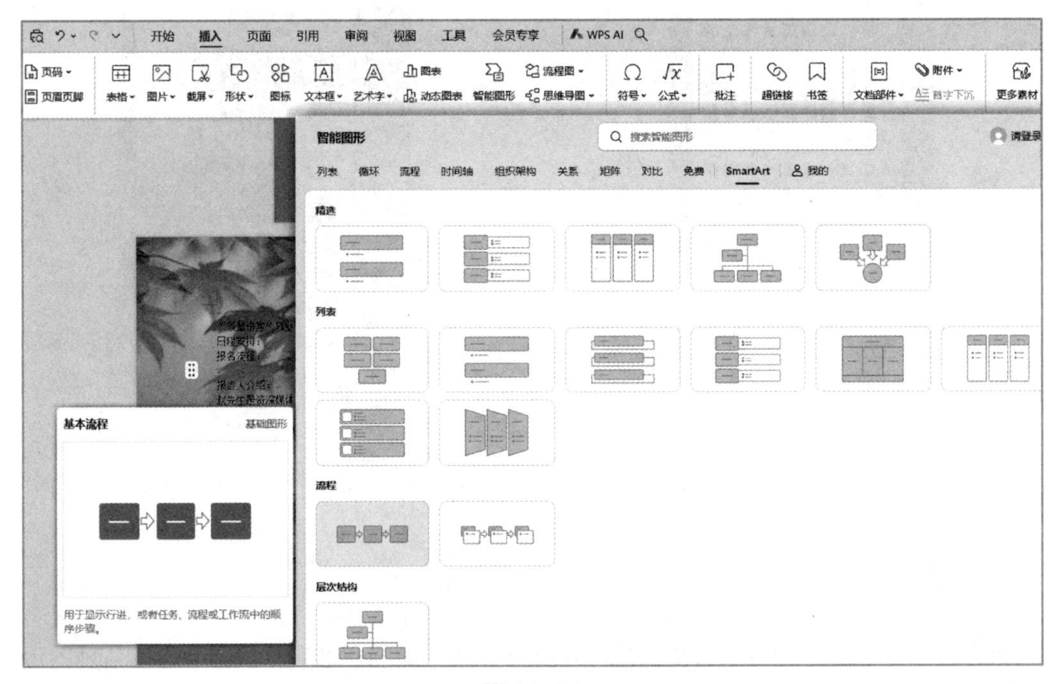


图 4-2-20

## 二、添加项目

选中 SmartArt 图形→单击“设计”选项卡→“添加项目”→“在后面添加项目”，如图 4-2-21 所示。

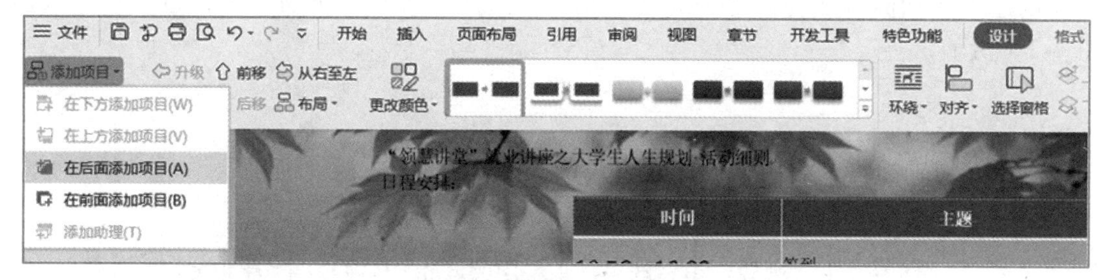


图 4-2-21

# 项目三　邮件合并制作

## 项目导读

“邮件合并”是 WPS 文字处理的一项高级应用功能，是办公自动化人员应该掌握的基本技术之一。它能让我们批量生成需要的文档，从而从繁乱的重复劳动中解脱出来，提高工作效率。

## 学习目标

1. 了解邮件合并的作用和使用情况。
2. 掌握主文档、数据文档、合并文件三者之间的关系。
3. 掌握邮件合并的方法及步骤。

## 思政目标

通过“邮件合并”的学习，让学生树立“效率为先”意识。

## 任务一　创建主文档

### 一、概念

主文档就是固定不变的主体内容，如信封中的落款、内容等。主文档可以是 Word 文档，也可以是信函、信封、标签等。

## 二、创建主文档

创建主文档的方法与创建普通文档相同。用户还可对其页面和字符进行设置，如图 4-3-1 所示。

考试准考证

| 序号 | 班级 | 姓名 | 学号 | 考场号 | 座位号 |
| --- | --- | --- | --- | --- | --- |
|  |  |  |  |  |  |

图 4-3-1

# 任务二　创建数据源

## 一、概念

数据源就是含有标题行的数据记录表，其中包含相关的字段和记录内容。

## 二、创建数据源

用户可以在邮件合并中使用多种格式的数据源，如 Microsoft Outlook 联系人列表、Access 数据库、WPS 文字等。常用 Excel 表格，如图 4-3-2 所示。

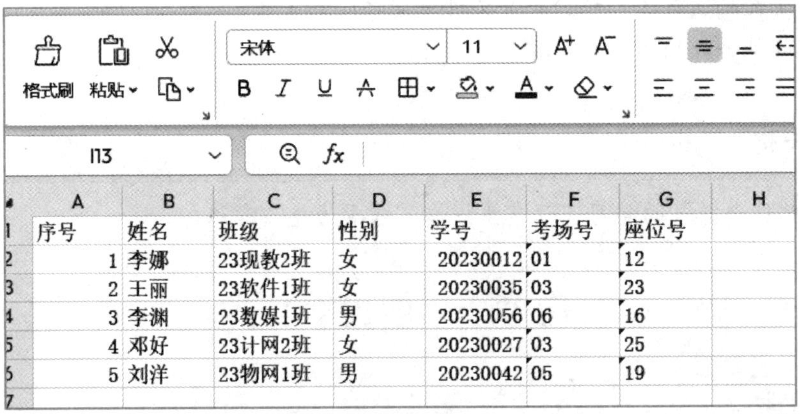

| | A | B | C | D | E | F | G | H |
| --- | --- | --- | --- | --- | --- | --- | --- | --- |
| 1 | 序号 | 姓名 | 班级 | 性别 | 学号 | 考场号 | 座位号 | |
| 2 | 1 | 李娜 | 23现教2班 | 女 | 20230012 | 01 | 12 | |
| 3 | 2 | 王丽 | 23软件1班 | 女 | 20230035 | 03 | 23 | |
| 4 | 3 | 李渊 | 23数媒1班 | 男 | 20230056 | 06 | 16 | |
| 5 | 4 | 邓好 | 23计网2班 | 女 | 20230027 | 03 | 25 | |
| 6 | 5 | 刘洋 | 23物网1班 | 男 | 20230042 | 05 | 19 | |
| 7 | | | | | | | | |

图 4-3-2

# 任务三　数据源合并

## 一、概念

数据源合并是指将数据源中的相应字段合并到主文档的固定内容之中。

需要注意的是，Word 域是一种特殊的代码，用于在文档中插入一些特定内容或完成某个自动功能，可以根据文档的改动页自动更新。

## 二、数据合并

（1）打开文件“考试准考证.docx”。

（2）单击“引用”选项卡→“邮件”，如图 4-3-3 所示。

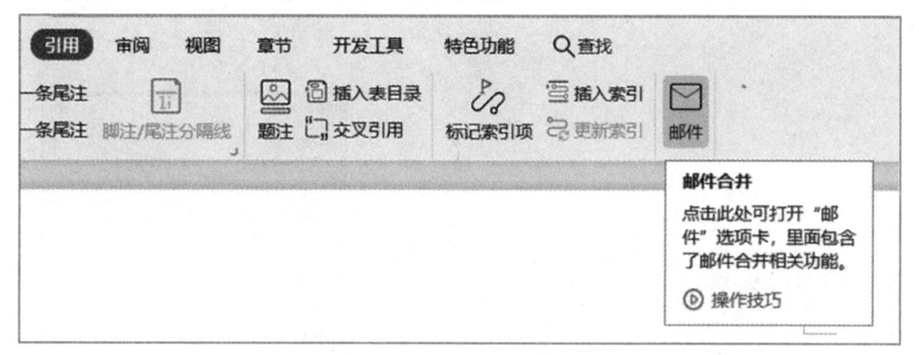


图 4-3-3

（3）单击“邮件合并”选项卡→“打开数据源”→“打开数据源”，如图 4-3-4 所示。

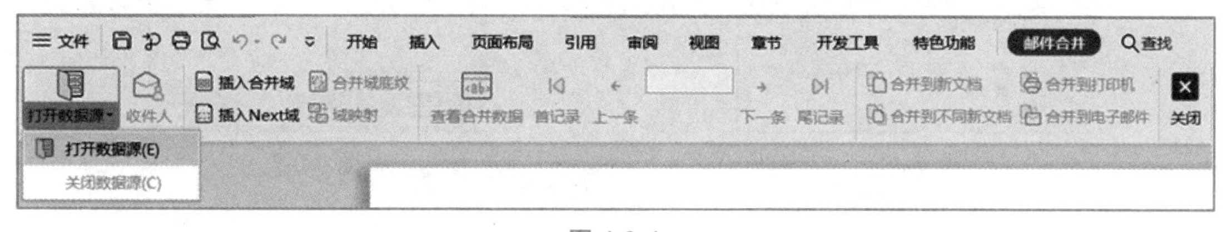


图 4-3-4

（4）打开“选取数据源”对话框→选择“考生信息.xls”文件→单击“打开”按钮，如图 4-3-5 所示。

（5）插入合并域：将鼠标指针定位于“考试准考证.docx”的“序号”单元格下方的单元格中，然后单击“插入合并域”，如图 4-3-6 所示。

（6）打开“插入域”对话框→设置“插入：数据库域”→在“域”中选择对应的选项“序号”→单击“插入”按钮→单击“关闭”按钮，如图 4-3-7 所示。

（7）分别为“班级”“姓名”“学号”“考场号”“座位号”插入合并域，如图 4-3-8 所示。

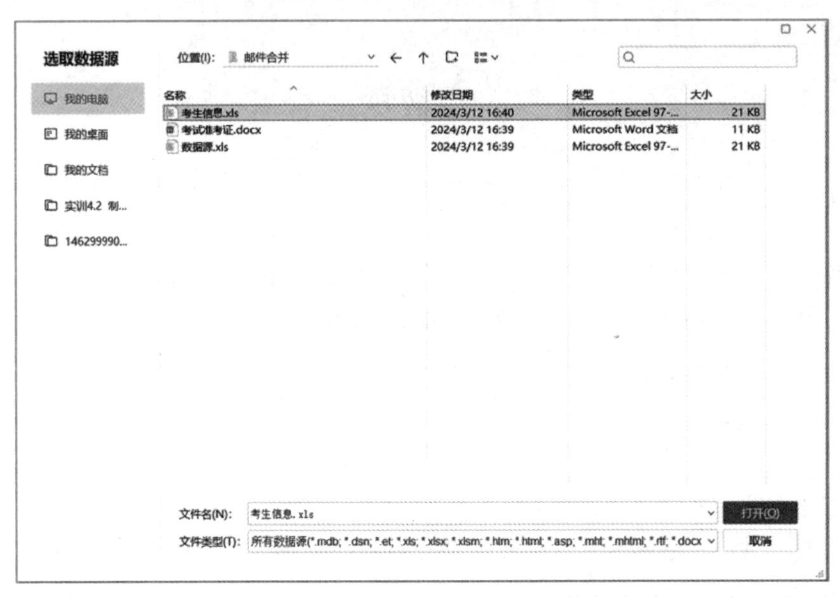


图 4-3-5

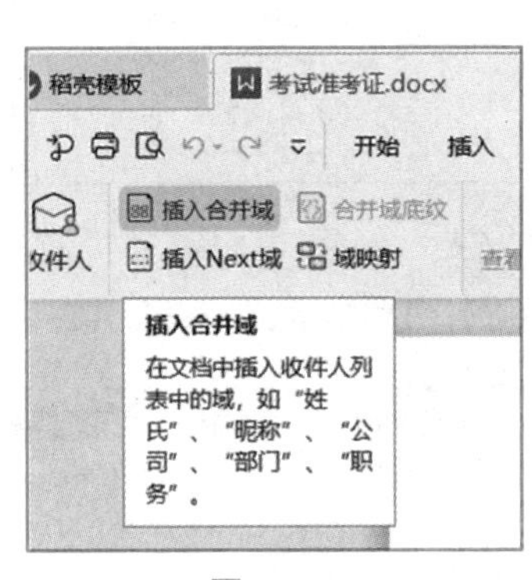


图 4-3-6

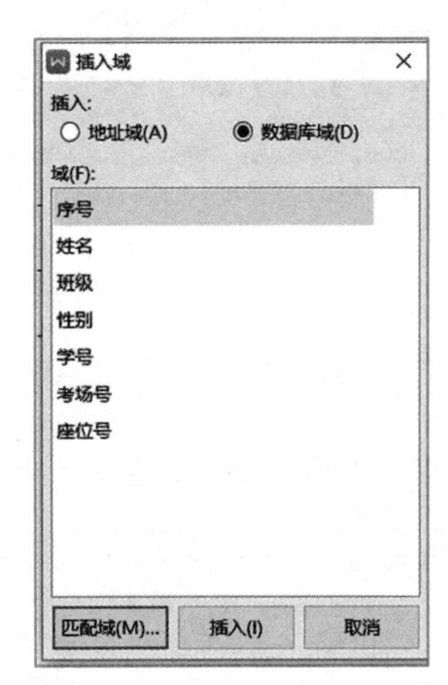


图 4-3-7

**考试准考证**

| 序号 | 班级 | 姓名 | 学号 | 考场号 | 座位号 |
| --- | --- | --- | --- | --- | --- |
| «序号» | «班级» | «姓名» | «学号» | «考场号» | «座位号» |

图 4-3-8

（8）单击“邮件合并”选项卡→“合并到新文档”，如图 4-3-9 所示。

（9）弹出“合并到新文档”对话框→设置“合并记录：全部”→单击“确定”按钮，如图 4-3-10 所示。

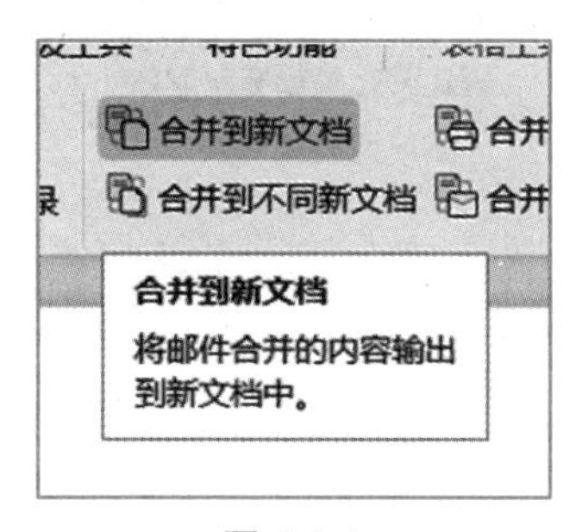


图 4-3-9

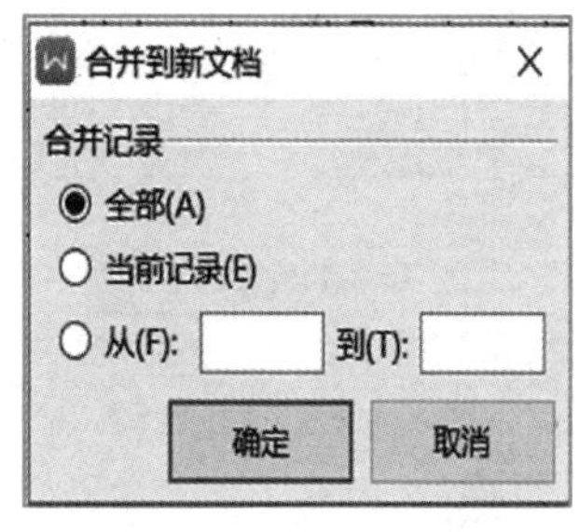


图 4-3-10

# 项目四　论文排版

## 项目导读

李晓是一名大三学生，正在根据学校要求对自己的毕业论文进行排版设计。其中，文字、图片编辑已经部分完成，需要将论文根据学校要求完成排版。

## 学习目标

1. 学会设置文字段落样式、设置段落与字符。
2. 掌握页面设置属性，包括分页符、分节符、页眉页脚的插入与编辑。
3. 学会使用导航窗格视图。
4. 学会使用目录与更新、目录制作功能。

## 思政目标

1. 使学生能够与团队成员分工协作，集思广益，培养学生的合作意识。
2. 培养学生严谨求实、吃苦耐劳的优秀品质。

## 任务一　样式创建与使用

项目四完成后的效果如图 4-4-1、图 4-4-2、图 4-4-3 和图 4-4-4 所示。

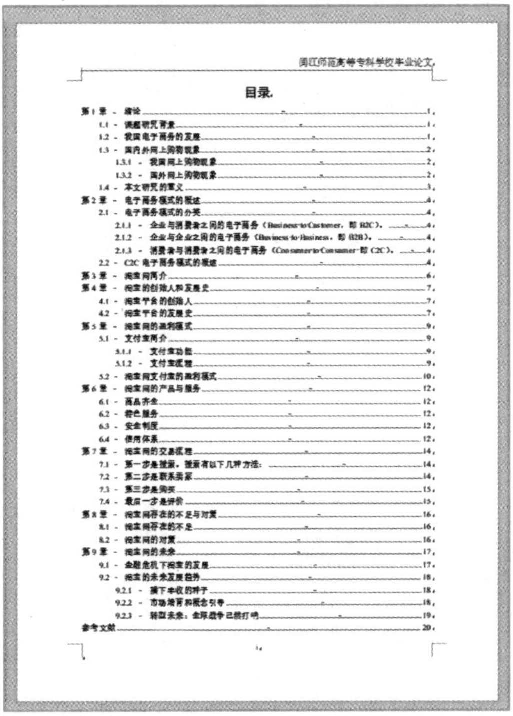

闽江师范高等专科学校毕业论文

目录



I

图 4-4-1

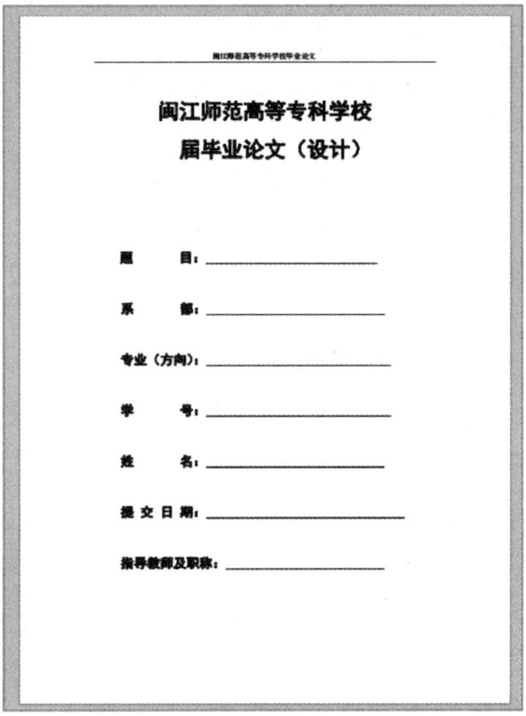

闽江师范高等专科学校毕业论文

**闽江师范高等专科学校**

**届毕业论文（设计）**

题　　目：________

系　　部：________

专业（方向）：________

学　　号：________

姓　　名：________

提 交 日 期：________

指导教师及职称：________

图 4-4-2

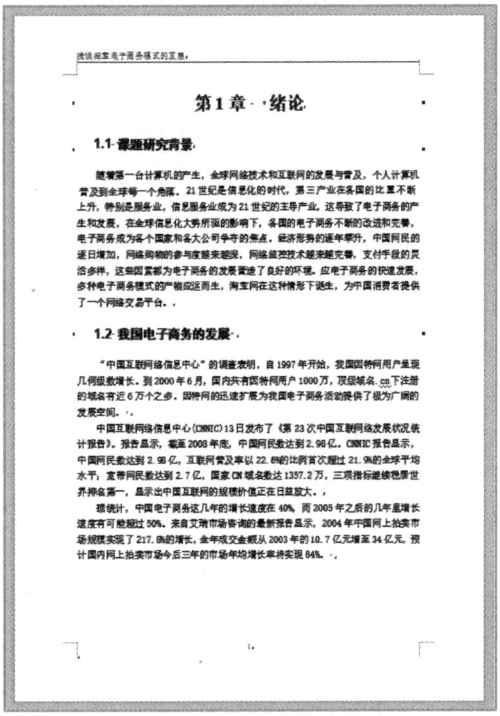

浅谈淘宝电子商务模式的发展

# 第 1 章 绪论

## 1.1 课题研究背景

随着第一台计算机的产生，全球网络技术和互联网的发展与普及，个人计算机普及到全球每一个角落。21 世纪是信息化的时代，第三产业在各国的比重不断上升，特别是服务业，信息服务业成为 21 世纪的主导产业，这导致了电子商务的产生和发展，在全球信息化大势所驱的影响下，各国的电子商务不断的改进和完善，电子商务成为各个国家和各大公司争夺的焦点。经济形势的逐年攀升，中国网民的逐日增加，网络购物的参与度越来越深，网络监控技术越来越完善，支付手段的灵活多样，这些因素都为电子商务的发展营造了良好的环境。应电子商务的快速发展，多种电子商务模式的产物应运而生，淘宝网在这种情形下诞生，为中国消费者提供了一个网络交易平台。

## 1.2 我国电子商务的发展

"中国互联网络信息中心"的调查表明，自 1997 年开始，我国因特网用户呈现几何级数增长。到 2000 年 6 月，国内共有因特网用户 1000 万，顶级域名 .cn 下注册的域名有近 6 万个之多。因特网的迅速扩展为我国电子商务活动提供了极为广阔的发展空间。

中国互联网络信息中心(CNNIC)13 日发布了《第 23 次中国互联网络发展状况统计报告》。报告显示，截至 2008 年底，中国网民数达到 2.98 亿。CNNIC 报告显示，中国网民数达到 2.98 亿，互联网普及率以 22.6%的比例首次超过 21.9%的全球平均水平；宽带网民数达到 2.7 亿，国家 CN 域名数达 1357.2 万，三项指标继续稳居世界排名第一，显示出中国互联网的规模价值正在日益放大。

据统计，中国电子商务这几年的增长速度在 40%，而 2005 年之后的几年里增长速度有可能超过 50%。来自艾瑞市场咨询的最新报告显示，2004 年中国网上拍卖市场规模实现了 217.8%的增长，全年成交金额从 2003 年的 10.7 亿元增至 34 亿元，预计国内网上拍卖市场今后三年的市场年均增长率将实现 84%。

1

图 4-4-3

浅谈淘宝电子商务模式的发展

## 1.3 国内外网上购物现象

### 1.3.1 我国网上购物现象

CNNIC 最近发布的《中国互联网络热点调查报告》中显示：网上购物大军达到 2000 万人，在全体互联网网民中，有过购物经历的网民占近 20%的比例。网上习惯消费者（或者说是网上购物常客）占到了购物网民的近半数，如果将半年内购物次数超过 4 次的人界定为网上习惯消费者（网上购物常客），其比例占到了 47.6%。用户访问购物网站（包括"网上商城"、"网上商店"等），经常访问的有 53%，有时访问的有 42%，很少访问的是 5%。在购物网民中，分别有超过 15%的人购买过服装和生活家居用品，表明中国的 B2C 市场已经从书刊、影像制品及电脑数码产品为主向一个多样化的消费者市场发展。有购物经验的网民中，66.4%的网民认为网上购物方便快捷，61.3%的网民认为网上购物价格便宜，感觉好奇而想尝试一下的网民比例是 20.3%。有购物经验的网民中，在问到选择购物网站的考虑因素时，61.4%的选择知名度高，55.1%的网民选择信誉好，这两个因素排在了首位，选择交易安全性高的比例是 40.4%。有购物经验的网民中，26.3%的网民在半年内网上购物金额在 201 到 500 元，有 3.5%的网民半年内购物金额在 5000 元以上。未来半年内 57%有购物经验的网民不会改变网上购物量，计划更多的进行网上购物的用户比例是 38%。48.4%的网上购物网民采用网上支付方式进行支付，而采取手机支付的网民只有 0.3%，采用货到付款的比例是 23.3%，采用银行汇款的比例是 16.6%，采用邮局汇款的比例是 10.9%。48.4%的用户认为网上交易存在的最大问题是产品质量无保障，26.9%的用户担心网上交易安全性没保障，担心信息不可靠的用户比例是 7.7%，担心付款不方便的比例是 6.3%。目前网上交易存在一些问题，主要集中在产品质量、售后服务及厂商信用和安全性得不到保障，所占比例分别达到了 42.4%和 34.3%。

### 1.3.2 国外网上购物现象

2003 年美国人的网上消费额就达到了 122 亿美元，比上一年增长 42%。在美国，在线机票订购和在线图书、音像制品订购已经成为最普通的电自伤务业务。美国的节日网上购物却和国内大相径庭。美国节日网上购物中卖的最好的商品是服饰、玩具和视频游戏。在美国网上拍卖是众多电子商业活动中发展最迅速和火热的项目，35%的网上购物者通过网上拍卖购物。

2

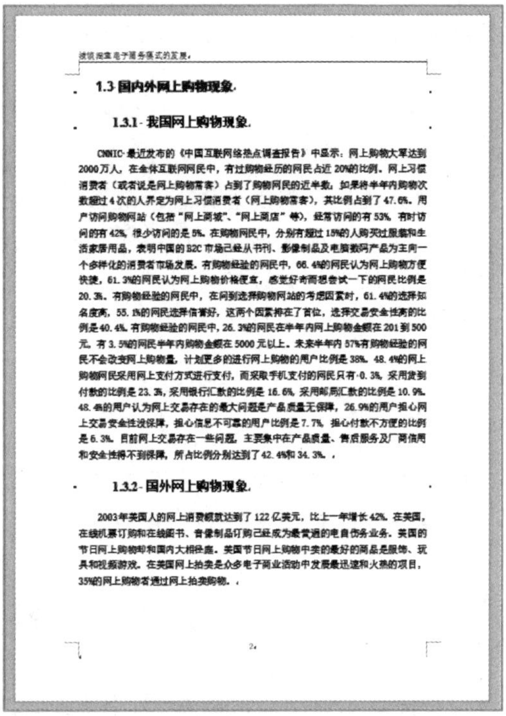

图 4-4-4

## 一、正文样式创建

（1）选择红色的字，单击“开始”选项卡→单击“样式”组右下侧的对话框启动器按钮，打开“新建样式”任务窗口。

（2）将鼠标指针移至任务窗口中的“名称”文本框中，填入设置的标题或正文样式，如图 4-4-5 所示。

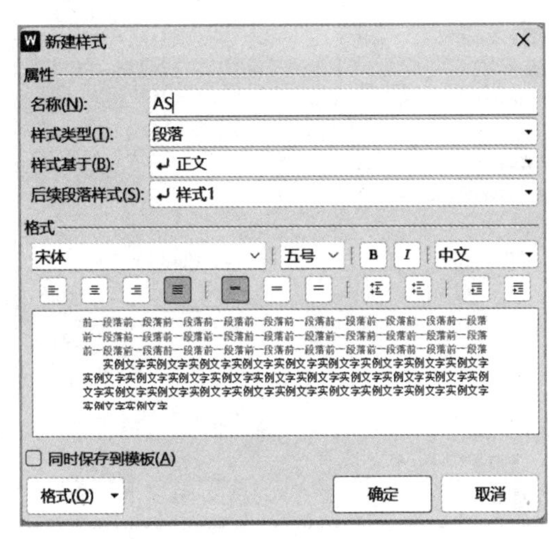


图 4-4-5

（3）在“名称”文本框中输入“论文正文”，然后在“后续段落样式”下拉列表中选择“论文正文”。

（4）在“格式”选项区域中设置字体格式为宋体、小四号。

（5）选择“格式”→“段落”命令，在打开的“段落”对话框中设置首行缩进 2 个字符，行距为多倍行距，设置值为 1.25，单击“确定”按钮。新建的“论文正文”样式即可显示在样式列表中，如图 4-4-6 所示。

图 4-4-6

## 二、修改样式

根据论文对各标题格式的要求，将标题 1 样式修改为：字体格式为黑体、二号、加粗，“段前”“段后”间距为 1 行，“行距”为双倍行距。

（1）选择“样式”组中快速样式库中的“标题 1”，右击，在弹出的快捷菜单中选择“修改”→打开“修改样式”对话框，如图 4-4-7 所示。

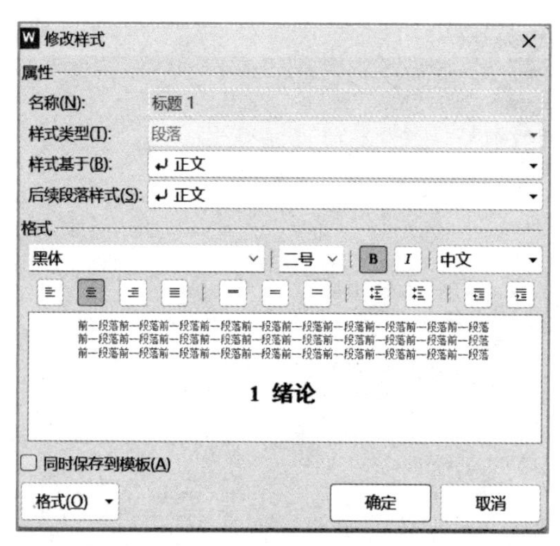


图 4-4-7

（2）在对话框中设置字体格式为黑体、二号、加粗。

（3）单击对话框底部的“格式”按钮，在打开的下拉列表中，选择“段落”选项。打开“段落”对话框→缩进和间距→设置“段前”“段后”间距为 1 行→设置“行距”为双倍行距→单击“确定”按钮，如图 4-4-8 所示。同理，按照要求设置标题 2、标题 3。

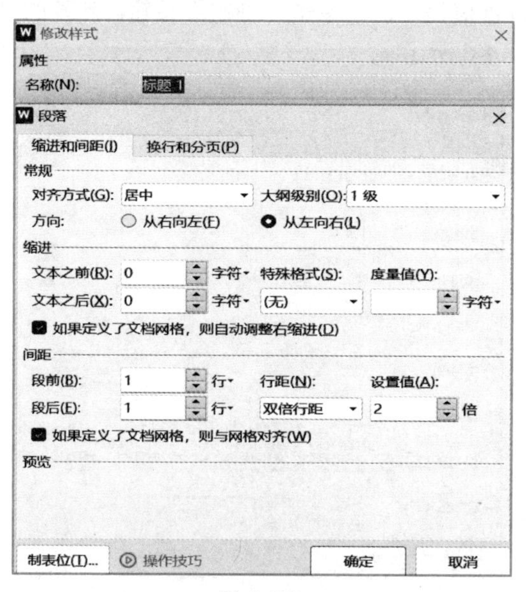


图 4-4-8

## 三、应用样式

（1）选择论文需要应用的样式文字，单击“开始”选项卡→单击“样式”→选中应用的样式。

（2）单击“样式”任务窗口中的“标题 1”按钮，即可将所有红色的字应用“标题 1”样式。

（3）用相同的方法，将绿色的字设置为“标题 2”样式，将蓝色的字设置为“标题 3”样式。

# 任务二　页面属性设置

## 一、分节符应用

分节符的作用是将文档内容划分为不同的节，每个节可以有不同的格式设置，如页边距、纸张方向、纸张大小、分栏、页眉页脚及页码等。例如，在论文排版中，每个章节的页眉可能不同，这时就需要将每个章节放在不同的节中。分节符的类型包括下一页、连续、奇数页和偶数页，它们分别用于在指定的位置开始新节，或者从指定的页开始新节。例如，“下一页”分节符将新节从下一页开始，而“连续”分节符则从当前页开始新节。

## 二、分页符应用

分页符用于在文档中创建新页，通常用于手动控制文档的页数，如在文档中插入分页符后，Word 会在当前鼠标指针位置插入一个分页符，新页从下一页开始。分页符分为自动分页和人工分页，自动分页是 Word 根据内容自动插入的，而人工分页则需要手动插入。

## 三、页码设置

设置要求：封面和目录没有页码，正文部分用 1, 2, 3…编号，首页显示页码且页码在页脚的中部。

（1）选择正文首页，在页脚位置双击，进入页脚编辑状态，选择“页码”→“页码”命令，打开“页码”对话框，在“样式”下拉列表中选择“1, 2, 3...”，选中“起始页码”，并在后面的微调框中输入“1”，最后单击“确定”按钮，如图 4-4-9 所示，完成设置。

（2）单击“首页不同”→“页眉页脚切换”→“插入页码”→在打开的“页码”对话框中设置“位置：居中”→单击“确定”按钮，即在首页页脚上插入了页码，设置页码居中，如图 4-4-10 所示。

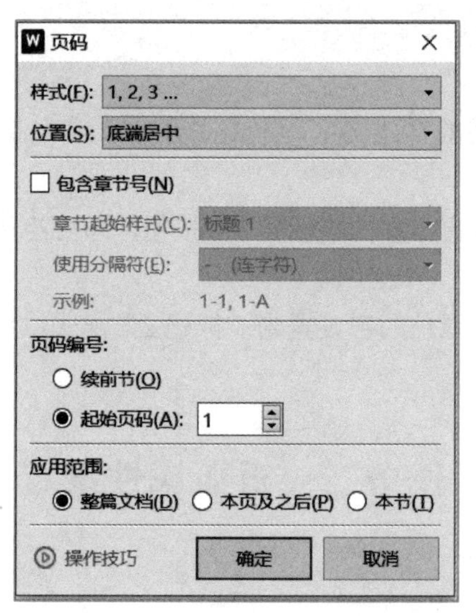


图 4-4-9

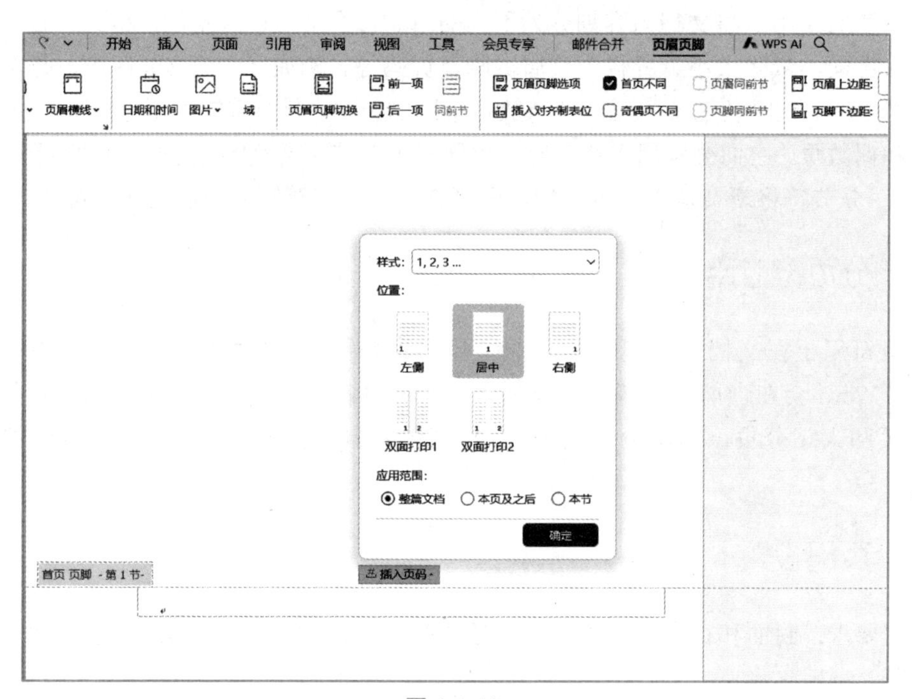


图 4-4-10

（3）双击“导航”组中的“上一条”按钮，将鼠标指针定位在目录页页脚，删除页码，即可将封面和目录的页码删除。

（4）单击“关闭”按钮。至此，论文页码设计完成。

## 四、页眉页脚添加

（1）选择正文文本所在节，在文档的页眉位置双击，进入页眉编辑状态。将正文的页眉设置为“浅谈淘宝电子商务模式的发展”。

（2）将正文前面部分的页眉设置为“闽江高等师范专科学校毕业论文”。

（3）将鼠标指针转至页脚，使用前面页码设计和插入的方法，根据需要适当调整页码格式。

（4）单击“关闭”按钮。至此，页眉设计完成。

# 任务三　目录生成与更新

## 一、添加空白页

用前面学过的方法在封面与正文之间添加一页空白页。

将鼠标指针定位到正文的最前面，单击“插入”选项卡中的“空白页”，在文档的最前面添加用于制作目录的空白页。

## 二、插入目录

将鼠标指针定位于空白页的最上端，然后输入“目录”二字，并将其格式设置为黑体、三号、加粗、居中。按回车键将鼠标指针定位到下一行，单击“引用”选项卡→“目录”→“自动目录”项，自动生成目录，如图 4-4-11 所示。

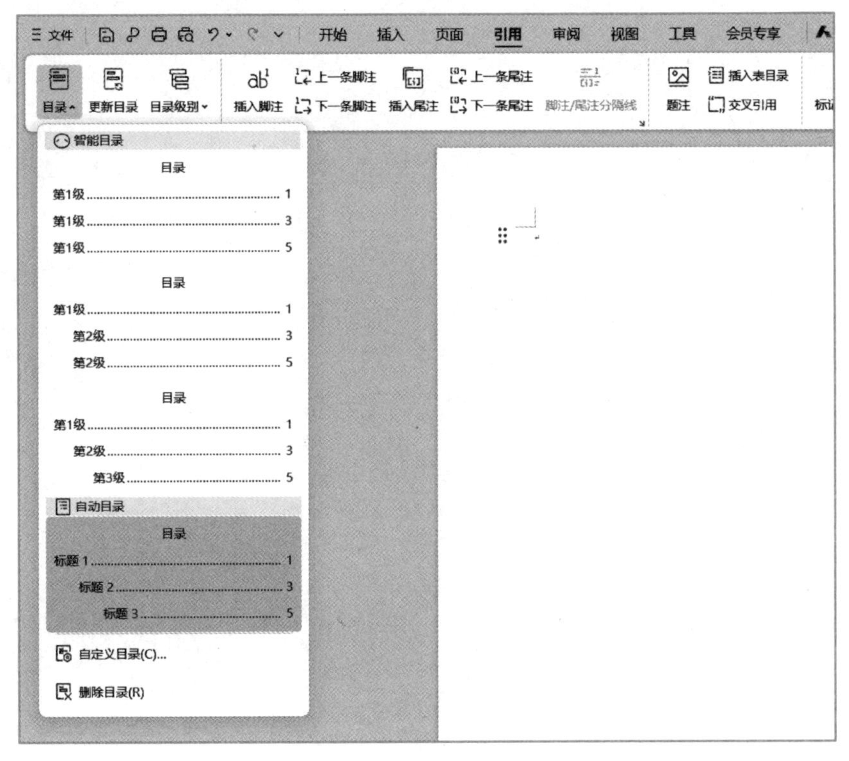


图 4-4-11

## 三、更新目录中的页码

在目录上单击，将目录选中，单击“引用”选项卡，单击“目录”组中的“更新目录”按钮，打开“更新目录”对话框，根据实际情况，在对话框中先选择更新的类别，然后单击“确定”按钮，即可更新目录中的页码。

# 模块五　WPS 表格管理分析——数据处理，让复杂变得简单

## 项目一　学生成绩表

### 项目导读

表格使用是近年来办公自动化的重要组成部分，WPS 表格有着强大的数据计算与分析能力，能够利用函数进行各种运算，能够分析汇总各单元格的数据信息，并将数据用统计图表形式表示出来。在财务、统计、数据分析领域有着广泛的应用。本项目将介绍数据分析在学生成绩表中的应用。

### 学习目标

1. 了解电子表格应用场景，熟悉相关工具功能和操作界面。
2. 掌握单元格、行、列相关操作。
3. 掌握使用控制句柄、设置有效性。
4. 掌握数据录入技巧、格式刷、自定义自动填充等。

### 思政目标

1. 提高学生对数据安全的正确认识。
2. 引导学生树立网络时代意识，养成良好的习惯。
3. 引导学生树立敢为人先的精神追求。

## 任务一　熟悉 WPS 表格界面

#### 新建 WPS 表格

（1）单击“开始”菜单→“所有程序”→单击“WPS Office”选项。

（2）启动 WPS 后，新建表格文件“新建 XLSX 工作表.xlsx”，并定位在此工作簿的第一张工作表中，工作表包括标题框、名称框、编辑栏和单元格，如图 5-1-1 所示。

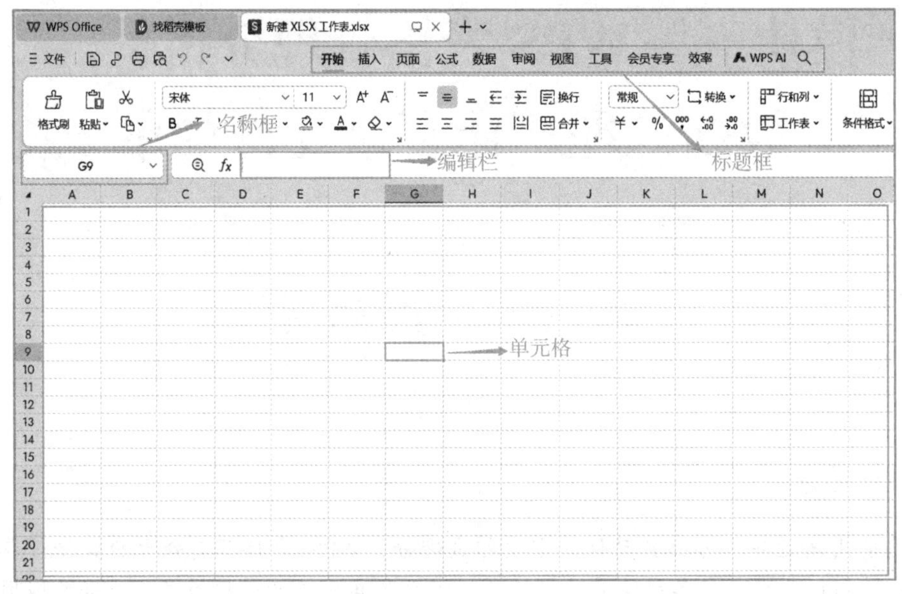


图 5-1-1

其中，名称框的作用是显示鼠标指针所在单元格的名称；编辑栏的作用是输入和显示单元格的内容或公式；单元格是每个横、纵坐标相交的网格。

# 任务二　数据的有效性

WPS 表格的数据类型有常规、数值、货币、日期、时间、百分比、分数、科学记数、文本、自定义等，这里主要介绍几种常用的数据类型。

（1）常规：默认格式，系统会根据单元格中的内容自动判断数据类型。例如，单元格中的内容是“2024-06-07”，WPS 表格会自动将其识别为日期类型。

（2）数值：WPS 表格中可以输入整数和小数，数值的长度可达 64 位。

（3）文本：主要用于设置那些表面看起来是数字，但实际是文本的数据。例如，序号 001、002 就需要设置为文本格式，才能正确显示出前面的零。

（4）日期：可以在 WPS 表格中输入 1900 年 1 月 1 日后的所有日期。

下面以图 5-1-2 为例进行介绍。

## 一、设置“文本”类型

（1）按住 Ctrl 键，单击列标 B、F、G，选择“学号”“身份证号”和“固定电话”所在列。

（2）单击“开始”选项卡的“数字”组右下角的对话框启动器按钮，打开如图 5-1-3 所示的“单元格格式”对话框。

（3）切换到“数字”选项卡，并在“分类”列表框中选择“文本”选项，如图 5-1-3 所示，然后单击“确定”按钮。

| 学生信息表 | | | | | | | |
|---|---|---|---|---|---|---|---|
| 学号 | 姓名 | 性别 | 出生年月 | 身份证号 | 固定电话 | 缴费日期 | 邮政编码 |
| 1604070107 | 邱纪鸿 | | | | | | |
| 1604070103 | 林格林 | | | | | | |
| 1604070104 | 高樱真 | | | | | | |
| 1604070105 | 潘昀彤 | | | | | | |
| 1604070106 | 郑若琳 | | | | | | |
| 1604070108 | 刘硕 | | | | | | |
| 1604070109 | 黄亚巧 | | | | | | |
| 1604070110 | 林梓 | | | | | | |
| 1604070111 | 林自强 | | | | | | |
| 1604070112 | 潘雨婷 | | | | | | |
| 1604070113 | 薛林凡 | | | | | | |
| 1604070114 | 汪冰莹 | | | | | | |
| 1604070115 | 吴雪玲 | | | | | | |
| 1604070117 | 王沁楠 | | | | | | |
| 1604070120 | 魏文情 | | | | | | |
| 1604070128 | 钟昌宏 | | | | | | |

图 5-1-2

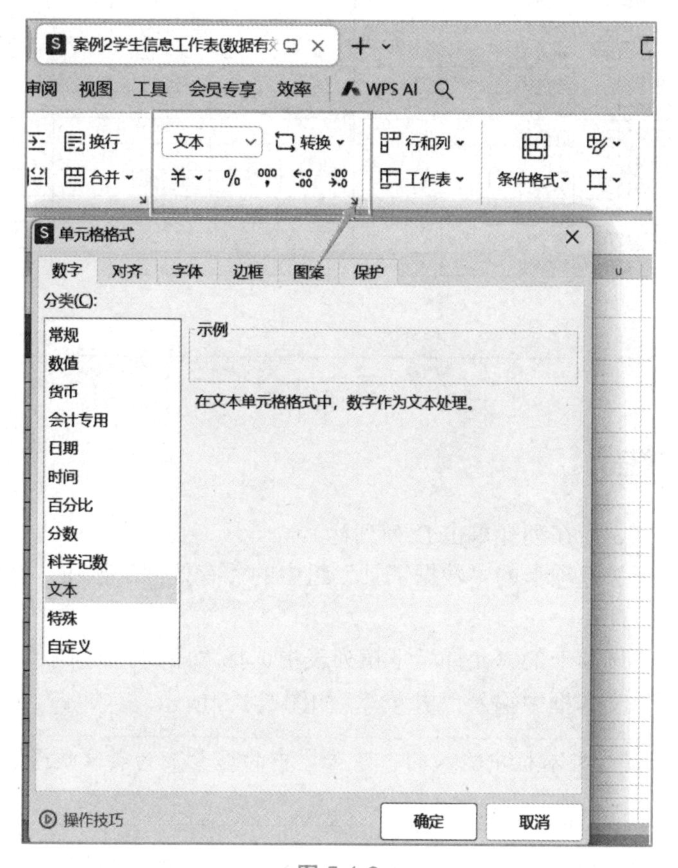


图 5-1-3

## 二、自动填充“学号”

（1）选中 B3 单元格，然后输入“1604070107”。

（2）将鼠标指针定位在此单元格的右下角，当鼠标指针变成“+”时，按住鼠标左键向下拖动，此时所经过的单元格自动被填充，如图 5-1-4 所示。

学生信息表

| 序号 | 学号 | 姓名 | 性别 | 出生年月 | 身份证号 | 固定电话 | 缴费日期 | 邮政编码 |
|---|---|---|---|---|---|---|---|---|
| 1 | 1604070107 | 邱纪鸿 | | | | | | |
| 2 | 1604070103 | 林格林 | | | | | | |
| 3 | 1604070104 | 高樱真 | | | | | | |
| 4 | 1604070105 | 潘昀彤 | | | | | | |
| 5 | 1604070106 | 郑若琳 | | | | | | |
| 6 | 1604070108 | 刘硕 | | | | | | |
| 7 | 1604070109 | 黄亚巧 | | | | | | |
| 8 | 1604070110 | 林梓 | | | | | | |
| 9 | 1604070111 | 林自强 | | | | | | |
| 10 | 1604070112 | 潘雨婷 | | | | | | |
| 11 | 1604070113 | 薛林凡 | | | | | | |
| 12 | 1604070114 | 汪冰莹 | | | | | | |
| 13 | 1604070115 | 吴雪玲 | | | | | | |
| 14 | 1604070117 | 王沁楠 | | | | | | |
| 15 | 1604070120 | 魏文情 | | | | | | |
| 16 | 1604070128 | 钟昌宏 | | | | | | |

图 5-1-4

## 三、设置“性别”

（1）选中“性别”所在列（单击 D 列列标）。

（2）单击“数据”选项卡的“数据工具”组中的“有效性”按钮，打开“数据有效性”对话框，如图 5-1-5 所示。

（3）在“设置”选项卡的“允许”下拉列表中选择“序列”选项，如图 5-1-5 所示。

（4）在“来源”文本框中输入“男,女”，如图 5-1-6 所示。

**提示：** 在“来源”文本框中输入的“男,女”中的逗号应为英文逗号，若输入中文逗号则会出错。

（5）切换到“输入信息”选项卡，输入如图 5-1-7 所示的内容。

（6）切换到“出错警告”选项卡，在“样式”下拉列表中选择“停止”选项，或者根据实际情况选择不同的出错警告，从而控制输入者的操作，如图 5-1-8 所示。

（7）单击“确定”按钮即可完成数据有效性的设置。

（8）选中 D3 单元格，即出现提示信息。

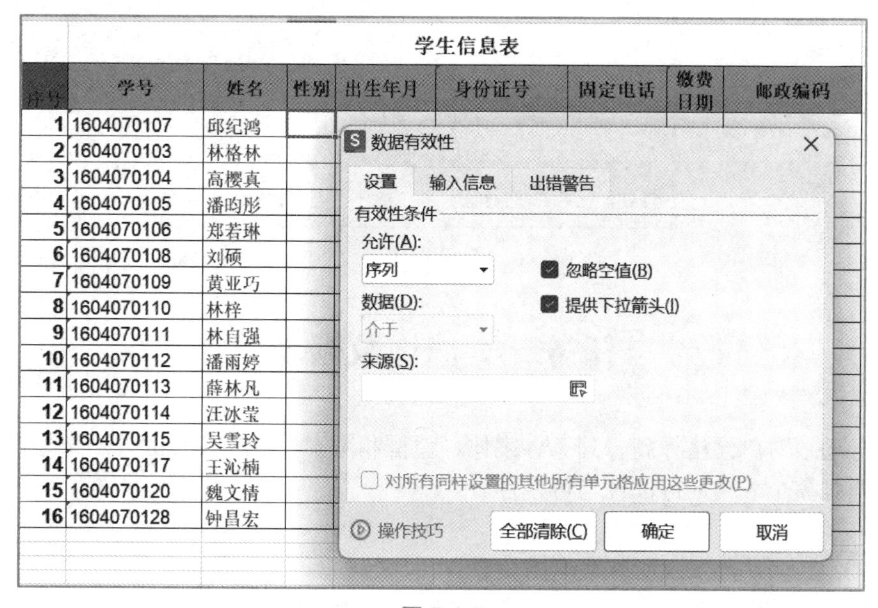


图 5-1-5

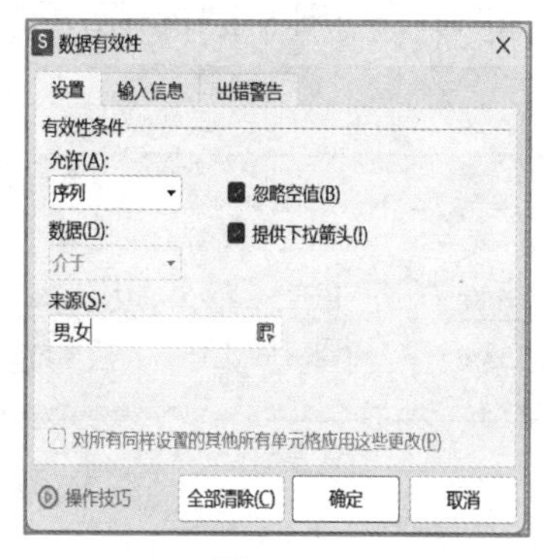


图 5-1-6

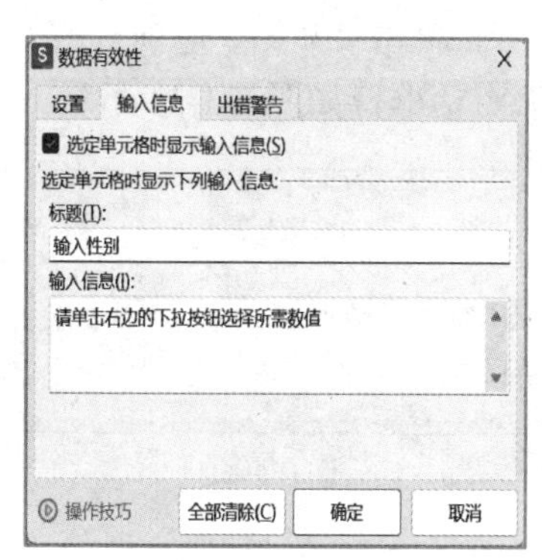


图 5-1-7

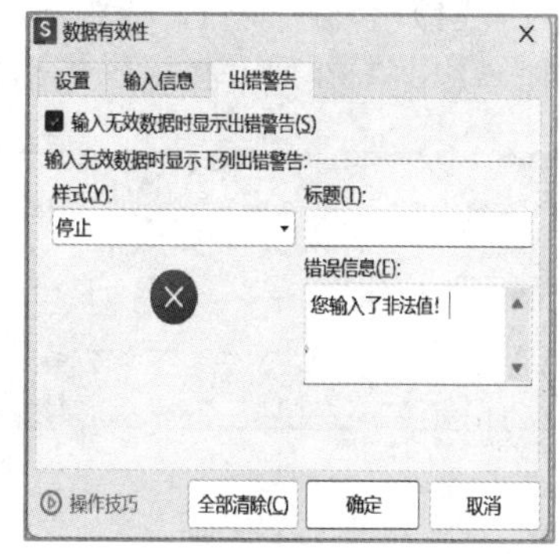


图 5-1-8

## 四、设置“身份证号”

（1）选中“身份证号”列，单击“数据”选项卡的“数据工具”组中的“有效性”图标，打开“数据有效性”对话框，如图 5-1-9 所示。

（2）切换到“设置”选项卡，在“允许”下拉列表中选择“文本长度”选项，在“数据”下拉列表中选择“等于”选项，在“数值”框中输入 18，如图 5-1-9 所示。

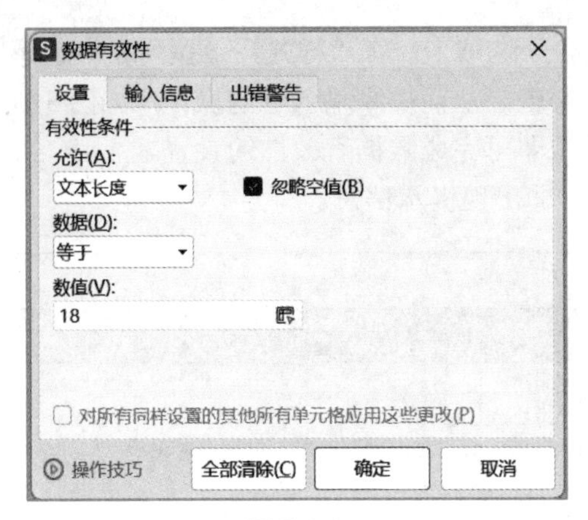


图 5-1-9

# 任务三　修饰数据表

本任务通过对单元格行高、列宽、字体、边框和图案等进行设置的方法来修饰数据表，并进一步增强整个表格的可读性与可视性。

## 一、设置行高

设置第一行（“职员基本情况表”所在行）的行高为“25”。

（1）单击行号1，选中第一行，单击“开始”选项卡的“行和列”，如图5-1-10所示，选择“行高”选项，弹出“行高”对话框，如图5-1-11所示。

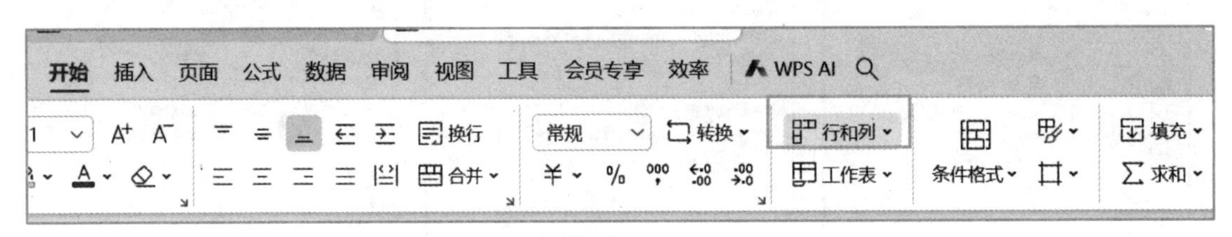


图5-1-10

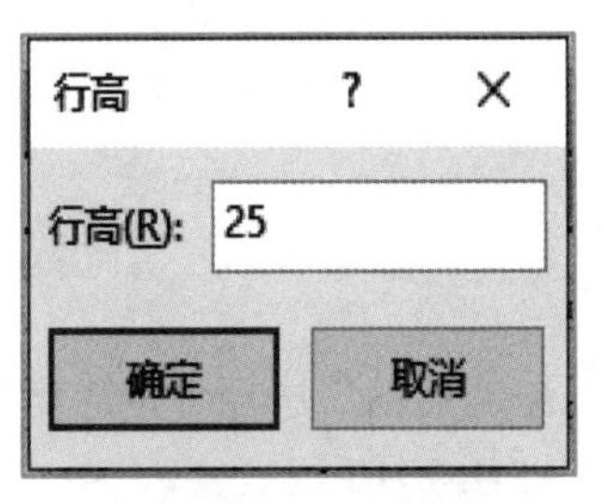


图5-1-11

（2）在“行高”对话框中输入“25”，单击“确定”按钮。

## 二、设置列宽

将“员工编号”列设置为最适合的列宽。

（1）选中“员工编号”所在列（单击 A 列列标）。

（2）单击“开始”选项卡的“行和列”，选择“自动调整列宽”选项。

---

**提示：**将鼠标指针放在列与列（A 列和 B 列）之间的分隔线上双击，可设置最适合的列宽。将鼠标指针放在行与行之间的分隔线上双击，可设置最适合的行高。

---

（3）使用相同的方法将其他列也设置为最适合的列宽。

## 三、设置单元格格式

设置 A2：J2 单元格区域的格式为宋体、加粗、16 磅、白色，图案颜色为第二行的灰色。

（1）选中 A2：J2 单元格区域（单击单元格 A2，按住鼠标左键拖到 J2），然后单击“开始”选项卡的“字体”组右下角的对话框启动器按钮，打开“单元格格式”对话框，如图 5-1-12 所示，选择“字体”选项卡。

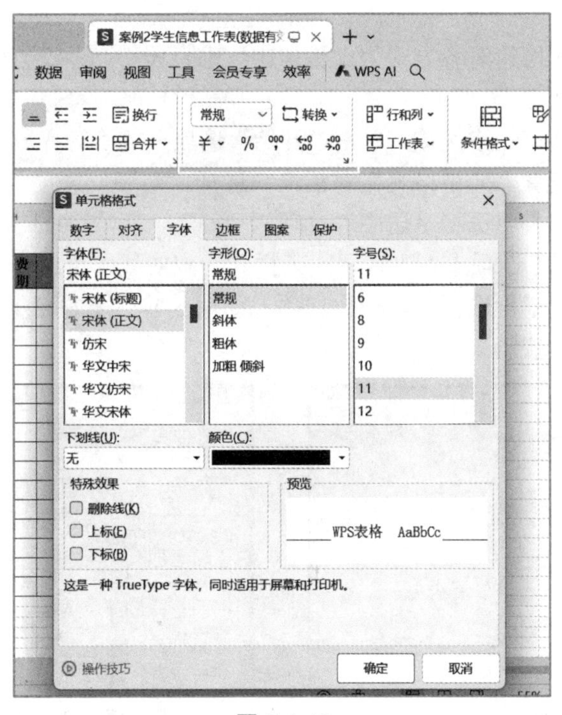


图 5-1-12

（2）在“字体”选项卡中设置字体为“宋体”、字形为“加粗”、字号为“12”，如图 5-1-13 所示。

（3）切换到“填充”选项卡，在该选项卡中选择第二行的灰色，如图 5-1-14 所示。

（4）单击“确定”按钮。

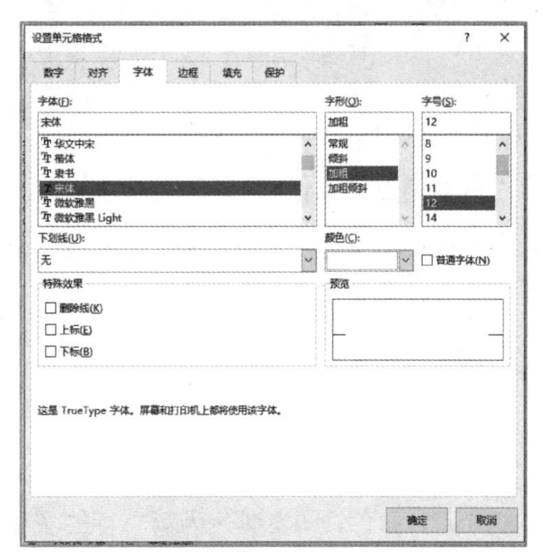


图 5-1-13

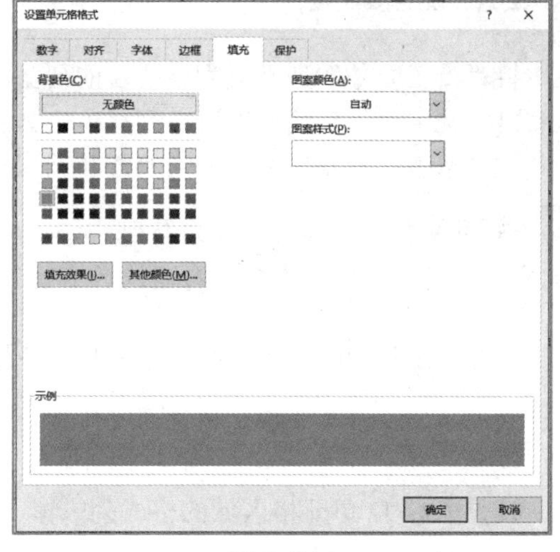


图 5-1-14

## 四、设置对齐方式

设置 A2：J30 单元格的对齐方式为水平居中、垂直居中，并设置外边框为双实线，内部框线为单实线。

（1）选中 A2：J30 单元格区域，单击“开始”选项卡的“对齐方式”组右下角的对话框启动器按钮，打开“设置单元格格式”对话框，选择“对齐”选项卡，分别在“水平对齐”和“垂直对齐”下拉列表中选择“居中”选项。

（2）切换到“边框”选项卡，先设置线条样式为双实线，再选择“外边框”选项，然后设置线条样式为单实线，再选择“内部”选项，如图 5-1-15 和图 5-1-16 所示。

（3）单击“确定”按钮。

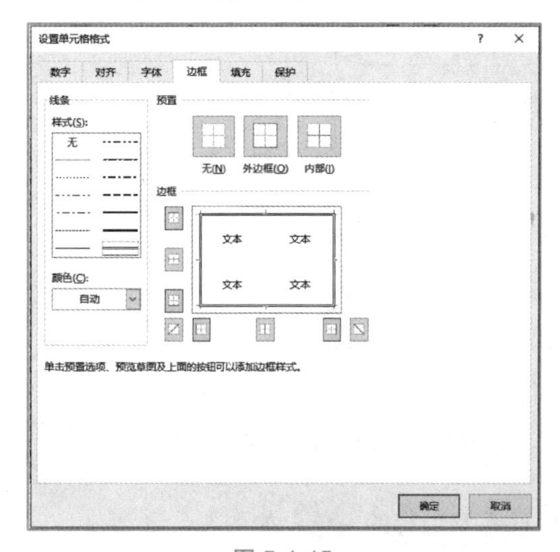


图 5-1-15

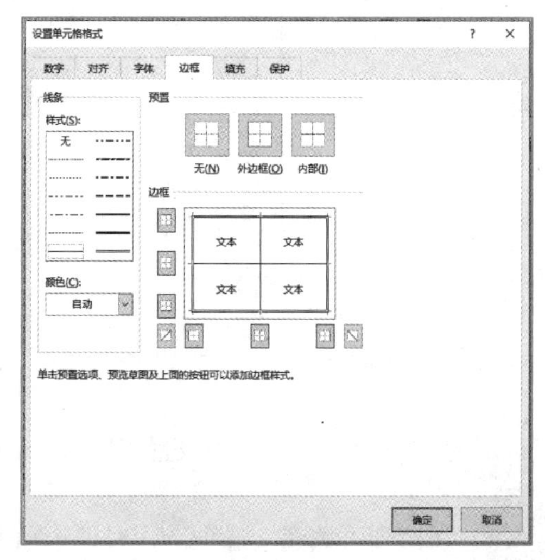


图 5-1-16

## 五、设置图案颜色

设置 A2：J30 单元格区域中偶数行的图案为浅灰色。

（1）选中 A2：J30 单元格区域，然后单击“开始”选项卡的“样式”组中的“条件格式”，选择“新建规则”选项，打开“新建格式规则”对话框，如图 5-1-17 所示。在“选择规则类型”列表中选择“使用公式确定要设置格式的单元格”选项，并在其下边的文本框中输入公式“=MOD(ROW(), 2)=0”，如图 5-1-17 所示。

（2）单击“格式”按钮，打开“单元格格式”对话框。在该对话框中切换到“图案”选项卡，设置“颜色”为灰色、-25%、背景 2，如图 5-1-18 所示，然后单击“确定”按钮，返回到“新建格式规则”对话框。

（3）单击“确定”按钮即可完成图案颜色的设置。

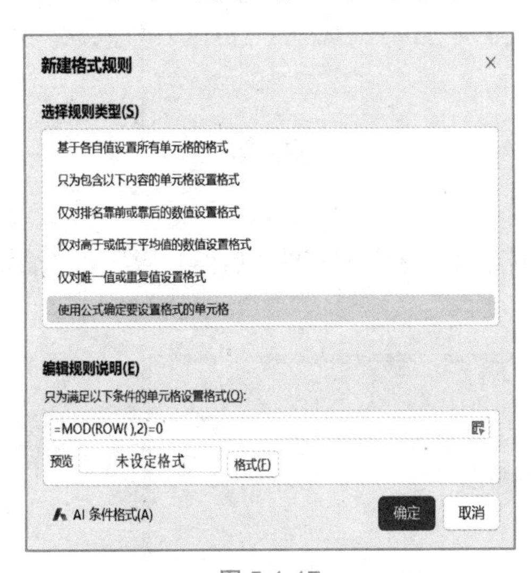

图 5-1-17

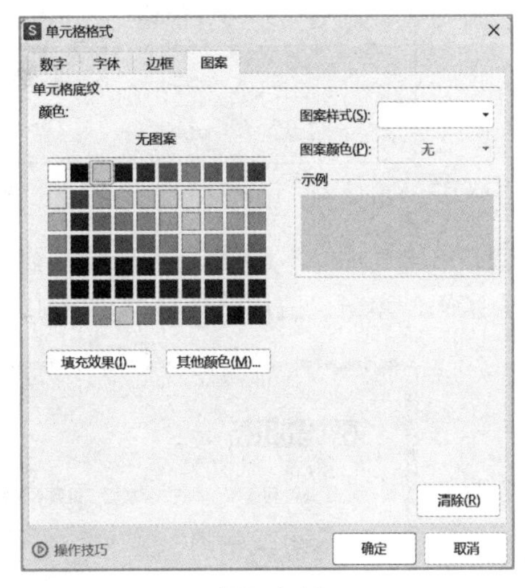


图 5-1-18

## 六、设置工作表密码

（1）选择“学生成绩”工作表标签，单击“开始”选项卡的“单元格”组中的“格式”，选择“保护工作表”选项，打开“保护工作表”对话框。

（2）在“取消工作表保护时使用的密码”文本框中输入密码，在“允许此工作表的所有用户进行”列表框中取消选中“选定锁定单元格”和“选定未锁定的单元格”复选框。

（3）单击“确定”按钮，然后在打开的对话框中再次输入相同的密码，单击“确定”按钮，即可完成工作表的保护。此时，已不能对此工作表进行任何操作。

## 七、文档加密

将此工作簿保存到图 5-1-19 中所示的路径，并命名为“学生成绩表.xlsx”，同时为此工作簿设置打开权限、修改权限密码。

（1）单击“文件”选项卡的“另存为”选项，打开“另存为”对话框，设置如图 5-1-19 所示的参数。

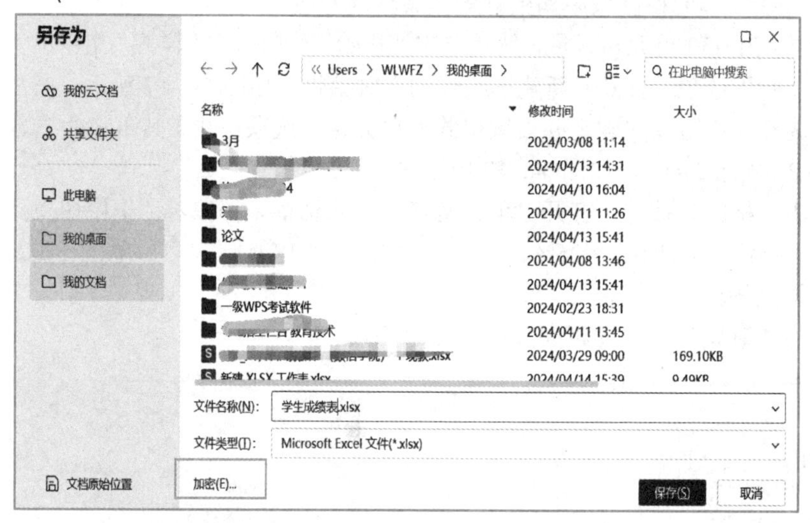


图 5-1-19

（2）单击“加密”选项，打开“密码加密”对话框，输入相应的“打开权限”和“编辑权限”密码，单击“应用”按钮即可，如图 5-1-20 所示。

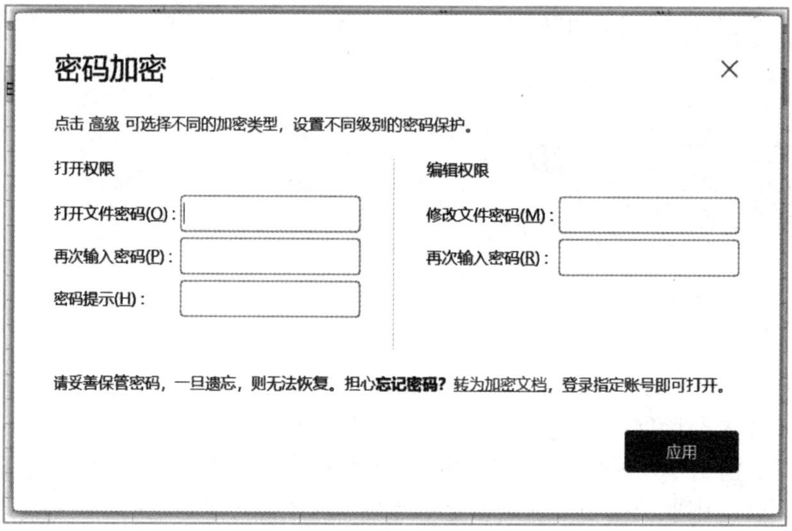

图 5-1-20

# 任务四　函数的使用

本任务使用公式和 SUM()、AVERAGE()、MAX()、MIN()等函数统计学生成绩表中的各项数据，如图 5-1-21 所示。

**使用公式、自动求值、求和函数sum和平均值函数average**

题目：分别算出总分、平均分、最高分和最低分

学生成绩表

| 学号 | 姓名 | 政治 | 语文 | 数学 | 英语 | 物理 | 总分 | 平均分 | 最高分 | 最低分 | 名次 |
|---|---|---|---|---|---|---|---|---|---|---|---|
| 1 | 刘丹 | 85 | 88 | 86 | 92 | 95 | | | | | |
| 2 | 朱宾 | 82 | 80 | 85 | 95 | 95 | | | | | |
| 3 | 江勇 | 90 | 88 | 92 | 96 | 98 | | | | | |
| 4 | 何灵 | 75 | 76 | 78 | 82 | 85 | | | | | |
| 5 | 李力 | 70 | 75 | 76 | 78 | 80 | | | | | |
| 6 | 肖丽 | 75 | 78 | 76 | 90 | 88 | | | | | |
| 7 | 陈勇 | 82 | 84 | 86 | 90 | 88 | | | | | |
| 8 | 周陶 | 78 | 80 | 82 | 88 | 85 | | | | | |

图 5-1-21

## 一、计算总分

（1）选中 C10：G10 单元格区域，然后单击“公式”选项卡，再单击“求和”，总分自动显示在 H10 单元格中。

（2）选中 H10 单元格，将鼠标指针移动到其右下角的填充柄上，按住鼠标左键并向上拖曳到 H3 单元格，然后释放鼠标左键，即可完成总分的填充。

**提示：**若需进行平均数、最大值或最小值等的计算，可单击“求和”右边的三角按钮，在打开的下拉列表中选择所需函数即可。

## 二、计算平均分

（1）选中 I3 单元格，然后选择“公式”选项卡的“函数库”组中的最左边的“插入函数”选项，打开“插入函数”对话框，在“或选择类别”下拉列表中选择“常用函数”，并在“选择函数”列表中选择“AVERAGE”函数，如图 5-1-22 所示。

（2）单击“确定”按钮，即可完成平均分的计算。

（3）使用复制的方法将其他平均分数据填充完整。

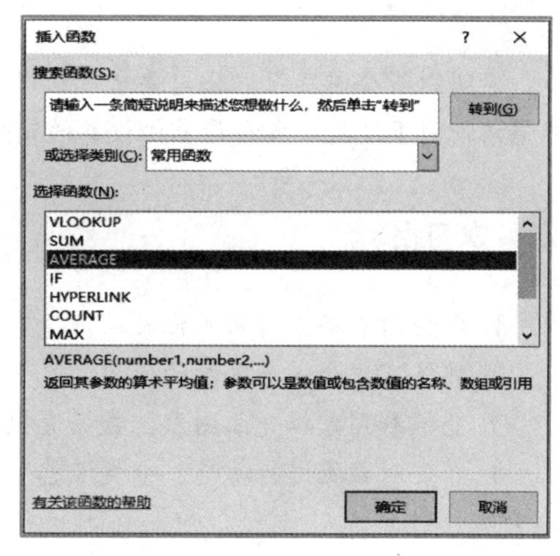


图 5-1-22

## 三、计算最高分与最低分

（1）使用 MAX()函数计算学生成绩表中的最高分。

选中 J3 单元格，并输入“=MAX(C3: G3)”，然后按回车键即可。

（2）使用 MIN()函数计算成绩表中的最低分。

选中 K3 单元格，并输入“=MIN(C3: G3)”，然后按回车键即可。其他常用函数如表 5-1-1 所示。

表 5-1-1 其他常用函数

| 序号 | 函数名称 | 用法 |
|---|---|---|
| 1 | COUNT | COUNT（数值 1，数值 2，...） |
| 2 | COUNTIF | COUNTIF（区域，条件） |
| 3 | COUNTIFS | COUNTIFS（条件区域 1，条件 1，[条件区域 2，条件 2]，...） |
| 4 | SUMIF | SUMIF（条件区域，求和条件，[求和区域]） |
| 5 | SUMIFS | SUMIFS（求和区域，条件区域 1，条件 1，[条件区域 2，条件 2]，...） |
| 6 | VLOOKUP | VLOOKUP（查找值，表格区域，列索引，[范围查找]） |
| 7 | TEXT | TEXT（要转换为文本的数值，数值显示的格式） |
| 8 | AVERAGEIF | AVERAGEIF（区域，条件，[求平均区域]），第三个参数可省略 |

# 项目二 销售统计表

## 项目导读

李明到某公司实习，公司要求他利用 WPS 表格制作一份计算机设备全年销售统计表，能够清晰明了地展现各种计算机设备的销售情况。

## 学习目标

1. 学会对表格进行格式化处理。
2. 熟练掌握公式与函数的使用。
3. 能够利用数据建立图表、数据透视表。
4. 学会对数据进行筛选、分类汇总等操作。

## 思政目标

1. 使学生能够与团队成员分工协作，培养其合作意识。
2. 培养学生精益求精、实践创新的工匠精神。
3. 引导学生诚实守信，践行社会主义核心价值观。

# 任务一　表格格式化

## 一、工作表重命名

（1）打开“销售统计表”工作簿。

（2）在 Sheet1 工作表标签上右击，在弹出的快捷菜单中单击“重命名”，重命名为“销售情况”。

（3）在 Sheet2 工作表标签上右击，在弹出的快捷菜单中单击“重命名”，重命名为“平均单价”。

## 二、填充序号

（1）在“销售情况”工作表中选中 A 列，右击，在弹出的快捷菜单中选择“在左侧插入列”（数量设置为 1）选项，在 A3 单元格里输入“序号”。

（2）选中 A4 单元格，右击，在弹出的快捷菜单中选择“设置单元格格式”选项，打开“单元格格式”对话框，单击“数字”选项卡，在“分类”中选择“文本”，单击“确定”按钮。在 A4 单元格中输入“001”，用填充柄填充“002，003，…”，如图 5-2-1 所示。

| | A | B | C | D | E | F | G | H |
|---|---|---|---|---|---|---|---|---|
| 1 | | 某公司计算机设备全年销量统计表 | | | | | | |
| 2 | | | | | | | | |
| 3 | 序号 | 店铺 | 季度 | 商品名称 | 销售量 | 销售额(万元) | | |
| 4 | 001 | 西直门店 | 1季度 | 笔记本 | 210 | | | |
| 5 | 002 | 西直门店 | 2季度 | 笔记本 | 150 | | | |
| 6 | 003 | 西直门店 | 3季度 | 笔记本 | 250 | | | |
| 7 | 004 | 西直门店 | 4季度 | 笔记本 | 310 | | | |
| 8 | 005 | 中关村店 | 1季度 | 笔记本 | 230 | | | |
| 9 | 006 | 中关村店 | 2季度 | 笔记本 | 180 | | | |
| 10 | 007 | 中关村店 | 3季度 | 笔记本 | 280 | | | |
| 11 | 008 | 中关村店 | 4季度 | 笔记本 | 350 | | | |
| 12 | 009 | 上地店 | 1季度 | 笔记本 | 180 | | | |
| 13 | 010 | 上地店 | 2季度 | 笔记本 | 140 | | | |
| 14 | 011 | 上地店 | 3季度 | 笔记本 | 220 | | | |
| 15 | 012 | 上地店 | 4季度 | 笔记本 | 270 | | | |
| 16 | 013 | 亚运村店 | 1季度 | 笔记本 | 210 | | | |
| 17 | 014 | 亚运村店 | 2季度 | 笔记本 | 170 | | | |
| 18 | 015 | 亚运村店 | 3季度 | 笔记本 | 250 | | | |
| 19 | 016 | 亚运村店 | 4季度 | 笔记本 | 320 | | | |
| 20 | 017 | 西直门店 | 1季度 | 台式机 | 260 | | | |
| 21 | 018 | 西直门店 | 2季度 | 台式机 | 243 | | | |
| 22 | 019 | 西直门店 | 3季度 | 台式机 | 362 | | | |
| 23 | 020 | 西直门店 | 4季度 | 台式机 | 380 | | | |
| 24 | 021 | 中关村店 | 1季度 | 台式机 | 261 | | | |
| 25 | 022 | 中关村店 | 2季度 | 台式机 | 320 | | | |
| 26 | 023 | 中关村店 | 3季度 | 台式机 | 400 | | | |
| 27 | 024 | 中关村店 | 4季度 | 台式机 | 416 | | | |
| 28 | 025 | 上地店 | 1季度 | 台式机 | 247 | | | |
| 29 | 026 | 上地店 | 2季度 | 台式机 | 230 | | | |
| 30 | 027 | 上地店 | 3季度 | 台式机 | 275 | | | |
| 31 | 028 | 上地店 | 4季度 | 台式机 | 293 | | | |
| 32 | 029 | 亚运村店 | 1季度 | 台式机 | 336 | | | |
| 33 | 030 | 亚运村店 | 2季度 | 台式机 | 315 | | | |
| 34 | 031 | 亚运村店 | 3季度 | 台式机 | 357 | | | |
| 35 | 032 | 亚运村店 | 4季度 | 台式机 | 377 | | | |
| 36 | 033 | 西直门店 | 1季度 | 鼠标 | 538 | | | |
| 37 | 034 | 西直门店 | 2季度 | 鼠标 | 536 | | | |

销售情况　平均单价　筛选　分类汇总　数据透视

图 5-2-1

## 三、设置标题

（1）选中“销售情况”工作表的标题“某公司计算机设备全年销量统计表”，单击“合并居中”按钮，设置跨列合并居中。

（2）设置标题的字体格式为蓝色、15 磅，选中标题行，右击，在弹出的快捷菜单中设置行高为 20 磅。效果如图 5-2-2 所示。

| | A | B | C | D | E | F | G |
|---|---|---|---|---|---|---|---|
| 1 | 某公司计算机设备全年销量统计表 | | | | | | |
| 2 | | | | | | | |
| 3 | 序号 | 店铺 | 季度 | 商品名称 | 销售量 | 销售额(万元) | |
| 4 | 001 | 西直门店 | 1季度 | 笔记本 | 210 | | |
| 5 | 002 | 西直门店 | 2季度 | 笔记本 | 150 | | |
| 6 | 003 | 西直门店 | 3季度 | 笔记本 | 250 | | |
| 7 | 004 | 西直门店 | 4季度 | 笔记本 | 310 | | |
| 8 | 005 | 中关村店 | 1季度 | 笔记本 | 230 | | |
| 9 | 006 | 中关村店 | 2季度 | 笔记本 | 180 | | |
| 10 | 007 | 中关村店 | 3季度 | 笔记本 | 280 | | |
| 11 | 008 | 中关村店 | 4季度 | 笔记本 | 350 | | |
| 12 | 009 | 上地店 | 1季度 | 笔记本 | 180 | | |
| 13 | 010 | 上地店 | 2季度 | 笔记本 | 140 | | |
| 14 | 011 | 上地店 | 3季度 | 笔记本 | 220 | | |

图 5-2-2

## 四、边框设置及对齐方式

（1）选中“销售情况”工作表中除标题以外的数据，右击，在弹出的快捷菜单中单击“设置单元格格式”选项，打开“单元格格式”对话框，选择“边框”选项卡，设置外边框为红色粗单线、内部为红色虚线。

（2）在“对齐”选项卡中设置水平、垂直对齐方式均为居中。

（3）选中“销售额”数据列，右击，在弹出的快捷菜单中单击“设置单元格格式”选项，打开“单元格格式”对话框，选择“数字”选项卡，设置“数值”格式保留 2 位小数。效果如图 5-2-3 所示。

| | A | B | C | D | E | F |
|---|---|---|---|---|---|---|
| 1 | 某公司计算机设备全年销量统计表 | | | | | |
| 2 | | | | | | |
| 3 | 序号 | 店铺 | 季度 | 商品名称 | 销售量 | 销售额(万元) |
| 4 | 001 | 西直门店 | 1季度 | 笔记本 | 210 | 88.46 |
| 5 | 002 | 西直门店 | 2季度 | 笔记本 | 150 | 63.18 |
| 6 | 003 | 西直门店 | 3季度 | 笔记本 | 250 | 105.31 |
| 7 | 004 | 西直门店 | 4季度 | 笔记本 | 310 | 130.58 |
| 8 | 005 | 中关村店 | 1季度 | 笔记本 | 230 | 96.88 |
| 9 | 006 | 中关村店 | 2季度 | 笔记本 | 180 | 75.82 |
| 10 | 007 | 中关村店 | 3季度 | 笔记本 | 280 | 117.94 |
| 11 | 008 | 中关村店 | 4季度 | 笔记本 | 350 | 147.43 |
| 12 | 009 | 上地店 | 1季度 | 笔记本 | 180 | 75.82 |
| 13 | 010 | 上地店 | 2季度 | 笔记本 | 140 | 58.97 |
| 14 | 011 | 上地店 | 3季度 | 笔记本 | 220 | 92.67 |
| 15 | 012 | 上地店 | 4季度 | 笔记本 | 270 | 113.73 |
| 16 | 013 | 亚运村店 | 1季度 | 笔记本 | 210 | 88.46 |
| 17 | 014 | 亚运村店 | 2季度 | 笔记本 | 170 | 71.61 |
| 18 | 015 | 亚运村店 | 3季度 | 笔记本 | 250 | 105.31 |
| 19 | 016 | 亚运村店 | 4季度 | 笔记本 | 320 | 134.79 |
| 20 | 017 | 西直门店 | 1季度 | 台式机 | 260 | 87.39 |
| 21 | 018 | 西直门店 | 2季度 | 台式机 | 243 | 81.68 |
| 22 | 019 | 西直门店 | 3季度 | 台式机 | 362 | 121.68 |
| 23 | 020 | 西直门店 | 4季度 | 台式机 | 380 | 127.73 |

图 5-2-3

# 任务二　公式与条件格式

## 一、用公式计算

（1）在“销售情况”工作表中，选中 F4 单元格，输入“=”，再选中 E4 单元格，输入“*”，打开“平均单价”工作表选择“C3”单元格，按 F4 键将其转换成绝对地址，然后输入“/10000”转换单位即可。其他销售额可以用填充柄填充。

（2）其余商品的销售额可以采用同样的方法求出，即“销售额=销售量*商品单价/10000”。

（3）选中“销售额（万元）”数据列，右击，在弹出的快捷菜单中，单击“列宽”选项，设置列宽为 12 个字符。效果如图 5-2-4 所示。

| | A | B | C | D | E | F |
|---|---|---|---|---|---|---|
| 1 | 某公司计算机设备全年销量统计表 | | | | | |
| 2 | | | | | | |
| 3 | 序号 | 店铺 | 季度 | 商品名称 | 销售量 | 售额(万元) |
| 4 | 001 | 西直门店 | 1季度 | 笔记本 | 210 | |
| 5 | 002 | 西直门店 | 2季度 | 笔记本 | 150 | |
| 6 | 003 | 西直门店 | 3季度 | 笔记本 | 250 | |
| 7 | 004 | 西直门店 | 4季度 | 笔记本 | 310 | |
| 8 | 005 | 中关村店 | 1季度 | 笔记本 | 230 | |
| 9 | 006 | 中关村店 | 2季度 | 笔记本 | 180 | |
| 10 | 007 | 中关村店 | 3季度 | 笔记本 | 280 | |
| 11 | 008 | 中关村店 | 4季度 | 笔记本 | 350 | |
| 12 | 009 | 上地店 | 1季度 | 笔记本 | 180 | |
| 13 | 010 | 上地店 | 2季度 | 笔记本 | 140 | |
| 14 | 011 | 上地店 | 3季度 | 笔记本 | 220 | |
| 15 | 012 | 上地店 | 4季度 | 笔记本 | 270 | |
| 16 | 013 | 亚运村店 | 1季度 | 笔记本 | 210 | |
| 17 | 014 | 亚运村店 | 2季度 | 笔记本 | 170 | |
| 18 | 015 | 亚运村店 | 3季度 | 笔记本 | 250 | |
| 19 | 016 | 亚运村店 | 4季度 | 笔记本 | 320 | |
| 20 | 017 | 西直门店 | 1季度 | 台式机 | 260 | |
| 21 | 018 | 西直门店 | 2季度 | 台式机 | 243 | |
| 22 | 019 | 西直门店 | 3季度 | 台式机 | 362 | |
| 23 | 020 | 西直门店 | 4季度 | 台式机 | 380 | |
| 24 | 021 | 中关村店 | 1季度 | 台式机 | 261 | |
| 25 | 022 | 中关村店 | 2季度 | 台式机 | 320 | |
| 26 | 023 | 中关村店 | 3季度 | 台式机 | 400 | |
| 27 | 024 | 中关村店 | 4季度 | 台式机 | 416 | |
| 28 | 025 | 上地店 | 1季度 | 台式机 | 247 | |

图 5-2-4

## 二、条件格式

（1）选中“销售量”列 E4：E83 单元格区域的数据，单击“开始”选项卡中的“条件格式”，选择“突出显示单元格规则”，“小于”设置为“350”，单击“确认”按钮；再打开“单元格格式”对话框，选择“图案”选项卡，选择红色填充。

（2）用同样的方法设置大于 650 的单元格，用浅蓝色填充。效果如图 5-2-5 所示。

（3）选中“销售额（万元）”列 F4：F83 单元格区域的数据，单击“开始”选项卡中的

"条件格式"，选择"项目选取规则"，"前 10%"的单元格设置为"浅红填充色深红色文本"。效果如图 5-2-6 所示。

| | A | B | C | D | E | F |
|---|---|---|---|---|---|---|
| 16 | 013 | 亚运村店 | 1季度 | 笔记本 | 210 | 88.46 |
| 17 | 014 | 亚运村店 | 2季度 | 笔记本 | 170 | 71.61 |
| 18 | 015 | 亚运村店 | 3季度 | 笔记本 | 250 | 105.31 |
| 19 | 016 | 亚运村店 | 4季度 | 笔记本 | 320 | 134.79 |
| 20 | 017 | 西直门店 | 1季度 | 台式机 | 260 | 87.39 |
| 21 | 018 | 西直门店 | 2季度 | 台式机 | 243 | 81.68 |
| 22 | 019 | 西直门店 | 3季度 | 台式机 | 362 | 121.68 |
| 23 | 020 | 西直门店 | 4季度 | 台式机 | 380 | 127.73 |
| 24 | 021 | 中关村店 | 1季度 | 台式机 | 261 | 87.73 |
| 25 | 022 | 中关村店 | 2季度 | 台式机 | 320 | 107.56 |
| 26 | 023 | 中关村店 | 3季度 | 台式机 | 400 | 134.45 |
| 27 | 024 | 中关村店 | 4季度 | 台式机 | 416 | 139.83 |
| 28 | 025 | 上地店 | 1季度 | 台式机 | 247 | 83.02 |
| 29 | 026 | 上地店 | 2季度 | 台式机 | 230 | 77.31 |
| 30 | 027 | 上地店 | 3季度 | 台式机 | 275 | 92.43 |
| 31 | 028 | 上地店 | 4季度 | 台式机 | 293 | 98.48 |
| 32 | 029 | 亚运村店 | 1季度 | 台式机 | 336 | 112.94 |
| 33 | 030 | 亚运村店 | 2季度 | 台式机 | 315 | 105.88 |
| 34 | 031 | 亚运村店 | 3季度 | 台式机 | 357 | 120.00 |
| 35 | 032 | 亚运村店 | 4季度 | 台式机 | 377 | 126.72 |
| 36 | 033 | 西直门店 | 1季度 | 鼠标 | 538 | 5.57 |
| 37 | 034 | 西直门店 | 2季度 | 鼠标 | 536 | 5.55 |
| 38 | 035 | 西直门店 | 3季度 | 鼠标 | 566 | 5.86 |
| 39 | 036 | 西直门店 | 4季度 | 鼠标 | 670 | 6.94 |
| 40 | 037 | 中关村店 | 1季度 | 鼠标 | 586 | 6.07 |
| 41 | 038 | 中关村店 | 2季度 | 鼠标 | 643 | 6.66 |
| 42 | 039 | 中关村店 | 3季度 | 鼠标 | 582 | 6.03 |
| 43 | 040 | 中关村店 | 4季度 | 鼠标 | 720 | 7.46 |
| 44 | 041 | 上地店 | 1季度 | 鼠标 | 516 | 5.34 |
| 45 | 042 | 上地店 | 2季度 | 鼠标 | 748 | 7.75 |
| 46 | 043 | 上地店 | 3季度 | 鼠标 | 654 | 6.77 |
| 47 | 044 | 上地店 | 4季度 | 鼠标 | 700 | 7.25 |

图 5-2-5

| | A | B | C | D | E | F |
|---|---|---|---|---|---|---|
| 1 | 某公司计算机设备全年销量统计表 | | | | | |
| 2 | | | | | | |
| 3 | 序号 | 店铺 | 季度 | 商品名称 | 销售量 | 销售额(万元) |
| 4 | 001 | 西直门店 | 1季度 | 笔记本 | 210 | 88.46 |
| 5 | 002 | 西直门店 | 2季度 | 笔记本 | 150 | 63.18 |
| 6 | 003 | 西直门店 | 3季度 | 笔记本 | 250 | 105.31 |
| 7 | 004 | 西直门店 | 4季度 | 笔记本 | 310 | 130.58 |
| 8 | 005 | 中关村店 | 1季度 | 笔记本 | 230 | 96.88 |
| 9 | 006 | 中关村店 | 2季度 | 笔记本 | 180 | 75.82 |
| 10 | 007 | 中关村店 | 3季度 | 笔记本 | 280 | 117.94 |
| 11 | 008 | 中关村店 | 4季度 | 笔记本 | 350 | 147.43 |
| 12 | 009 | 上地店 | 1季度 | 笔记本 | 180 | 75.82 |
| 13 | 010 | 上地店 | 2季度 | 笔记本 | 140 | 58.97 |
| 14 | 011 | 上地店 | 3季度 | 笔记本 | 220 | 92.67 |
| 15 | 012 | 上地店 | 4季度 | 笔记本 | 270 | 113.73 |
| 16 | 013 | 亚运村店 | 1季度 | 笔记本 | 210 | 88.46 |
| 17 | 014 | 亚运村店 | 2季度 | 笔记本 | 170 | 71.61 |
| 18 | 015 | 亚运村店 | 3季度 | 笔记本 | 250 | 105.31 |
| 19 | 016 | 亚运村店 | 4季度 | 笔记本 | 320 | 134.79 |
| 20 | 017 | 西直门店 | 1季度 | 台式机 | 260 | 87.39 |
| 21 | 018 | 西直门店 | 2季度 | 台式机 | 243 | 81.68 |
| 22 | 019 | 西直门店 | 3季度 | 台式机 | 362 | 121.68 |
| 23 | 020 | 西直门店 | 4季度 | 台式机 | 380 | 127.73 |
| 24 | 021 | 中关村店 | 1季度 | 台式机 | 261 | 87.73 |
| 25 | 022 | 中关村店 | 2季度 | 台式机 | 320 | 107.56 |
| 26 | 023 | 中关村店 | 3季度 | 台式机 | 400 | 134.45 |
| 27 | 024 | 中关村店 | 4季度 | 台式机 | 416 | 139.83 |
| 28 | 025 | 上地店 | 1季度 | 台式机 | 247 | 83.02 |
| 29 | 026 | 上地店 | 2季度 | 台式机 | 230 | 77.31 |
| 30 | 027 | 上地店 | 3季度 | 台式机 | 275 | 92.43 |
| 31 | 028 | 上地店 | 4季度 | 台式机 | 293 | 98.48 |
| 32 | 029 | 亚运村店 | 1季度 | 台式机 | 336 | 112.94 |
| 33 | 030 | 亚运村店 | 2季度 | 台式机 | 315 | 105.88 |
| 34 | 031 | 亚运村店 | 3季度 | 台式机 | 357 | 120.00 |
| 35 | 032 | 亚运村店 | 4季度 | 台式机 | 377 | 126.72 |
| 36 | 033 | 西直门店 | 1季度 | 鼠标 | 538 | 5.57 |

图 5-2-6

# 任务三　图表操作

## 一、创建图表

（1）选中"销售情况"工作表中的"店铺""季度""商品名称""销售量""销售额（万元）"数据列，单击"插入"选项卡，选择"全部图表"里的"簇状柱形图"即可创建图表。

（2）选中创建的图表，在"图表工具"选项卡里设置"样式 2"。单击图表标题将其改为"各店铺全年笔记本销售统计图"，如图 5-2-7 所示。

## 二、修饰图表

（1）在"各店铺全年笔记本销售统计图"的图表区右击，在弹出的快捷菜单中选择"设置图表区域格式"，单击"图片或纹理填充"，在"纹理填充"里选择"纸纹 2"效果。

（2）在绘图区右击，在弹出的快捷菜单中选择"设置绘图区格式"，选择"图案填充"，效果为前景为"钢蓝，着色 1"，背景为"巧克力黄，着色 6，浅色 40%"。

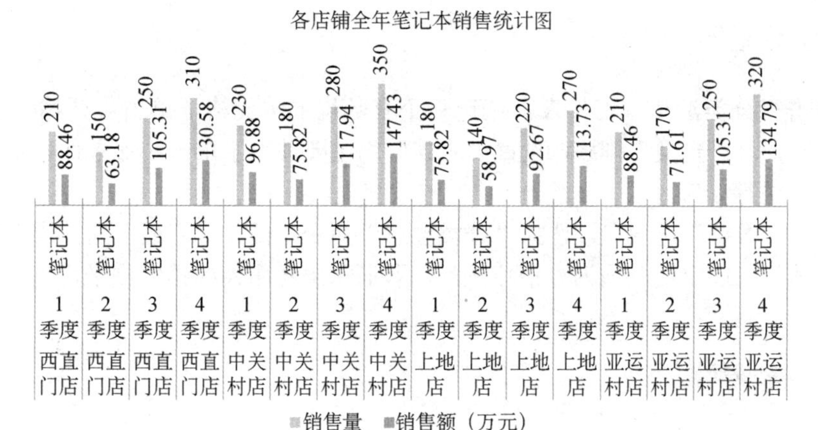


图 5-2-7

# 任务四 数据处理

## 一、数据筛选

（1）在工作簿中单击“筛选”工作表，任选一个有数据的单元格，单击“筛选”，表头位置出现“筛选器 ”。

（2）单击“销售量”所在单元格的筛选器，选择“数字筛选”里的“自定义筛选”，筛选出销售量在 400 和 600 之间的数据，如图 5-2-8 所示。

| | A | B | C | D | E |
|---|---|---|---|---|---|
| 1 | 某公司计算机设备全年销量统计表 | | | | |
| 2 | | | | | |
| 3 | 店铺 | 季度 | 商品名称 | 销售量 | 销售额（万元） |
| 27 | 中关村店 | 4季度 | 台式机 | 416 | 139.83 |
| 36 | 西直门店 | 1季度 | 鼠标 | 538 | 5.57 |
| 37 | 西直门店 | 2季度 | 鼠标 | 536 | 5.55 |
| 38 | 西直门店 | 3季度 | 鼠标 | 566 | 5.86 |
| 40 | 中关村店 | 1季度 | 鼠标 | 586 | 6.07 |
| 42 | 中关村店 | 3季度 | 鼠标 | 582 | 6.03 |
| 44 | 上地店 | 1季度 | 鼠标 | 516 | 5.34 |
| 50 | 亚运村店 | 3季度 | 鼠标 | 509 | 5.27 |
| 51 | 亚运村店 | 4季度 | 鼠标 | 506 | 5.24 |
| 52 | 西直门店 | 1季度 | 键盘 | 597 | 9.87 |
| 53 | 西直门店 | 2季度 | 键盘 | 502 | 8.30 |
| 57 | 中关村店 | 2季度 | 键盘 | 527 | 8.72 |
| 61 | 上地店 | 2季度 | 键盘 | 532 | 8.80 |
| 62 | 上地店 | 3季度 | 键盘 | 581 | 9.61 |
| 65 | 亚运村店 | 2季度 | 键盘 | 553 | 9.15 |
| 68 | 西直门店 | 1季度 | 打印机 | 521 | 63.07 |
| 69 | 西直门店 | 2季度 | 打印机 | 443 | 53.62 |
| 70 | 西直门店 | 3季度 | 打印机 | 430 | 52.05 |
| 71 | 西直门店 | 4季度 | 打印机 | 578 | 69.96 |
| 72 | 中关村店 | 1季度 | 打印机 | 597 | 72.26 |
| 73 | 中关村店 | 2季度 | 打印机 | 510 | 61.73 |
| 74 | 中关村店 | 3季度 | 打印机 | 585 | 70.81 |
| 75 | 中关村店 | 4季度 | 打印机 | 590 | 71.42 |
| 76 | 上地店 | 1季度 | 打印机 | 503 | 60.89 |
| 77 | 上地店 | 2季度 | 打印机 | 428 | 51.81 |
| 78 | 上地店 | 3季度 | 打印机 | 548 | 66.33 |
| 79 | 上地店 | 4季度 | 打印机 | 589 | 71.30 |
| 80 | 亚运村店 | 1季度 | 打印机 | 406 | 49.14 |
| 81 | 亚运村店 | 2季度 | 打印机 | 423 | 51.20 |
| 82 | 亚运村店 | 3季度 | 打印机 | 462 | 55.92 |
| 83 | 亚运村店 | 4季度 | 打印机 | 567 | 68.63 |

图 5-2-8

## 二、分类汇总

（1）单击“分类汇总”工作表，任选一个有数据的单元格，单击“开始”选项卡里的“排序”，选择“自定义”排序，设置“店铺”为主要关键字单击添加条件，设置“季度”为次要关键字进行排序。

（2）单击“数据”选项卡，选择“分类汇总”命令，设置“店铺”为分类字段，汇总方式为“平均值”，选定汇总项为“销售额”，即汇总出各店铺的销售额平均值，如图 5-2-9、图 5-2-10 所示。

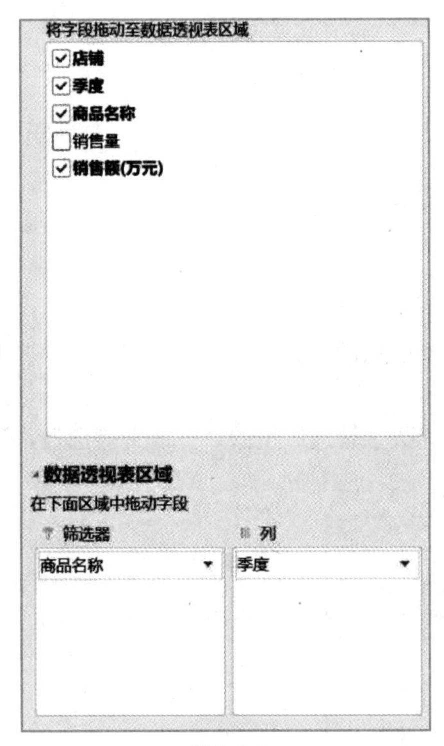


图 5-2-9

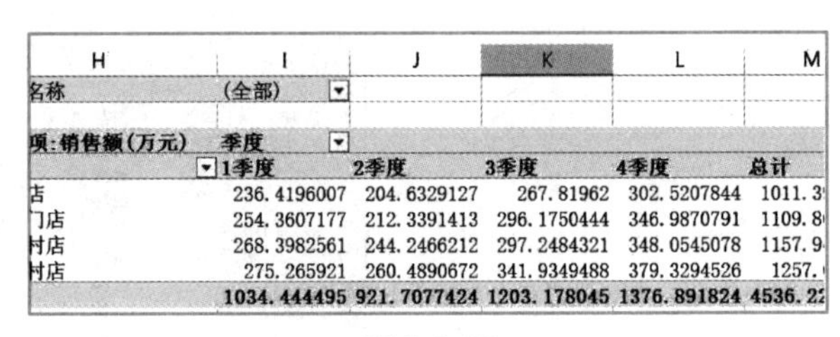

| H | I | J | K | L | M |
|---|---|---|---|---|---|
| 名称 | (全部) | | | | |
| | | | | | |
| 项:销售额(万元) | 季度 | | | | |
| | 1季度 | 2季度 | 3季度 | 4季度 | 总计 |
| 店 | 236.4196007 | 204.6329127 | 267.81962 | 302.5207844 | 1011.3 |
| 门店 | 254.3607177 | 212.3391413 | 296.1750444 | 346.9870791 | 1109.8 |
| 村店 | 268.3982561 | 244.2466212 | 297.2484321 | 348.0545078 | 1157.9 |
| 村店 | 275.265921 | 260.4890672 | 341.9349488 | 379.3294526 | 1257. |
| | 1034.444495 | 921.7077424 | 1203.178045 | 1376.891824 | 4536.22 |

图 5-2-10

## 三、数据透视表

（1）在“数据透视”工作表中，选中 H1 单元格，单击“插入”选项卡，选择“数据透视表”命令，弹出“创建数据透视表”对话框，选中 A3：E83 单元格区域，放置数据透视表的位置为“现有工作表”。

（2）将字段列表中的“商品名称”拖曳至数据透视表区域中的“筛选器”区域，“店铺”拖曳至“行”区域，“季度”拖曳至“列”区域，“销售额(万元)”拖曳至“值”区域，由此可以针对各类商品比较各门店每个季度的销售额，如图 5-2-11、图 5-2-12 所示。

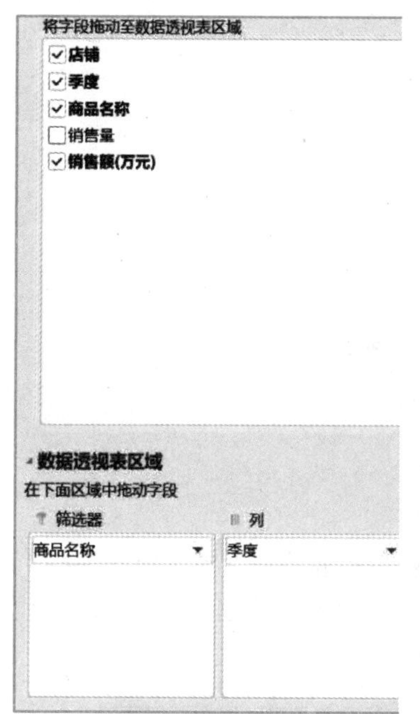


图 5-2-11

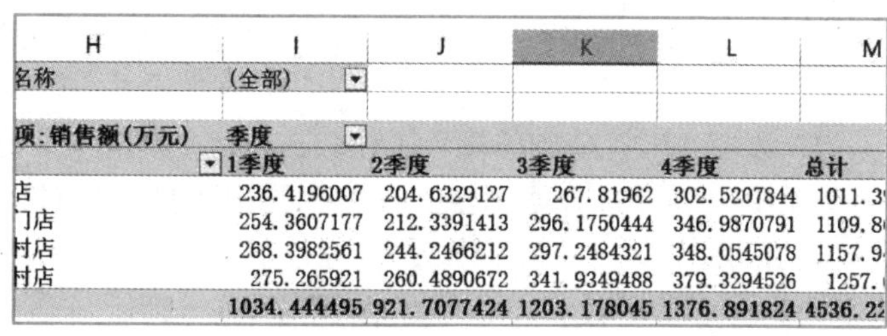

| H | I | J | K | L | M |
|---|---|---|---|---|---|
| 名称 | (全部) | | | | |
| | | | | | |
| 项:销售额(万元) | 季度 | | | | |
| | 1季度 | 2季度 | 3季度 | 4季度 | 总计 |
| 店 | 236.4196007 | 204.6329127 | 267.81962 | 302.5207844 | 1011.3 |
| 门店 | 254.3607177 | 212.3391413 | 296.1750444 | 346.9870791 | 1109.8 |
| 村店 | 268.3982561 | 244.2466212 | 297.2484321 | 348.0545078 | 1157.9 |
| 村店 | 275.265921 | 260.4890672 | 341.9349488 | 379.3294526 | 1257. |
| | 1034.444495 | 921.7077424 | 1203.178045 | 1376.891824 | 4536.2 |

图 5-2-12

# 项目三　工资管理表

## 项目导读

刘文是某公司的财务人员，他需要利用 WPS 表格制作一份员工的工资表，表格中包括工资基础信息、加班费结算、考勤结算、工资明细和各部门工资汇总等相关工资信息。

## 学习目标

1. 学会导入外部数据。
2. 熟练掌握 DATEDIF、ROUND、VLOOKUP、IF 函数的使用。
3. 能够利用数据建立数据透视图、数据透视表。

## 思政目标

1. 提高学生对数据安全和信息安全的正确认识。

2. 引导学生树立网络安全意识，养成良好的习惯。
3. 引导学生树立心系社会的精神追求。

# 任务一　创建工作簿

## 一、工作表重命名

（1）启动 WPS，新建一份空白工作簿，命名为“工资管理表”。
（2）将工作簿中的“Sheet1”工作表重命名为“工资基础信息”。

## 二、导入数据

（1）选中“工资基础信息”工作表。选择“数据”→“获取数据”→“导入数据”→“直接打开数据”→“选择数据源”命令，弹出“打开”对话框，找到“员工信息”文件，如图 5-3-1 所示。

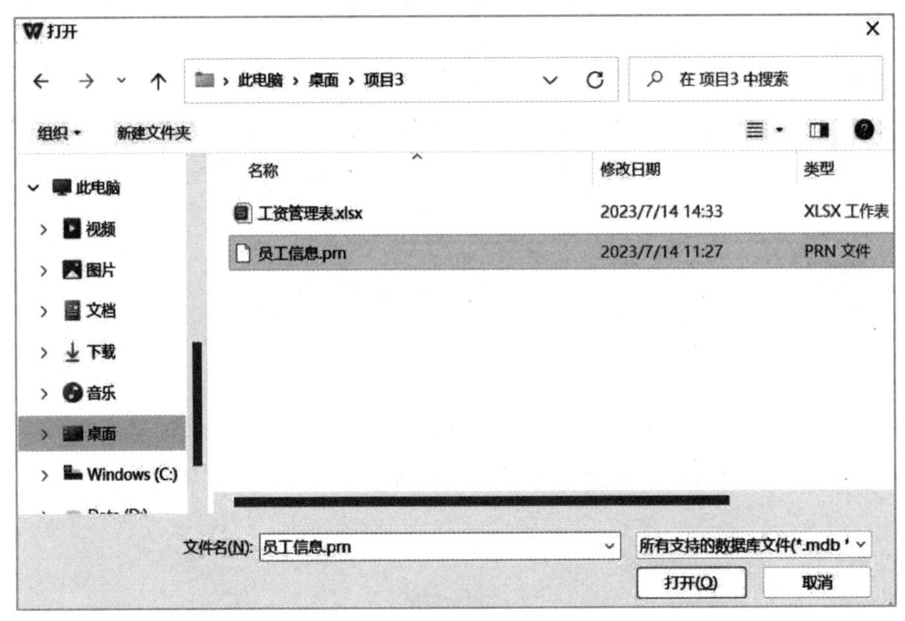


图 5-3-1

（2）单击“导入”按钮，在“文本编码”处选中“其他编码”，再选择“简体中文 GBK”。

（3）单击“下一步”按钮，在“原始数据类型”处选中“固定宽度”单选按钮；在“导入起始行”文本框中保持默认值“1”不变，如图 5-3-2 所示。

（4）单击“下一步”按钮，设置字段宽度（列间隔）部分，“入职时间”和“职称”列间缺少分列线，在相应位置单击，以建立分列线。

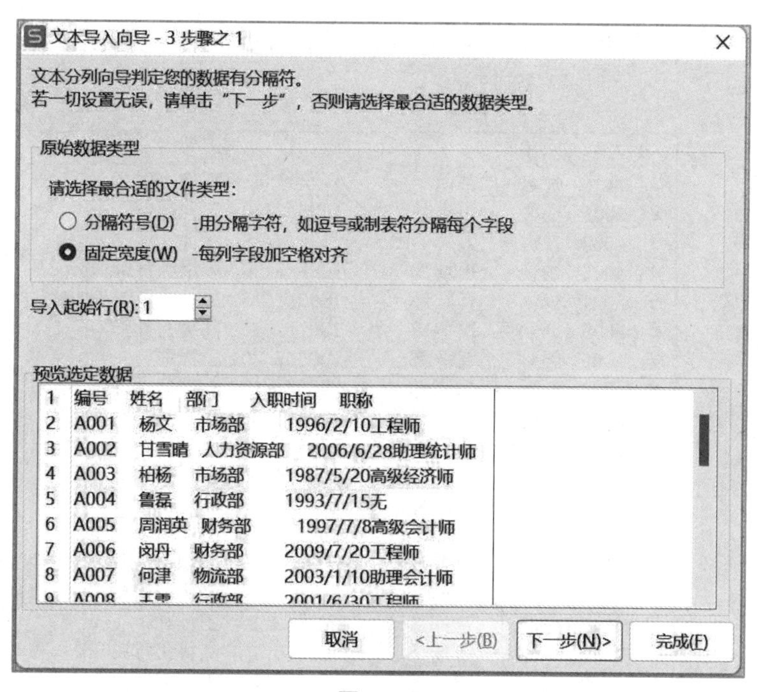


图 5-3-2

（5）单击“下一步”按钮，设置每列的数据类型，默认设置“列数据格式”为“常规”。这里，将“入职时间”设置为“日期”，其余列使用默认类型“常规”，设置“目标区域”为“=$A$1”单元格，如图 5-3-3 所示。

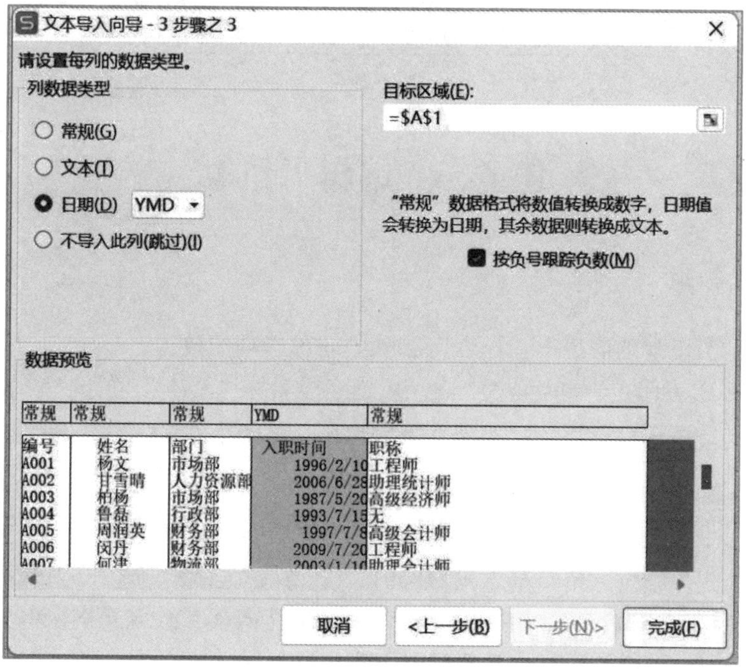

图 5-3-3

（6）单击“完成”按钮，文件“员工信息”的数据被导入当前工作表中，如图 5-3-4 所示。

| | A | B | C | D | E |
|---|---|---|---|---|---|
| 1 | 编号 | 姓名 | 部门 | 入职时间 | 职称 |
| 2 | A001 | 杨文 | 市场部 | 1996/2/10 | 工程师 |
| 3 | A002 | 甘雪晴 | 人力资源部 | 2006/6/28 | 助理统计师 |
| 4 | A003 | 柏杨 | 市场部 | 1987/5/20 | 高级经济师 |
| 5 | A004 | 鲁磊 | 行政部 | 1993/7/15 | 无 |
| 6 | A005 | 周润英 | 财务部 | 1997/7/8 | 高级会计师 |
| 7 | A006 | 闵丹 | 财务部 | 2009/7/20 | 工程师 |
| 8 | A007 | 何津 | 物流部 | 2003/1/10 | 助理会计师 |
| 9 | A008 | 王雯 | 行政部 | 2001/6/30 | 工程师 |
| 10 | A009 | 陈凯伦 | 市场部 | 2005/5/5 | 经济师 |
| 11 | A010 | 占彪 | 市场部 | 2005/6/28 | 工程师 |
| 12 | A011 | 宋同雷 | 行政部 | 1998/7/2 | 助理工程师 |
| 13 | A012 | 桂攀 | 物流部 | 1993/5/10 | 无 |
| 14 | A013 | 李立 | 财务部 | 2006/6/25 | 助理会计师 |
| 15 | A014 | 周丹 | 人力资源部 | 1993/7/5 | 高级经济师 |
| 16 | A015 | 朱月迁 | 物流部 | 2013/8/1 | 工程师 |
| 17 | A016 | 余雅洁 | 市场部 | 1993/7/10 | 高级工程师 |
| 18 | A017 | 肖书华 | 物流部 | 2007/3/20 | 无 |
| 19 | A018 | 王慧琼 | 人力资源部 | 2010/6/3 | 工程师 |
| 20 | A019 | 鲁欢 | 行政部 | 1989/6/29 | 助理工程师 |
| 21 | A020 | 李巧敏 | 人力资源部 | 1995/9/18 | 高级工程师 |
| 22 | A021 | 李明 | 财务部 | 2007/6/30 | 会计师 |
| 23 | A022 | 吴磊 | 行政部 | 2001/7/15 | 工程师 |
| 24 | A023 | 王丽 | 市场部 | 1998/4/10 | 经济师 |
| 25 | A024 | 蓝天 | 人力资源部 | 2001/7/6 | 高级经济师 |
| 26 | A025 | 明华 | 市场部 | 2003/9/10 | 无 |

图 5-3-4

# 任务二　编辑工作表

## 一、输入数据

（1）选中“工资基础信息”工作表，删除“职称”列的数据。

（2）分别在 E1、F1、G1 单元格中输入标题字段名称“基本工资”“绩效工资”“工龄工资”。输入“基本工资数据”，如图 5-3-5 所示。

## 二、计算数据

（1）按照公式“绩效工资＝基本工资*30%”计算绩效工资。选中 F2 单元格，输入公式“=E2*0.3”，按回车键确认。选中 F2 单元格，拖曳填充柄至 F26 单元格，将公式复制到 F3:F26 单元格区域中，可得到所有员工的绩效工资。

（2）计算“工龄工资”。假设“工龄”超过 10 年的工龄工资为 500 元，按每年 50 元计算（本案例截止日期为 2023 年 7 月 14 日）。选中 G2 单元格，单击“插入函数”命令，打开“插入函数”对话框，在“选择函数”列表框中选择“IF”，打开“函数参数”对话框，设置 IF 函数的参数为“=IF(DATEDIF(D2,TODAY(),"y")>10, 500,DATEDIF(D2,TODAY(),"y")*50)”，如图 5-3-6 所示。

| | A | B | C | D | E | F | G |
|---|---|---|---|---|---|---|---|
| 1 | 编号 | 姓名 | 部门 | 入职时间 | 基本工资 | 绩效工资 | 工龄工资 |
| 2 | A001 | 杨文 | 市场部 | 1996/2/10 | 8600 | | |
| 3 | A002 | 甘雪晴 | 人力资源部 | 2006/6/28 | 5000 | | |
| 4 | A003 | 柏杨 | 市场部 | 1987/5/20 | 7800 | | |
| 5 | A004 | 鲁磊 | 行政部 | 1993/7/15 | 3800 | | |
| 6 | A005 | 周润英 | 财务部 | 1997/7/8 | 8800 | | |
| 7 | A006 | 闵丹 | 财务部 | 2009/7/20 | 5700 | | |
| 8 | A007 | 何津 | 物流部 | 2003/1/10 | 4000 | | |
| 9 | A008 | 王雯 | 行政部 | 2001/6/30 | 6500 | | |
| 10 | A009 | 陈凯伦 | 市场部 | 2005/5/5 | 6800 | | |
| 11 | A010 | 占彪 | 市场部 | 2005/6/28 | 5000 | | |
| 12 | A011 | 宋同雷 | 行政部 | 1998/7/2 | 4000 | | |
| 13 | A012 | 桂攀 | 物流部 | 1993/5/10 | 3800 | | |
| 14 | A013 | 李立 | 财务部 | 2006/6/25 | 5000 | | |
| 15 | A014 | 周丹 | 人力资源部 | 1993/7/5 | 8800 | | |
| 16 | A015 | 朱月迁 | 物流部 | 2013/8/1 | 5500 | | |
| 17 | A016 | 余雅洁 | 市场部 | 1993/7/10 | 9000 | | |
| 18 | A017 | 肖书华 | 物流部 | 2007/3/20 | 5800 | | |
| 19 | A018 | 王慧琼 | 人力资源部 | 2010/6/3 | 5500 | | |
| 20 | A019 | 鲁欢 | 行政部 | 1989/6/29 | 4000 | | |
| 21 | A020 | 李巧敏 | 人力资源部 | 1995/9/18 | 5500 | | |
| 22 | A021 | 李明 | 财务部 | 2007/6/30 | 5800 | | |
| 23 | A022 | 吴磊 | 行政部 | 2001/7/15 | 5200 | | |
| 24 | A023 | 王丽 | 市场部 | 1998/4/10 | 4000 | | |
| 25 | A024 | 蓝天 | 人力资源部 | 2001/7/6 | 8800 | | |
| 26 | A025 | 明华 | 市场部 | 2003/9/10 | 4900 | | |

图 5-3-5

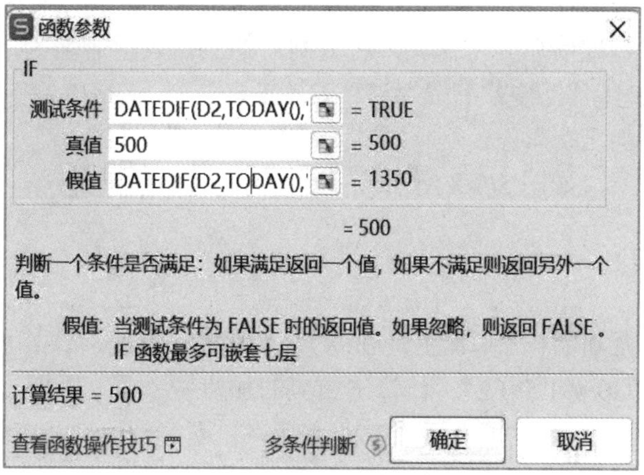

函数参数

IF

测试条件 DATEDIF(D2,TODAY(),' = TRUE

真值 500 = 500

假值 DATEDIF(D2,TODAY(),' = 1350

= 500

判断一个条件是否满足：如果满足返回一个值，如果不满足则返回另外一个值。

假值：当测试条件为 FALSE 时的返回值。如果忽略，则返回 FALSE 。IF 函数最多可嵌套七层

计算结果 = 500

查看函数操作技巧 多条件判断 确定 取消

图 5-3-6

（3）选中 G2 单元格，拖曳填充柄至 G26 单元格，将公式复制到 G3：G26 单元格区域中，可得到所有员工的工龄工资，如图 5-3-7 所示。

| | A | B | C | D | E | F | G |
|---|---|---|---|---|---|---|---|
| 1 | 编号 | 姓名 | 部门 | 入职时间 | 基本工资 | 绩效工资 | 工龄工资 |
| 2 | A001 | 杨文 | 市场部 | 1996/2/10 | 8600 | 2580 | 500 |
| 3 | A002 | 甘雪晴 | 人力资源部 | 2006/6/28 | 5000 | 1500 | 500 |
| 4 | A003 | 柏杨 | 市场部 | 1987/5/20 | 7800 | 2340 | 500 |
| 5 | A004 | 鲁磊 | 行政部 | 1993/7/15 | 3800 | 1140 | 500 |
| 6 | A005 | 周润英 | 财务部 | 1997/7/8 | 8800 | 2640 | 500 |
| 7 | A006 | 闵丹 | 财务部 | 2009/7/20 | 5700 | 1710 | 500 |
| 8 | A007 | 何津 | 物流部 | 2003/1/10 | 4000 | 1200 | 500 |
| 9 | A008 | 王雯 | 行政部 | 2001/6/30 | 6500 | 1950 | 500 |
| 10 | A009 | 陈凯伦 | 市场部 | 2005/5/5 | 6800 | 2040 | 500 |
| 11 | A010 | 占彪 | 市场部 | 2005/6/28 | 5000 | 1500 | 500 |
| 12 | A011 | 宋同雷 | 行政部 | 1998/7/2 | 4000 | 1200 | 500 |
| 13 | A012 | 桂攀 | 物流部 | 1993/5/10 | 3800 | 1140 | 500 |
| 14 | A013 | 李立 | 财务部 | 2006/6/25 | 5000 | 1500 | 500 |
| 15 | A014 | 周丹 | 人力资源部 | 1993/7/5 | 8800 | 2640 | 500 |
| 16 | A015 | 朱月迁 | 物流部 | 2013/8/1 | 5500 | 1650 | 450 |
| 17 | A016 | 余雅洁 | 市场部 | 1993/7/10 | 9000 | 2700 | 500 |
| 18 | A017 | 肖书华 | 物流部 | 2007/3/20 | 5800 | 1740 | 500 |
| 19 | A018 | 王慧琼 | 人力资源部 | 2010/6/3 | 5500 | 1650 | 500 |
| 20 | A019 | 鲁欢 | 行政部 | 1989/6/29 | 4000 | 1200 | 500 |
| 21 | A020 | 李巧敏 | 人力资源部 | 1995/9/18 | 5500 | 1650 | 500 |
| 22 | A021 | 李明 | 财务部 | 2007/6/30 | 5800 | 1740 | 500 |
| 23 | A022 | 吴磊 | 行政部 | 2001/7/15 | 5200 | 1560 | 500 |
| 24 | A023 | 王丽 | 市场部 | 1998/4/10 | 4000 | 1200 | 500 |
| 25 | A024 | 蓝天 | 人力资源部 | 2001/7/6 | 8800 | 2640 | 500 |
| 26 | A025 | 明华 | 市场部 | 2003/9/10 | 4900 | 1470 | 500 |

图 5-3-7

# 任务三　创建“加班费结算表”

## 一、输入数据

（1）复制“工资基础信息”工作表，将复制后的工作表重命名为“加班费结算表”。

（2）删除“入职时间”“绩效工资”和“工龄工资”列。在 E1、F1 单元格中分别输入标题“加班时间”和“加班费”。

（3）输入加班时间，如图 5-3-8 所示。

## 二、计算数据

（1）按照公式“加班费=（基本工资/30/8）×1.5×加班时间”计算加班费。选中 F2 单元格，输入公式“= D2/30/8*1.5*E2”，计算出相应的加班费。

（2）选中 F2 单元格，拖曳填充柄至 F26 单元格，可得到所有员工的加班费，如图 5-3-9 所示。

| | A | B | C | D | E |
|---|---|---|---|---|---|
| 1 | 编号 | 姓名 | 部门 | 基本工资 | 加班时间 |
| 2 | A001 | 杨文 | 市场部 | 8600 | 5 |
| 3 | A002 | 甘雪晴 | 人力资源部 | 5000 | 16 |
| 4 | A003 | 柏杨 | 市场部 | 7800 | 0 |
| 5 | A004 | 鲁磊 | 行政部 | 3800 | 9 |
| 6 | A005 | 周润英 | 财务部 | 8800 | 5.5 |
| 7 | A006 | 闵丹 | 财务部 | 5700 | 2 |
| 8 | A007 | 何津 | 物流部 | 4000 | 3 |
| 9 | A008 | 王雯 | 行政部 | 6500 | 0 |
| 10 | A009 | 陈凯伦 | 市场部 | 6800 | 11 |
| 11 | A010 | 占彪 | 市场部 | 5000 | 0 |
| 12 | A011 | 宋同雷 | 行政部 | 4000 | 8.5 |
| 13 | A012 | 桂攀 | 物流部 | 3800 | 5 |
| 14 | A013 | 李立 | 财务部 | 5000 | 0 |
| 15 | A014 | 周丹 | 人力资源部 | 8800 | 3 |
| 16 | A015 | 朱月迁 | 物流部 | 5500 | 9 |
| 17 | A016 | 余雅洁 | 市场部 | 9000 | 6 |
| 18 | A017 | 肖书华 | 物流部 | 5800 | 12 |
| 19 | A018 | 王慧琼 | 人力资源部 | 5500 | 3 |
| 20 | A019 | 鲁欢 | 行政部 | 4000 | 5 |
| 21 | A020 | 李巧敏 | 人力资源部 | 5500 | 0 |
| 22 | A021 | 李明 | 财务部 | 5800 | 3 |
| 23 | A022 | 吴磊 | 行政部 | 5200 | 3.5 |
| 24 | A023 | 王丽 | 市场部 | 4000 | 15 |
| 25 | A024 | 蓝天 | 人力资源部 | 8800 | 3 |
| 26 | A025 | 明华 | 市场部 | 4900 | 15 |

图 5-3-8

| | A | B | C | D | E | F |
|---|---|---|---|---|---|---|
| 1 | 编号 | 姓名 | 部门 | 基本工资 | 加班时间 | 加班费 |
| 2 | A001 | 杨文 | 市场部 | 8600 | 5 | 268.75 |
| 3 | A002 | 甘雪晴 | 人力资源部 | 5000 | 16 | 500 |
| 4 | A003 | 柏杨 | 市场部 | 7800 | 0 | 0 |
| 5 | A004 | 鲁磊 | 行政部 | 3800 | 9 | 213.75 |
| 6 | A005 | 周润英 | 财务部 | 8800 | 5.5 | 302.5 |
| 7 | A006 | 闵丹 | 财务部 | 5700 | 2 | 71.25 |
| 8 | A007 | 何津 | 物流部 | 4000 | 3 | 75 |
| 9 | A008 | 王雯 | 行政部 | 6500 | 0 | 0 |
| 10 | A009 | 陈凯伦 | 市场部 | 6800 | 11 | 467.5 |
| 11 | A010 | 占彪 | 市场部 | 5000 | 0 | 0 |
| 12 | A011 | 宋同雷 | 行政部 | 4000 | 8.5 | 212.5 |
| 13 | A012 | 桂攀 | 物流部 | 3800 | 5 | 118.75 |
| 14 | A013 | 李立 | 财务部 | 5000 | 0 | 0 |
| 15 | A014 | 周丹 | 人力资源部 | 8800 | 3 | 165 |
| 16 | A015 | 朱月迁 | 物流部 | 5500 | 9 | 309.375 |
| 17 | A016 | 余雅洁 | 市场部 | 9000 | 6 | 337.5 |
| 18 | A017 | 肖书华 | 物流部 | 5800 | 12 | 435 |
| 19 | A018 | 王慧琼 | 人力资源部 | 5500 | 3 | 103.125 |
| 20 | A019 | 鲁欢 | 行政部 | 4000 | 5 | 125 |
| 21 | A020 | 李巧敏 | 人力资源部 | 5500 | 0 | 0 |
| 22 | A021 | 李明 | 财务部 | 5800 | 3 | 108.75 |
| 23 | A022 | 吴磊 | 行政部 | 5200 | 3.5 | 113.75 |
| 24 | A023 | 王丽 | 市场部 | 4000 | 15 | 375 |
| 25 | A024 | 蓝天 | 人力资源部 | 8800 | 3 | 165 |
| 26 | A025 | 明华 | 市场部 | 4900 | 15 | 459.375 |

图 5-3-9

# 任务四 创建“考勤结算表”

## 一、编辑工作表

（1）复制“工资基础信息”工作表，将复制后的工作表重命名为“考勤结算表”。删除“入职时间”“绩效工资”“工龄工资”列。

（2）在 E1：K1 单元格区域中分别输入标题“迟到”“迟到扣款”“病假”“病假扣款”“事假”“事假扣款”“扣款合计”。

（3）输入“迟到”“病假”“事假”列的数据，如图 5-3-10 所示。

## 二、利用公式计算

（1）计算“迟到扣款”。假设每迟到一次扣款 50 元。选中 F2 单元格，输入公式“=E2*50”，计算出相应的迟到扣款。再选中 F2 单元格，拖曳填充柄至 F26 单元格，可得到所有员工的迟到扣款。

（2）计算“病假扣款”。假设每请病假一天扣款为当日工资收入的 50%，即“病假扣款=基本工资/30×0.5× 病假天数”。选中 H2 单元格，输入公式“= D2/30*0.5*G2”，计算出相应的病假扣款。再选中 H2 单元格，拖曳填充柄至 H26 单元格，可得到所有员工的病假扣款。

（3）计算“事假扣款”。假设每请事假一天扣款为当日的全部工资收入，即“事假扣款=基本工资 / 30×事假天数”。选中 J2 单元格，输入公式“= D2/30*I2”，计算出相应的事假扣款。

再选中 J2 单元格，拖曳填充柄至 J26 单元格，可得到所有员工的事假扣款。

| | A | B | C | D | E | F | G | H | I | J | K |
|---|---|---|---|---|---|---|---|---|---|---|---|
| 1 | 编号 | 姓名 | 部门 | 基本工资 | 迟到 | 迟到扣款 | 病假 | 病假扣款 | 事假 | 事假扣款 | 扣款合计 |
| 2 | A001 | 杨文 | 市场部 | 8600 | 0 | | 1 | | 0 | | |
| 3 | A002 | 甘雪晴 | 人力资源部 | 5000 | 1 | | 0 | | 0 | | |
| 4 | A003 | 柏杨 | 市场部 | 7800 | 0 | | 2 | | 1 | | |
| 5 | A004 | 鲁磊 | 行政部 | 3800 | 0 | | 0 | | 0 | | |
| 6 | A005 | 周润英 | 财务部 | 8800 | 0 | | 1 | | 0 | | |
| 7 | A006 | 闵丹 | 财务部 | 5700 | 0 | | 0 | | 2 | | |
| 8 | A007 | 何津 | 物流部 | 4000 | 0 | | 1 | | 0 | | |
| 9 | A008 | 王雯 | 行政部 | 6500 | 1 | | 2.5 | | 1 | | |
| 10 | A009 | 陈凯伦 | 市场部 | 6800 | 0 | | 0 | | 0 | | |
| 11 | A010 | 占彪 | 市场部 | 5000 | 0 | | 0 | | 0 | | |
| 12 | A011 | 宋同雷 | 行政部 | 4000 | 2 | | 0 | | 0 | | |
| 13 | A012 | 桂攀 | 物流部 | 3800 | 1 | | 0 | | 0 | | |
| 14 | A013 | 李立 | 财务部 | 5000 | 0 | | 1 | | 0.5 | | |
| 15 | A014 | 周丹 | 人力资源部 | 8800 | 0 | | 0 | | 0 | | |
| 16 | A015 | 朱月迁 | 物流部 | 5500 | 0 | | 0 | | 0 | | |
| 17 | A016 | 余雅洁 | 市场部 | 9000 | 1 | | 3.5 | | 1 | | |
| 18 | A017 | 肖书华 | 物流部 | 5800 | 0 | | 0 | | 0 | | |
| 19 | A018 | 王慧琼 | 人力资源部 | 5500 | 1 | | 0.5 | | 0 | | |
| 20 | A019 | 鲁欢 | 行政部 | 4000 | 0 | | 0 | | 0 | | |
| 21 | A020 | 李巧敏 | 人力资源部 | 5500 | 0 | | 0 | | 0.5 | | |
| 22 | A021 | 李明 | 财务部 | 5800 | 0 | | 0 | | 0 | | |
| 23 | A022 | 吴磊 | 行政部 | 5200 | 0 | | 0 | | 1 | | |
| 24 | A023 | 王丽 | 市场部 | 4000 | 2 | | 0 | | 0 | | |
| 25 | A024 | 蓝天 | 人力资源部 | 8800 | 0 | | 0 | | 0 | | |
| 26 | A025 | 明华 | 市场部 | 4900 | 0 | | 0 | | 1 | | |

图 5-3-10

（4）计算“扣款合计”。选中 K2 单元格，插入函数“= SUM(F2,H2,J2)”，计算出相应的扣款合计。选中 K2 单元格，拖曳填充柄至 K26 单元格，可得到所有员工的扣款合计，如图 5-3-11 所示。

| | A | B | C | D | E | F | G | H | I | J | K |
|---|---|---|---|---|---|---|---|---|---|---|---|
| 1 | 编号 | 姓名 | 部门 | 基本工资 | 迟到 | 迟到扣款 | 病假 | 病假扣款 | 事假 | 事假扣款 | 扣款合计 |
| 2 | A001 | 杨文 | 市场部 | 8600 | 0 | 0 | 1 | 143.3333333 | 0 | 0 | 143.3333333 |
| 3 | A002 | 甘雪晴 | 人力资源部 | 5000 | 1 | 50 | 0 | 0 | 0 | 0 | 50 |
| 4 | A003 | 柏杨 | 市场部 | 7800 | 0 | 0 | 2 | 260 | 1 | 260 | 520 |
| 5 | A004 | 鲁磊 | 行政部 | 3800 | 0 | 0 | 0 | 0 | 0 | 0 | 0 |
| 6 | A005 | 周润英 | 财务部 | 8800 | 0 | 0 | 1 | 146.6666667 | 0 | 0 | 146.6666667 |
| 7 | A006 | 闵丹 | 财务部 | 5700 | 0 | 0 | 0 | 0 | 2 | 380 | 380 |
| 8 | A007 | 何津 | 物流部 | 4000 | 0 | 0 | 1 | 66.66666667 | 0 | 0 | 66.66666667 |
| 9 | A008 | 王雯 | 行政部 | 6500 | 1 | 50 | 2.5 | 270.8333333 | 1 | 216.6666667 | 537.5 |
| 10 | A009 | 陈凯伦 | 市场部 | 6800 | 0 | 0 | 0 | 0 | 0 | 0 | 0 |
| 11 | A010 | 占彪 | 市场部 | 5000 | 0 | 0 | 0 | 0 | 0 | 0 | 0 |
| 12 | A011 | 宋同雷 | 行政部 | 4000 | 2 | 100 | 0 | 0 | 0 | 0 | 100 |
| 13 | A012 | 桂攀 | 物流部 | 3800 | 1 | 50 | 0 | 0 | 0 | 0 | 50 |
| 14 | A013 | 李立 | 财务部 | 5000 | 0 | 0 | 1 | 83.33333333 | 0.5 | 83.33333333 | 166.6666667 |
| 15 | A014 | 周丹 | 人力资源部 | 8800 | 0 | 0 | 0 | 0 | 0 | 0 | 0 |
| 16 | A015 | 朱月迁 | 物流部 | 5500 | 0 | 0 | 0 | 0 | 0 | 0 | 0 |
| 17 | A016 | 余雅洁 | 市场部 | 9000 | 1 | 50 | 3.5 | 525 | 1 | 300 | 875 |
| 18 | A017 | 肖书华 | 物流部 | 5800 | 0 | 0 | 0 | 0 | 0 | 0 | 0 |
| 19 | A018 | 王慧琼 | 人力资源部 | 5500 | 1 | 50 | 0.5 | 45.83333333 | 0 | 0 | 95.83333333 |
| 20 | A019 | 鲁欢 | 行政部 | 4000 | 0 | 0 | 0 | 0 | 0 | 0 | 0 |
| 21 | A020 | 李巧敏 | 人力资源部 | 5500 | 0 | 0 | 0 | 0 | 0.5 | 91.66666667 | 91.66666667 |
| 22 | A021 | 李明 | 财务部 | 5800 | 0 | 0 | 0 | 0 | 0 | 0 | 0 |
| 23 | A022 | 吴磊 | 行政部 | 5200 | 0 | 0 | 0 | 0 | 1 | 173.3333333 | 173.3333333 |
| 24 | A023 | 王丽 | 市场部 | 4000 | 2 | 100 | 0 | 0 | 0 | 0 | 100 |
| 25 | A024 | 蓝天 | 人力资源部 | 8800 | 0 | 0 | 0 | 0 | 0 | 0 | 0 |
| 26 | A025 | 明华 | 市场部 | 4900 | 0 | 0 | 0 | 0 | 1 | 163.3333333 | 163.3333333 |

图 5-3-11

# 任务五 创建“工资明细表”

## 一、编辑工作表

（1）插入一张新工作表，将新工作表重命名为“工资明细表”，输入表头内容。

（2）填充“编号”“姓名”“部门”列的数据。选中“工资基础信息”工作表的 A2：C26 单元格区域，选择“开始”→“复制”命令。再选中“工资明细表”的 A3 单元格，选择“开始”→“粘贴”命令，将“工资基础信息”工作表选定区域的数据粘贴到“工资明细表”中。

（3）用同样的方法填充“基本工资”“绩效工资”“工龄工资”“加班费”“考勤扣款”列的数据。效果如图 5-3-12 所示。

| A | B | C | D | E | F | G | H | I | J | K | L | M | N | O |
|---|---|---|---|---|---|---|---|---|---|---|---|---|---|---|
| 工资明细表 | | | | | | | | | | | | | | |
| 编号 | 姓名 | 部门 | 基本工资 | 绩效工资 | 工龄工资 | 加班费 | 应发工资 | 养老保险 | 医疗保险 | 失业保险 | 考勤扣款 | 应税工资 | 个人所得税 | 实发工 |
| A001 | 杨文 | 市场部 | 8600 | 2580 | 500 | 268.75 | | | | | 143.3333 | | | |
| A002 | 甘雪晴 | 人力资源 | 5000 | 1500 | 500 | 500 | | | | | 50 | | | |
| A003 | 柏杨 | 市场部 | 7800 | 2340 | 500 | 0 | | | | | 520 | | | |
| A004 | 鲁磊 | 行政部 | 3800 | 1140 | 500 | 213.75 | | | | | 0 | | | |
| A005 | 周润英 | 财务部 | 8800 | 2640 | 500 | 302.5 | | | | | 146.6667 | | | |
| A006 | 闵丹 | 财务部 | 5700 | 1710 | 500 | 71.25 | | | | | 380 | | | |
| A007 | 何津 | 物流部 | 4000 | 1200 | 500 | 75 | | | | | 66.66667 | | | |
| A008 | 王雯 | 行政部 | 6500 | 1950 | 500 | 0 | | | | | 537.5 | | | |
| A009 | 陈凯伦 | 市场部 | 6800 | 2040 | 500 | 467.5 | | | | | 0 | | | |
| A010 | 占彪 | 市场部 | 5000 | 1500 | 500 | 0 | | | | | 0 | | | |
| A011 | 宋同雷 | 行政部 | 4000 | 1200 | 500 | 212.5 | | | | | 100 | | | |
| A012 | 桂攀 | 物流部 | 3800 | 1140 | 500 | 118.75 | | | | | 50 | | | |
| A013 | 李立 | 财务部 | 5000 | 1500 | 500 | 0 | | | | | 166.6667 | | | |
| A014 | 周丹 | 人力资源 | 8800 | 2640 | 500 | 165 | | | | | 0 | | | |
| A015 | 朱月迁 | 物流部 | 5500 | 1650 | 450 | 309.375 | | | | | 0 | | | |
| A016 | 余雅洁 | 市场部 | 9000 | 2700 | 500 | 337.5 | | | | | 875 | | | |
| A017 | 肖书华 | 物流部 | 5800 | 1740 | 500 | 435 | | | | | 0 | | | |
| A018 | 王慧琼 | 人力资源 | 5500 | 1650 | 500 | 103.125 | | | | | 95.83333 | | | |
| A019 | 鲁欢 | 行政部 | 4000 | 1200 | 500 | 125 | | | | | 0 | | | |
| A020 | 李巧敏 | 人力资源 | 5500 | 1650 | 500 | 0 | | | | | 91.66667 | | | |
| A021 | 李明 | 财务部 | 5800 | 1740 | 500 | 108.75 | | | | | 0 | | | |
| A022 | 吴磊 | 行政部 | 5200 | 1560 | 500 | 113.75 | | | | | 173.3333 | | | |
| A023 | 王丽 | 市场部 | 4000 | 1200 | 500 | 375 | | | | | 100 | | | |
| A024 | 蓝天 | 人力资源 | 8800 | 2640 | 500 | 165 | | | | | 0 | | | |
| A025 | 明华 | 市场部 | 4900 | 1470 | 500 | 459.375 | | | | | 163.3333 | | | |

图 5-3-12

## 二、计算数据

（1）计算“应发工资”。选中 H3 单元格，单击“插入函数”按钮，选择“SUM”函数，选择参数为 D3：G3 单元格区域，即可计算出相应的应发工资。再选中 H3 单元格，拖曳填充柄至 H27 单元格，即可计算出所有员工的应发工资。

（2）计算“养老保险”。本任务中的养老保险数据为个人缴纳部分，一般的计算公式为“养老保险=上一年度月平均工资×8%”，这里假设“上一年度月平均工资=本工资＋绩效工资”。选中 I3 单元格，输入公式“=(D3+E3)*8%”，计算出相应的养老保险。再选中 I3 单元格，拖曳填充柄至 I27 单元格，即可计算出所有员工的养老保险，如图 5-3-13 所示。

| | A | B | C | D | E | F | G | H | I |
|---|---|---|---|---|---|---|---|---|---|
| 1 | 工资明细表 | | | | | | | | |
| 2 | 编号 | 姓名 | 部门 | 基本工资 | 绩效工资 | 工龄工资 | 加班费 | 应发工资 | 养老保险 |
| 3 | A001 | 杨文 | 市场部 | 8600 | 2580 | 500 | 268.75 | 11948.75 | 894.4 |
| 4 | A002 | 甘雪晴 | 人力资源 | 5000 | 1500 | 500 | 500 | 7500 | 520 |
| 5 | A003 | 柏杨 | 市场部 | 7800 | 2340 | 500 | 0 | 10640 | 811.2 |
| 6 | A004 | 鲁磊 | 行政部 | 3800 | 1140 | 500 | 213.75 | 5653.75 | 395.2 |
| 7 | A005 | 周润英 | 财务部 | 8800 | 2640 | 500 | 302.5 | 12242.5 | 915.2 |
| 8 | A006 | 闵丹 | 财务部 | 5700 | 1710 | 500 | 71.25 | 7981.25 | 592.8 |
| 9 | A007 | 何津 | 物流部 | 4000 | 1200 | 500 | 75 | 5775 | 416 |
| 10 | A008 | 王雯 | 行政部 | 6500 | 1950 | 500 | 0 | 8950 | 676 |
| 11 | A009 | 陈凯伦 | 市场部 | 6800 | 2040 | 500 | 467.5 | 9807.5 | 707.2 |
| 12 | A010 | 占彪 | 市场部 | 5000 | 1500 | 500 | 0 | 7000 | 520 |
| 13 | A011 | 宋同雷 | 行政部 | 4000 | 1200 | 500 | 212.5 | 5912.5 | 416 |
| 14 | A012 | 桂攀 | 物流部 | 3800 | 1140 | 500 | 118.75 | 5558.75 | 395.2 |
| 15 | A013 | 李立 | 财务部 | 5000 | 1500 | 500 | 0 | 7000 | 520 |
| 16 | A014 | 周丹 | 人力资源 | 8800 | 2640 | 500 | 165 | 12105 | 915.2 |
| 17 | A015 | 朱月迁 | 物流部 | 5500 | 1650 | 450 | 309.375 | 7909.375 | 572 |
| 18 | A016 | 余雅洁 | 市场部 | 9000 | 2700 | 500 | 337.5 | 12537.5 | 936 |
| 19 | A017 | 肖书华 | 物流部 | 5800 | 1740 | 500 | 435 | 8475 | 603.2 |
| 20 | A018 | 王慧琼 | 人力资源 | 5500 | 1650 | 500 | 103.125 | 7753.125 | 572 |
| 21 | A019 | 鲁欢 | 行政部 | 4000 | 1200 | 500 | 125 | 5825 | 416 |
| 22 | A020 | 李巧敏 | 人力资源 | 5500 | 1650 | 500 | 0 | 7650 | 572 |
| 23 | A021 | 李明 | 财务部 | 5800 | 1740 | 500 | 108.75 | 8148.75 | 603.2 |
| 24 | A022 | 吴磊 | 行政部 | 5200 | 1560 | 500 | 113.75 | 7373.75 | 540.8 |
| 25 | A023 | 王丽 | 市场部 | 4000 | 1200 | 500 | 375 | 6075 | 416 |
| 26 | A024 | 蓝天 | 人力资源 | 8800 | 2640 | 500 | 165 | 12105 | 915.2 |
| 27 | A025 | 明华 | 市场部 | 4900 | 1470 | 500 | 459.375 | 7329.375 | 509.6 |

图 5-3-13

（3）计算“医疗保险”。本任务中的医疗保险数据为个人缴纳部分，计算公式为“医疗保险=上一年度月平均工资×2%”，这里假设“上一年度月平均工资=基本工资+绩效工资”。选中 J3 单元格，输入公式“=(D3+E3)*2%”，计算出相应的医疗保险。再选中 J3 单元格，拖曳填充柄至 J27 单元格，即可计算出所有员工的医疗保险。

（4）计算“失业保险”。本任务中的失业保险数据为个人缴纳部分，计算公式为“失业保险=上一年度月平均工资×1%”，这里假设“上一年度月平均工资=基本工资+绩效工资”。选中 K3 单元格，输入公式“=(D3+E3)*1%”，计算出相应的失业保险。再选中 K3 单元格，拖曳填充柄至 K27 单元格，即可计算出所有员工的失业保险，如图 5-3-14 所示。

（5）计算“应税工资”。计算公式为“应税工资=应发工资-（养老保险+医疗保险+失业保险）−5000”（5000 元为个人所得税起征点），选中 M3 单元格，输入公式“=H3−SUM(I3：K3)−5000”，计算出相应的应税工资。选中 M3 单元格，拖曳填充柄至 M27 单元格，即可计算出所有员工的应税工资。

（6）计算“个人所得税”。选中 N3 单元格，单击“插入函数”按钮，打开“插入函数”对话框，在“选择函数”列表框中选择“IF”，设置函数参数“=IF(M3<3000,M3*3%,IF(M3<12000,M3*10%−210,M3*20%−1410))”。如图 5-3-15 所示。

（7）计算“个人所得税”。选中 N3 单元格，拖曳填充柄至 N27 单元格，即可计算出所有员工的个人所得税。

（8）计算“实发工资”。计算公式为“实发工资=应发工资-（养老保险+医疗保险+失业保险+考勤扣款+个人所得税）”。选中 O3 单元格，输入公式“= H3－SUM(I3:L3,N3)”，计算出相应的实发工资。再选中 O3 单元格，拖曳填充柄至 O27 单元格，即可计算出所有员工的实发工资，如图 5-3-16 所示。

| | A | B | C | D | E | F | G | H | I | J | K |
|---|---|---|---|---|---|---|---|---|---|---|---|
| 1 | 工资明细表 | | | | | | | | | | |
| 2 | 编号 | 姓名 | 部门 | 基本工资 | 绩效工资 | 工龄工资 | 加班费 | 应发工资 | 养老保险 | 医疗保险 | 失业保险 |
| 3 | A001 | 杨文 | 市场部 | 8600 | 2580 | 500 | 268.75 | 11948.75 | 894.4 | 223.6 | 111.8 |
| 4 | A002 | 甘雪晴 | 人力资源 | 5000 | 1500 | 500 | 500 | 7500 | 520 | 130 | 65 |
| 5 | A003 | 柏杨 | 市场部 | 7800 | 2340 | 500 | 0 | 10640 | 811.2 | 202.8 | 101.4 |
| 6 | A004 | 鲁磊 | 行政部 | 3800 | 1140 | 500 | 213.75 | 5653.75 | 395.2 | 98.8 | 49.4 |
| 7 | A005 | 周润英 | 财务部 | 8800 | 2640 | 500 | 302.5 | 12242.5 | 915.2 | 228.8 | 114.4 |
| 8 | A006 | 闵丹 | 财务部 | 5700 | 1710 | 500 | 71.25 | 7981.25 | 592.8 | 148.2 | 74.1 |
| 9 | A007 | 何津 | 物流部 | 4000 | 1200 | 500 | 75 | 5775 | 416 | 104 | 52 |
| 10 | A008 | 王雯 | 行政部 | 6500 | 1950 | 500 | 0 | 8950 | 676 | 169 | 84.5 |
| 11 | A009 | 陈凯伦 | 市场部 | 6800 | 2040 | 500 | 467.5 | 9807.5 | 707.2 | 176.8 | 88.4 |
| 12 | A010 | 占彪 | 市场部 | 5000 | 1500 | 500 | 0 | 7000 | 520 | 130 | 65 |
| 13 | A011 | 宋同雷 | 行政部 | 4000 | 1200 | 500 | 212.5 | 5912.5 | 416 | 104 | 52 |
| 14 | A012 | 桂攀 | 物流部 | 3800 | 1140 | 500 | 118.75 | 5558.75 | 395.2 | 98.8 | 49.4 |
| 15 | A013 | 李立 | 财务部 | 5000 | 1500 | 500 | 0 | 7000 | 520 | 130 | 65 |
| 16 | A014 | 周丹 | 人力资源 | 8800 | 2640 | 500 | 165 | 12105 | 915.2 | 228.8 | 114.4 |
| 17 | A015 | 朱月迁 | 物流部 | 5500 | 1650 | 450 | 309.375 | 7909.375 | 572 | 143 | 71.5 |
| 18 | A016 | 余雅洁 | 市场部 | 9000 | 2700 | 500 | 337.5 | 12537.5 | 936 | 234 | 117 |
| 19 | A017 | 肖书华 | 物流部 | 5800 | 1740 | 500 | 435 | 8475 | 603.2 | 150.8 | 75.4 |
| 20 | A018 | 王慧琼 | 人力资源 | 5500 | 1650 | 500 | 103.125 | 7753.125 | 572 | 143 | 71.5 |
| 21 | A019 | 鲁欢 | 行政部 | 4000 | 1200 | 500 | 125 | 5825 | 416 | 104 | 52 |
| 22 | A020 | 李巧敏 | 人力资源 | 5500 | 1650 | 500 | 0 | 7650 | 572 | 143 | 71.5 |
| 23 | A021 | 李明 | 财务部 | 5800 | 1740 | 500 | 108.75 | 8148.75 | 603.2 | 150.8 | 75.4 |
| 24 | A022 | 吴磊 | 行政部 | 5200 | 1560 | 500 | 113.75 | 7373.75 | 540.8 | 135.2 | 67.6 |
| 25 | A023 | 王丽 | 市场部 | 4000 | 1200 | 500 | 375 | 6075 | 416 | 104 | 52 |
| 26 | A024 | 蓝天 | 人力资源 | 8800 | 2640 | 500 | 165 | 12105 | 915.2 | 228.8 | 114.4 |
| 27 | A025 | 明华 | 市场部 | 4900 | 1470 | 500 | 459.375 | 7329.375 | 509.6 | 127.4 | 63.7 |

图 5-3-14

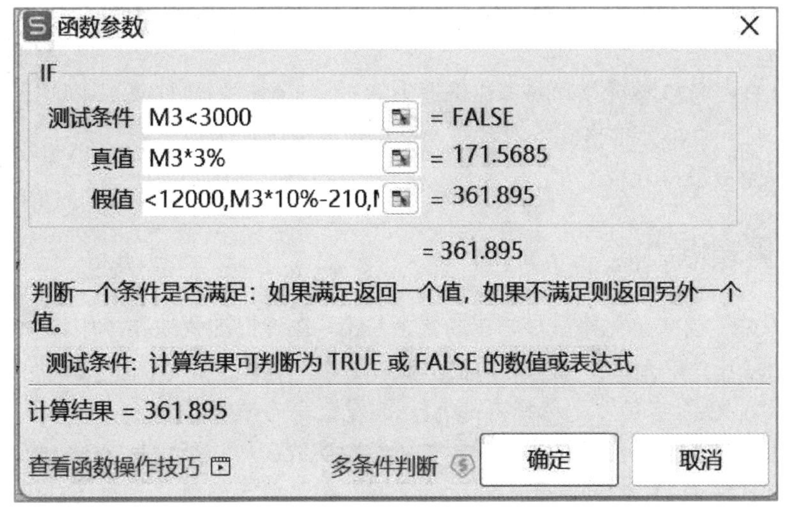


图 5-3-15

| | A | B | C | D | E | F | G | H | I | J | K | L | M | N | O |
|---|---|---|---|---|---|---|---|---|---|---|---|---|---|---|---|
| 1 | 工资明细表 | | | | | | | | | | | | | | |
| 2 | 编号 | 姓名 | 部门 | 基本工资 | 绩效工资 | 工龄工资 | 加班费 | 应发工资 | 养老保险 | 医疗保险 | 失业保险 | 考勤扣款 | 应税工资 | 个人所得税 | 实发工资 |
| 3 | A001 | 杨文 | 市场部 | 8600 | 2580 | 500 | 268.75 | 11948.75 | 894.4 | 223.6 | 111.8 | 143.3333 | 5718.95 | 361.895 | 10213.72167 |
| 4 | A002 | 甘雪晴 | 人力资源 | 5000 | 1500 | 500 | 500 | 7500 | 520 | 130 | 65 | 50 | 1785 | 53.55 | 6681.45 |
| 5 | A003 | 柏杨 | 市场部 | 7800 | 2340 | 500 | 0 | 10640 | 811.2 | 202.8 | 101.4 | 520 | 4524.6 | 242.46 | 8762.14 |
| 6 | A004 | 鲁磊 | 行政部 | 3800 | 1140 | 500 | 213.75 | 5653.75 | 395.2 | 98.8 | 49.4 | 0 | 110.35 | 3.3105 | 5107.0395 |
| 7 | A005 | 周润英 | 财务部 | 8800 | 2640 | 500 | 302.5 | 12242.5 | 915.2 | 228.8 | 114.4 | 146.6667 | 5984.1 | 388.41 | 10449.02333 |
| 8 | A006 | 闵丹 | 财务部 | 5700 | 1710 | 500 | 71.25 | 7981.25 | 592.8 | 148.2 | 74.1 | 380 | 2166.15 | 64.9845 | 6721.1655 |
| 9 | A007 | 何津 | 物流部 | 4000 | 1200 | 500 | 75 | 5775 | 416 | 104 | 52 | 66.66667 | 203 | 6.09 | 5130.243333 |
| 10 | A008 | 王雯 | 行政部 | 6500 | 1950 | 500 | 0 | 8950 | 676 | 169 | 84.5 | 537.5 | 3020.5 | 92.05 | 7390.95 |
| 11 | A009 | 陈凯伦 | 市场部 | 6800 | 2040 | 500 | 467.5 | 9807.5 | 707.2 | 176.8 | 88.4 | 0 | 3835.1 | 173.51 | 8661.59 |
| 12 | A010 | 占彪 | 市场部 | 5000 | 1500 | 500 | 0 | 7000 | 520 | 130 | 65 | 0 | 1285 | 38.55 | 6246.45 |
| 13 | A011 | 宋同雷 | 行政部 | 4000 | 1200 | 500 | 212.5 | 5912.5 | 416 | 104 | 52 | 100 | 340.5 | 10.215 | 5230.285 |
| 14 | A012 | 桂攀 | 物流部 | 3800 | 1140 | 500 | 118.75 | 5558.75 | 395.2 | 98.8 | 49.4 | 50 | 15.35 | 0.4605 | 4964.8895 |
| 15 | A013 | 李立 | 财务部 | 5000 | 1500 | 500 | 0 | 7000 | 520 | 130 | 65 | 166.6667 | 1285 | 38.55 | 6079.783333 |
| 16 | A014 | 周丹 | 人力资源 | 8800 | 2640 | 500 | 165 | 12105 | 915.2 | 228.8 | 114.4 | 0 | 5846.6 | 374.66 | 10471.94 |
| 17 | A015 | 朱月迁 | 物流部 | 5500 | 1650 | 450 | 309.375 | 7909.375 | 572 | 143 | 71.5 | 0 | 2122.875 | 63.68625 | 7059.18875 |
| 18 | A016 | 余雅洁 | 市场部 | 9000 | 2700 | 500 | 337.5 | 12537.5 | 936 | 234 | 117 | 875 | 6250.5 | 415.05 | 9960.45 |
| 19 | A017 | 肖书华 | 物流部 | 5800 | 1740 | 500 | 435 | 8475 | 603.2 | 150.8 | 75.4 | 0 | 2645.6 | 79.368 | 7566.232 |
| 20 | A018 | 王慧琼 | 人力资源 | 5500 | 1650 | 500 | 103.125 | 7753.125 | 572 | 143 | 71.5 | 95.83333 | 1966.625 | 58.99875 | 6811.792917 |
| 21 | A019 | 鲁欢 | 行政部 | 4000 | 1200 | 500 | 125 | 5825 | 416 | 104 | 52 | 0 | 253 | 7.59 | 5245.41 |
| 22 | A020 | 李巧敏 | 人力资源 | 5500 | 1650 | 500 | 0 | 7650 | 572 | 143 | 71.5 | 91.66667 | 1863.5 | 55.905 | 6715.928333 |
| 23 | A021 | 李明 | 财务部 | 5800 | 1740 | 500 | 108.75 | 8148.75 | 603.2 | 150.8 | 75.4 | 0 | 2319.35 | 69.5805 | 7249.7695 |
| 24 | A022 | 吴磊 | 行政部 | 5200 | 1560 | 500 | 113.75 | 7373.75 | 540.8 | 135.2 | 67.6 | 173.3333 | 1630.15 | 48.9045 | 6407.912167 |
| 25 | A023 | 王丽 | 市场部 | 4000 | 1200 | 500 | 375 | 6075 | 416 | 104 | 52 | 100 | 503 | 15.09 | 5387.91 |
| 26 | A024 | 蓝天 | 人力资源 | 8800 | 2640 | 500 | 165 | 12105 | 915.2 | 228.8 | 114.4 | 0 | 5846.6 | 374.66 | 10471.94 |
| 27 | A025 | 明华 | 市场部 | 4900 | 1470 | 500 | 459.375 | 7329.375 | 509.6 | 127.4 | 63.7 | 163.3333 | 1628.675 | 48.86025 | 6416.481417 |

图 5-3-16

# 任务六　工作表格式化

## 一、设置标题格式

（1）选中 A1：O1 单元格区域，单击“开始”选项卡→“合并居中”。

（2）选中“工资明细表”标题，在“字体”组中将其格式设置为“黑体、25 磅、加粗”。

（3）在标题行上右击，在弹出的快捷菜单中选择“行高”，设置为“60 磅”。

（4）选中 A2：O2 单元格区域，在“字体”组中将其格式设置为“加粗、居中”，行高设置为“30 磅”。

（5）选中 D3：O27 单元格区域，在选区上右击，在弹出的快捷菜单中选择“设置单元格格式”命令，打开“单元格格式”对话框，在“数字”选项卡中设置“会计专用”格式，保留 2 位小数，无货币符号。

## 二、设置表格边框

（1）选中 A2：O27 单元格区域，在选区上右击，在弹出的快捷菜单中选择“设置单元格格式”命令，打开“单元格格式”对话框，在“边框”选项卡中设置“线条”样式为“单实线”，颜色为“蓝色”，“预置”选择内部 ⊞，即设置完内框线。

（2）用同样的方法将表格外边框设置为蓝色粗实线。

（3）选中 H2：H27 和 O2：O27 单元格区域，在“单元格格式”对话框中选择“图案”选项卡，将单元格底纹设置为“浅蓝色”，如图 5-3-17 所示。

**工资明细表**

| | 编号 | 姓名 | 部门 | 基本工资 | 绩效工资 | 工龄工资 | 加班费 | 应发工资 | 养老保险 | 医疗保险 | 失业保险 | 考勤扣款 | 应税工资 | 个人所得税 | 实发工资 |
|---|---|---|---|---|---|---|---|---|---|---|---|---|---|---|---|
| 3 | A001 | 杨文 | 市场部 | 8,600.00 | 2,580.00 | 500.00 | 268.75 | 11,948.75 | 894.40 | 223.60 | 111.80 | 143.33 | 5,718.95 | 361.90 | 10,213.72 |
| 4 | A002 | 甘雪晴 | 人力资源 | 5,000.00 | 1,500.00 | 500.00 | 500.00 | 7,500.00 | 520.00 | 130.00 | 65.00 | 50.00 | 1,785.00 | 53.55 | 6,681.45 |
| 5 | A003 | 柏杨 | 市场部 | 7,800.00 | 2,340.00 | 500.00 | - | 10,640.00 | 811.20 | 202.80 | 101.40 | 520.00 | 4,524.60 | 242.46 | 8,702.14 |
| 6 | A004 | 鲁磊 | 行政部 | 3,800.00 | 1,140.00 | 500.00 | 213.75 | 5,653.75 | 395.20 | 98.80 | 49.40 | - | 110.35 | 3.31 | 5,107.04 |
| 7 | A005 | 周润英 | 财务部 | 8,800.00 | 2,640.00 | 500.00 | 302.50 | 12,242.50 | 915.20 | 228.80 | 114.40 | 146.67 | 5,984.10 | 388.41 | 10,449.02 |
| 8 | A006 | 闵丹 | 财务部 | 5,700.00 | 1,710.00 | 500.00 | 71.25 | 7,981.25 | 592.80 | 148.20 | 74.10 | 380.00 | 2,166.15 | 64.98 | 6,721.17 |
| 9 | A007 | 何津 | 物流部 | 4,000.00 | 1,200.00 | 500.00 | 75.00 | 5,775.00 | 416.00 | 104.00 | 52.00 | 66.67 | 203.00 | 6.09 | 5,130.24 |
| 10 | A008 | 王雯 | 行政部 | 6,500.00 | 1,950.00 | 500.00 | - | 8,950.00 | 676.00 | 169.00 | 84.50 | 537.50 | 3,020.50 | 92.05 | 7,390.95 |
| 11 | A009 | 陈凯伦 | 市场部 | 6,800.00 | 2,040.00 | 500.00 | 467.50 | 9,807.50 | 707.20 | 176.80 | 88.40 | - | 3,835.10 | 173.51 | 8,661.59 |
| 12 | A010 | 占彪 | 市场部 | 5,000.00 | 1,500.00 | 500.00 | - | 7,000.00 | 520.00 | 130.00 | 65.00 | - | 1,285.00 | 38.55 | 6,246.45 |
| 13 | A011 | 宋同雷 | 行政部 | 4,000.00 | 1,200.00 | 500.00 | 212.50 | 5,912.50 | 416.00 | 104.00 | 52.00 | 100.00 | 340.50 | 10.22 | 5,230.29 |
| 14 | A012 | 桂攀 | 物流部 | 3,800.00 | 1,140.00 | 500.00 | 118.75 | 5,558.75 | 395.20 | 98.80 | 49.40 | 50.00 | 15.35 | 0.46 | 4,964.89 |
| 15 | A013 | 李立 | 财务部 | 5,000.00 | 1,500.00 | 500.00 | - | 7,000.00 | 520.00 | 130.00 | 65.00 | 166.67 | 1,285.00 | 38.55 | 6,079.78 |
| 16 | A014 | 周丹 | 人力资源 | 8,800.00 | 2,640.00 | 500.00 | 165.00 | 12,105.00 | 915.20 | 228.80 | 114.40 | - | 5,846.60 | 374.66 | 10,471.94 |
| 17 | A015 | 朱月迁 | 物流部 | 5,500.00 | 1,650.00 | 450.00 | 309.38 | 7,909.38 | 572.00 | 143.00 | 71.50 | - | 2,122.88 | 63.69 | 7,059.19 |
| 18 | A016 | 余雅洁 | 市场部 | 9,000.00 | 2,700.00 | 500.00 | 337.50 | 12,537.50 | 936.00 | 234.00 | 117.00 | 875.00 | 6,250.50 | 415.05 | 9,960.45 |
| 19 | A017 | 肖书华 | 物流部 | 5,800.00 | 1,740.00 | 500.00 | 435.00 | 8,475.00 | 603.20 | 150.80 | 75.40 | - | 2,645.60 | 79.37 | 7,566.23 |
| 20 | A018 | 王慧琼 | 人力资源 | 5,500.00 | 1,650.00 | 500.00 | 103.13 | 7,753.13 | 572.00 | 143.00 | 71.50 | 95.83 | 1,966.63 | 59.00 | 6,811.79 |
| 21 | A019 | 鲁欢 | 行政部 | 4,000.00 | 1,200.00 | 500.00 | 125.00 | 5,825.00 | 416.00 | 104.00 | 52.00 | - | 253.00 | 7.59 | 5,245.41 |
| 22 | A020 | 李巧敏 | 人力资源 | 5,500.00 | 1,650.00 | 500.00 | - | 7,650.00 | 572.00 | 143.00 | 71.50 | 91.67 | 1,863.50 | 55.91 | 6,715.93 |
| 23 | A021 | 李明 | 财务部 | 5,800.00 | 1,740.00 | 500.00 | 108.75 | 8,148.75 | 603.20 | 150.80 | 75.40 | - | 2,319.35 | 69.58 | 7,249.77 |
| 24 | A022 | 吴磊 | 行政部 | 5,200.00 | 1,560.00 | 500.00 | 113.75 | 7,373.75 | 540.80 | 135.20 | 67.60 | 173.33 | 1,630.15 | 48.90 | 6,407.91 |
| 25 | A023 | 王丽 | 市场部 | 4,000.00 | 1,200.00 | 500.00 | 375.00 | 6,075.00 | 416.00 | 104.00 | 52.00 | 100.00 | 503.00 | 15.09 | 5,387.91 |
| 26 | A024 | 蓝天 | 人力资源 | 8,800.00 | 2,640.00 | 500.00 | 165.00 | 12,105.00 | 915.20 | 228.80 | 114.40 | - | 5,846.60 | 374.66 | 10,471.94 |
| 27 | A025 | 明华 | 市场部 | 4,900.00 | 1,470.00 | 500.00 | 459.38 | 7,329.38 | 509.60 | 127.40 | 63.70 | 163.33 | 1,628.68 | 48.86 | 6,416.48 |

图 5-3-17

# 任务七　创建“各部门工资汇总表”

## 一、创建工作表

（1）在“工资管理表”工作簿中，插入一张新工作表，将新工作表重命名为“各部门工资汇总表”。

（2）选中“工资明细表”中的 A2：O27 单元格区域进行复制，粘贴到“各部门工资汇总表”中以 A1 单元格为起始的区域。

## 二、分类汇总

（1）选中“部门”列中任意一个有数据的单元格，选择“开始”→“排序”命令，按照升序排序。

（2）在工作表中，任选一个有数据的单元格，选择“数据”→“分类汇总”命令，设置分类字段为“部门”、汇总方式为“求和”、汇总项为“实发工资”。

## 三、创建图表

选中汇总出的结果里“部门”和“实发工资”列，单击“插入”选项卡里“全部图表”，选择“簇状柱形图”，创建图表，效果如图 5-3-18 所示。

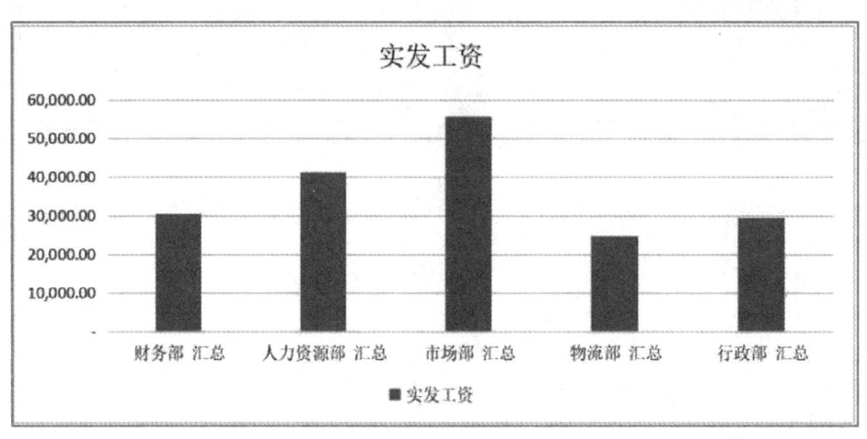
实发工资
60,000.00
50,000.00
40,000.00
30,000.00
20,000.00
10,000.00
-
财务部 汇总
人力资源部 汇总
市场部 汇总
物流部 汇总
行政部 汇总
实发工资

图 5-3-18

# 模块六　WPS 演示文稿制作——文化自信，从介绍你的家乡开始

## 项目一　WPS 演示文稿中幻灯片的创建

### 项目导读

随着全球化和跨文化交流的推进，文化自信已成为国家软实力的重要组成部分。本项目旨在通过 WPS 演示文稿制作技能，引导学生从深入了解自己的家乡文化开始，培养他们的文化自信和文化认同，从而提高他们作为公民的文化自觉。

### 学习目标

1. 掌握创建与保存演示文稿等基本操作。
2. 了解演示文稿的视图功能。
3. 学会演示文稿的几种创建方法。
4. 学会使用占位符、编辑母版等方法。

### 思政目标

1. 提高学生展示表达内容的能力。
2. 引导学生认识真善美。
3. 引导学生树立对美好事物的精神追求。

### 任务一　制作演示文稿

使用演示文稿可以方便地将文字、图片、音频和视频等视觉元素组合起来，能给我们的演讲、会议和教学带来无法形容的快捷、生动，好的演示文稿可以让复杂的东西简单化，辅助演讲者准确地传递信息，让观众更简单、直接地接受和理解这些信息，从而提高演示的效

果，本项目完成后的效果如图 6-1-1 所示。

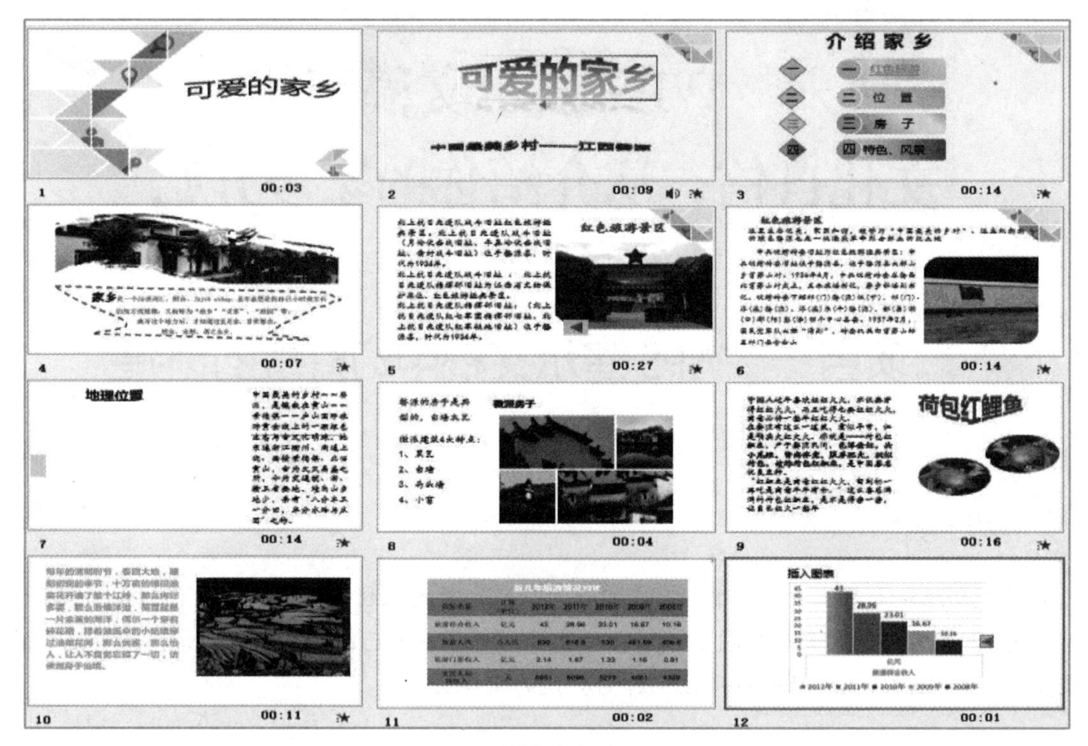


图 6-1-1

## 一、演示文稿的基本操作

双击桌面上的“WPS Office”快捷图标，或者选择“开始”→“所有程序”→“WPS Office”→“WPS Office”命令，启动 WPS Office。

在主界面中单击“新建”按钮，进入“新建”页面，在窗口上方选择要新建的程序类型“演示”，选择后单击下方的“+”按钮即可。

## 二、幻灯片的视图

WPS 演示文稿默认显示普通视图，该视图主要用于调整演示文稿的结构及编辑单张幻灯片中的内容。为满足用户不同的需求，WPS 提供了多种视图模式以编辑或查看幻灯片，单击“视图”选项卡，可切换到相应的视图模式如图 6-1-2 所示，WPS 演示文稿界面如图 6-1-3 所示。

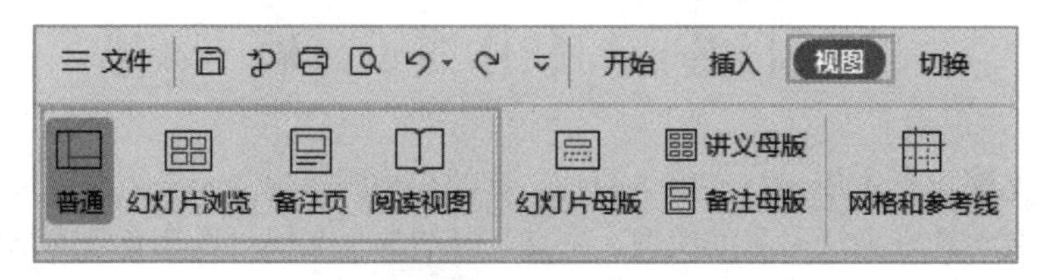


图 6-1-2

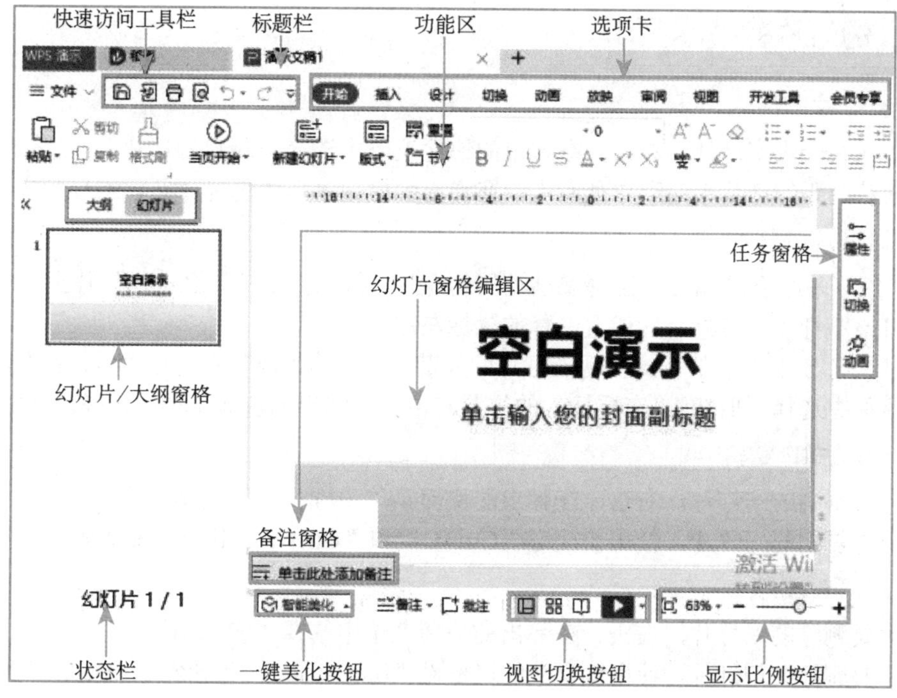


图 6-1-3

### 1. 普通视图

WPS 默认显示普通视图，在该视图模式下可以同时显示幻灯片编辑区、“幻灯片/大纲”窗格及备注窗格。在普通视图下，用户可以看到整个幻灯片的全貌，也可以对单独一张幻灯片进行编辑。

### 2. 幻灯片浏览视图

在幻灯片浏览视图模式下，可以浏览到整个演示文稿中所有幻灯片的整体结构与效果，可以改变各个幻灯片的配色方案与版式，也可以改变幻灯片的位置，对幻灯片进行复制或删除等各种操作，在幻灯片浏览视图模式下，用户不能对单张幻灯片进行编辑操作。

### 3. 阅读视图

阅读视图仅显示标题栏、阅读区和状态栏，主要用于浏览幻灯片的内容。在阅读视图模式下，演示文稿中的幻灯片将以窗口大小进行放映。

### 4. 幻灯片放映视图

在该视图模式下，演示文稿中的幻灯片以全屏动态进行放映。该视图模式主要用于预览幻灯片在制作完成后的放映效果，测试插入的动画、更改声音等效果，以便及时对在放映过程中不满意的地方进行修改，还可以在放映过程中标注出重点，观察每张幻灯片的切换效果等。

### 5. 备注视图

备注视图与普通视图相似，只是没有“幻灯片/大纲”窗格，在此视图模式下，幻灯片编辑区中完全显示当前幻灯片的备注信息。

## 三、幻灯片的基本操作

### 1. 幻灯片的插入

选中任意一张幻灯片，右击，在弹出的快捷菜单中选择“新建幻灯片”。

在任意两张幻灯片中间空白处右击，在弹出的快捷菜单中选择“新建幻灯片”。

### 2. 幻灯片的移动

在“幻灯片/大纲”窗格中选择要移动的幻灯片，将鼠标指针移至该幻灯片上，按住鼠标左键并将该幻灯片拖曳到目标位置，释放鼠标左键。

通过“剪切-粘贴”的方式实现幻灯片的移动。选中单张或多张幻灯片后，右击，在弹出的快捷菜单中选择“剪切”；在要插入的位置右击，在弹出的快捷菜单中选择“粘贴”。

### 3. 幻灯片的复制

选中要复制的幻灯片，右击，在弹出的快捷菜单中选择“复制幻灯片”。

选中要复制的幻灯片，使用快捷键“Ctrl+C”和“Ctrl+V”组合完成复制和粘贴。

### 4. 幻灯片删除

选中要删除的幻灯片，右击，在弹出的快捷菜单中选择“删除幻灯片”。

选中要删除的幻灯片，使用键盘上的退格键“Backspace”或删除键“Delete”可快速删除幻灯片。

### 5. 幻灯片隐藏

选中幻灯片，单击“放映”选项卡→选择“隐藏幻灯片”命令。此时该张幻灯片的编号上面将出现一条反斜杠和一个方框，表示该幻灯片被隐藏，如果想要取消隐藏，只需再次执行该命令即可。

选中需要隐藏的幻灯片，右击，在弹出的快捷菜单中选择“隐藏幻灯片”。

### 6. 幻灯片的选择

Ctrl 键：按住 Ctrl 键并单击鼠标，可以选择多张不连续的幻灯片。这在需要单独选择几张幻灯片进行编辑或操作时非常有用。

Shift 键：首先单击开始选择的幻灯片，然后按住 Shift 键并单击结束选择的幻灯片，可以选中这两者之间的所有连续幻灯片。这在需要选择一系列连续幻灯片时非常方便。

“Ctrl+A”组合键：按下“Ctrl+A”组合键可以选中当前演示文稿中的所有幻灯片。这在需要对所有幻灯片进行统一操作时非常方便。

## 四、保存和关闭演示文稿

### 1. 保存演示文稿

保存新建的演示文稿。

保存已有的演示文稿。

### 2. 关闭演示文稿

关闭已有的演示文稿。

# 任务二　编辑演示文稿

## 一、占位符与文本输入

### 1. 占位符的概念

在演示文稿中，文字是通过一个带有虚线边框的框输入的，这个框被称为“占位符”。占位符在绝大部分幻灯片版式中都能见到，它们可以容纳标题、正文，以及图表、表格和图片等对象。

### 2. 文本输入

在幻灯片中，文本的输入可以通过占位符或文本框进行。

## 二、设置幻灯片母版

幻灯片母版是一类特殊幻灯片，它能够控制基于它的所有幻灯片。母版里包含了每一张幻灯片的文本的格式和位置、项目符号、页脚的位置、背景图案等一系列重要信息。

操作：单击“设计”选项卡→“编辑母版”，或者单击“视图”选项卡 → “幻灯片母版”，如图 6-1-4 所示。

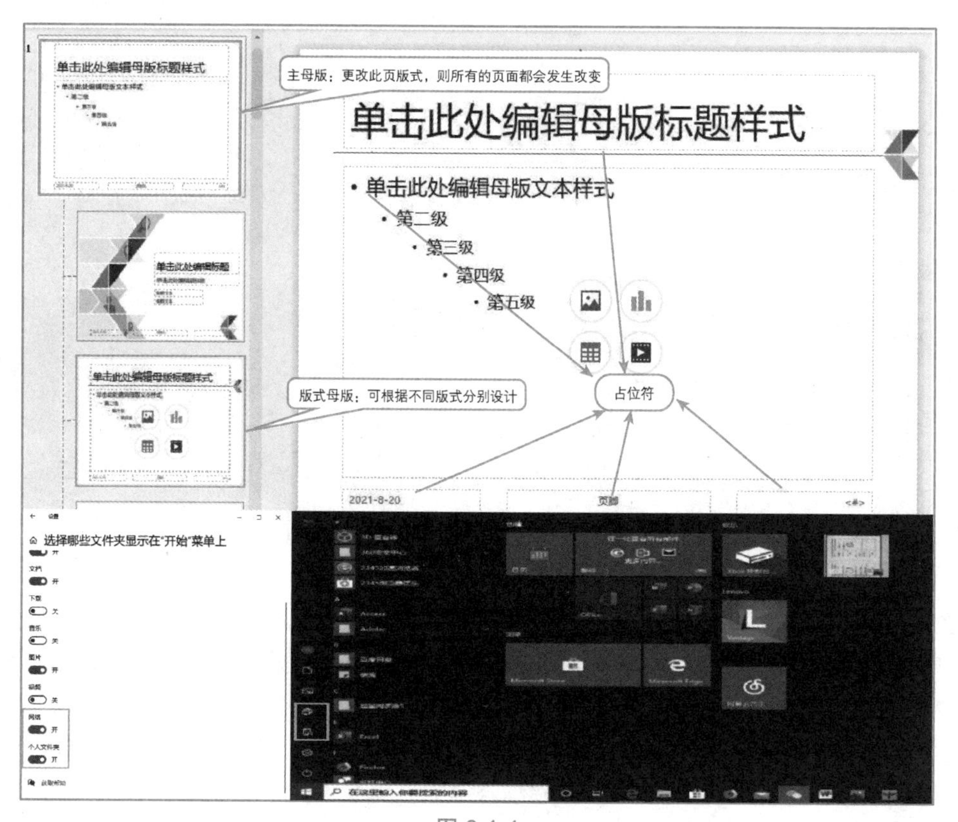


图 6-1-4

幻灯片母版相关选项包括幻灯片母版、幻灯片母版视图、讲义母版、备注母版。

注意事项："母版"和"模板"的区别。

"模板"是演示文稿中特殊的一类，扩展名为.pot，用于提供样式文稿的格式、配色方案、母版样式及产生特效的字体样式等，应用设计模板可快速生成风格统一的演示文稿。

"母版"规定了演示文稿（幻灯片、讲义及备注）的文本、背景、日期及页码格式，体现了演示文稿的外观，包含了演示文稿中的共有信息。

# 项目二 WPS 演示文稿的编辑与美化

## 项目导读

在演示文稿中，将数据转化为直观的图形，可以使原本枯燥的数据变得直观易懂。同时，还可以插入声音、视频等多媒体元素，让演示文稿更加吸引观众。在演示过程中，如需引用其他内容，可以为幻灯片中的元素添加超链接。

## 学习目标

1. 掌握对图片、音频等媒体的处理方法。
2. 学会使用超链接。

## 思政目标

1. 提高学生树立对家乡的认同感。
2. 引导学生树立保护环境意识。
3. 引导学生埋下为家乡做贡献的种子。

## 任务一 美化演示文稿

在幻灯片制作时，添加图片可以吸引观众的注意力，传达文字无法表达的信息，并美化版面。人们常说"一图胜千言"，但如果使用图片不当（图片变形、模糊不清或图文不符），可能会产生相反的效果。本项目将对插入与编辑图片的操作进行详细讲解。在演示文稿中，将数据转化为直观的图形，可以使枯燥的数据变得一目了然，同时还可以插入声音、视频等，让演示文稿具有多媒体效果，更加吸引观众。在演示过程中，若需引用其他内容，可以为幻灯片中的元素添加超链接。

## 一、插入与编辑图片

### 1. 插入图片

插入图片的方式包括“本地图片”“分页插图”等。

1）插入“本地图片”

插入“本地图片”主要是指将计算机中保存的图片添加到幻灯片中。

（1）创建好幻灯片后，单击插入图片的占位符，选择“插入”选项卡。

（2）单击功能区左侧的“图片”选项，选择“本地图片”。

（3）弹出“插入图片”对话框，选择图片所在的位置，选中图片，单击“打开”按钮。

2）分页插图

（1）选择“插入”→“图片”→“分页插图”命令，弹出“分页插图”对话框。

（2）在“分页插图”对话框中，按住Ctrl键并选择要分页插入的图片。

（3）单击“打开”按钮，这样就可以实现批量在演示文稿中插入图片。

### 2. 编辑图片

插入图片后，需要对图片进行美化设置，包括精确调整尺寸和设置图片样式。

1）更改图片大小

手动调整：使用鼠标拖动图片边缘的控件点，当光标变为十字形状时，拖动鼠标以调整图片大小。

精确调整：通过“图片工具”中的“大小”选项组，输入具体的数值来设置图片的高度和宽度，以及缩放比例。

属性设置：单击图片，选择“格式”选项卡下的“大小”，输入图片的高度、宽度、旋转角度，以及缩放百分比。如需保持图片比例，勾选“锁定纵横比”选项。根据需要设置图片的“相对于原始尺寸”和分辨率。

2）设置图片样式

选择图片后，可以通过“图片工具”的“设置形状格式”选项组中的选项，应用不同的样式效果，如阴影、边框、颜色等，以增强图片的视觉效果。

### 3. 图片位置的设置

调整图片在幻灯片中的位置，以确保布局的合理性和视觉的平衡性。

### 4. 图片的组合与对齐方式

1）图片的组合

为了在演示文稿中对多个对象进行说明或对比，我们经常需要插入多张图片。要使这些图片在幻灯片中形成一个统一的整体，便于移动和调整，就需要将它们组合起来。

组合图片的步骤：

（1）在幻灯片中插入所需的多张图片。

（2）按住Shift键，依次单击选中所有需要组合的图片。

（3）单击“图片工具”选项卡，然后选择“组合”；或者，右击选中的图片，在弹出菜单中选择“组合”。这样，就可以将多张图片组合成一个整体了，如图6-2-1所示。

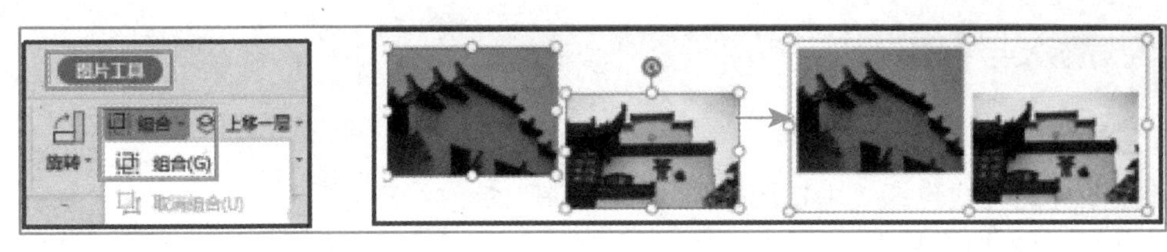


图 6-2-1

2）图片的对齐方式

WPS 演示文稿提供了图形快速对齐位置和快速同比例大小的功能。在幻灯片中有时会插入多张图片或图形，那如何对插入的多张图片或图形进行相应“对齐”或自行调整大小等设置？

操作步骤：

（1）选择图片：单击选择你想要对齐的图片。

（2）使用对齐工具：在 WPS 演示文稿的顶部菜单中找到“对齐”按钮。

（3）选择对齐方式：单击你需要的对齐方式，如“左对齐”“居中对齐”等。

（4）调整大小：拖动图片角落调整大小，或在“大小”设置中输入具体数值。

（5）锁定纵横比：调整大小时，勾选“锁定纵横比”以保持图片比例。

### 5. 图片的旋转

目的：调整图片的方向，以适应幻灯片的布局或增强视觉效果。

操作步骤：

（1）选择需要旋转的图片。

（2）找到并单击“图片工具”中的“旋转”选项。

（3）选择适当的旋转角度，如 90 度、180 度及 270 度，或者自由选择旋转角度以精确调整。

### 6. 图片的拼接

在一张幻灯片中要添加多张图片并组合在一起，WPS 演示文稿还有一个更加快捷的小技巧，使用“图片拼图”功能可以对图片进行拼图。

## 二、插入与编辑形状

在制作演示文稿时，图形是一种重要的视觉元素，它不仅可以美化幻灯片，还可以帮助观众更好地理解内容。

### 1. 插入形状

在 WPS 演示文稿中，可以插入多种形状来增强幻灯片的视觉效果。这些形状包括但不限于：

（1）线条；

（2）矩形；

（3）基本形状（如圆形、椭圆形等）；

（4）箭头；

（5）流程图元素；

（6）动作按钮。

选择需要的形状，然后在幻灯片上拖动鼠标以绘制。绘制图形的步骤：选择“插入”菜单→选择“形状”选项。

### 2. 设置形状样式

可以对形状进行以下样式设置。

（1）轮廓填充颜色：选择形状后，设置其边框的颜色。

（2）形状填充颜色：为形状填充颜色，以增强视觉效果。

### 3. 合并形状

利用“合并形状”功能，可以将多个形状合并成新的几何形状。

（1）组合：去除形状重叠部分，形成一个整体。

（2）相交：只保留形状重叠的部分。

使用合并形状的步骤：选择需要合并的形状→单击“格式”菜单中的“合并形状”选项→选择合并方式（组合或相交）。

## 三、插入批量图片、Logo 及改变幻灯片背景

### 1. 插入批量图片和 Logo

为了使所有幻灯片具有统一的风格，可以使用幻灯片母版功能来统一添加图片或 Logo，如图 6-2-2 所示。

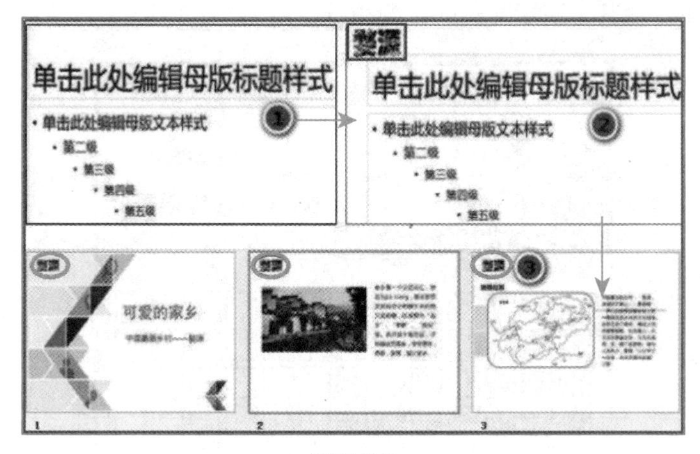


图 6-2-2

插入批量图片、Logo 的步骤如下。

（1）打开“视图”菜单，选择“幻灯片母版”。

（2）在母版视图中，选择要添加图片或 Logo 的位置。

（3）插入图片或 Logo，并调整其大小和位置。

（4）应用母版更改，所有幻灯片将自动更新。

### 2. 更改幻灯片背景

选择合适的背景颜色和设计可以显著提升演示文稿的吸引力和专业性。

（1）纯色填充：一种较常见的背景填充，可以设置“颜色”和“透明度”等属性。

（2）渐变填充：允许用户为幻灯片设置自定义的渐变色背景，也可以单击“预设颜色”按钮，选择各种预设的渐变填充效果。

（3）图片或纹理填充：可以将 WPS 内置的纹理图案、外部图像、剪贴板图像设置为幻灯片背景，用户不仅可以选择背景的内容，而且可以设置背景的平铺和透明等属性。

（4）图案填充：可以设置图案的前景色和背景色。

## 四、插入与编辑艺术字

在设计演示文稿时，为了使幻灯片更加美观和形象，常常需要用到艺术字功能。插入艺术字之后，可以通过改变其样式、大小、位置和字体格式等操作来设置艺术字。

（1）插入艺术字。

（2）编辑艺术字。

（3）设置艺术字样式。

（4）设置艺术字效果。

## 五、插入与编辑表格

WPS 演示文稿中可以插入表格，并且能够使演示文稿更加丰富直观。插入表格后，还可以对表格进行编辑，使其与演示文稿的主题相符，如图 6-2-3 所示。

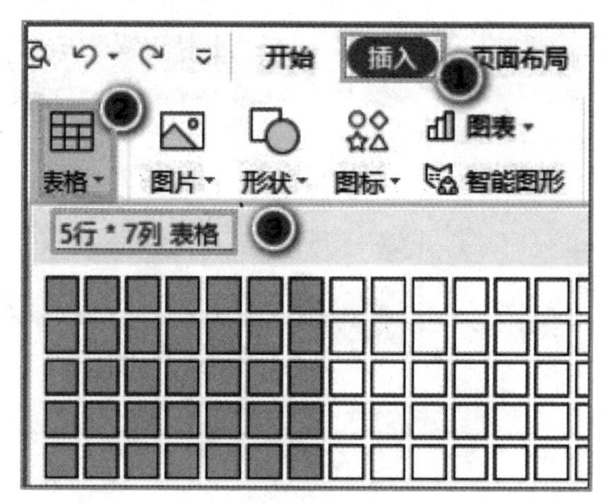


图 6-2-3

（1）插入表格。

（2）在表格中输入文字。

（3）设置表格样式。

## 六、插入与编辑图表

表格和图表具有简洁明了的特点，不仅可以美化演示文稿，而且能够直观地展示数据之间的对比关系，易于观众理解。在演示文稿制作过程中可以根据需要适当加入图表元素，提高演示文稿的吸引力，如图 6-2-4 所示。

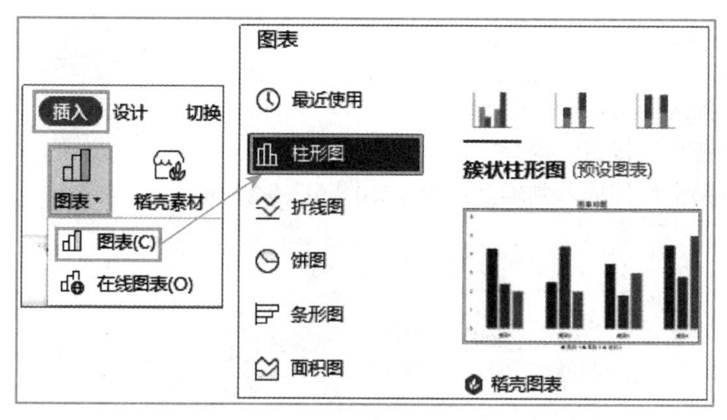


图 6-2-4

（1）插入图表。

（2）编辑图表中的数据。

单击菜单栏“图表工具”→“编辑数据”，此时自动打开 WPS 演示文稿中的图表。

# 任务二　应用多媒体到演示文稿

演示文稿作为一种广泛使用的视觉传达工具，其设计和制作的质量直接影响着信息的接收和理解。一个精心设计的演示文稿不仅能够吸引观众的注意力，更能加深他们对演讲内容的记忆和理解。今天，我们将探讨如何通过合理运用图片、图形、声音和视频等多媒体元素，来提升演示文稿的吸引力和信息传递效果，如图 6-2-5 所示。

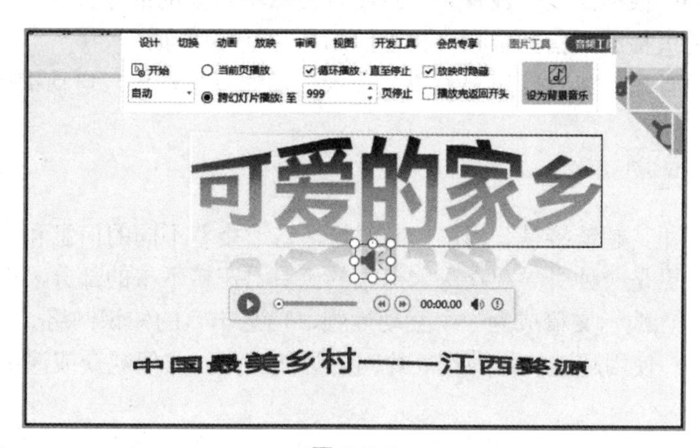


图 6-2-5

## 一、音频的使用

在视觉艺术中，声音往往被忽视，但在演示文稿中，它却是一个不可或缺的元素。声音能够唤起情感，增强信息的传递效果，甚至在某些情况下，能够成为故事叙述的关键。接下来，我们将探索如何在演示文稿中巧妙地插入和编辑音频，让声音成为演示文稿的有力支持。

### 1. 插入音频

（1）单击“插入”选项卡。

（2）单击“音频”按钮，选择“嵌入音频”。

（3）选择音频文件并插入到幻灯片中，如图 6-2-6 所示。

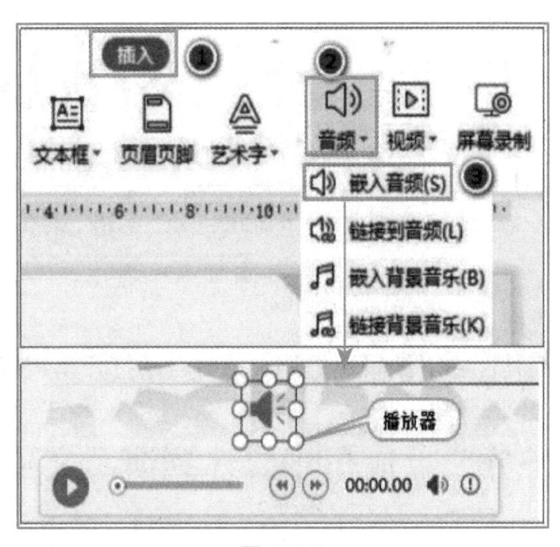


图 6-2-6

### 2. 编辑音频

（1）设置音量大小：调整音频的音量，确保其不会过大或过小。

（2）剪裁音频：根据需要剪裁音频的长度，去除不需要的部分。

（3）设置当前页播放：指定音频只在当前幻灯片播放时激活。

（4）设为背景音乐：将音频设置为整个演示文稿的背景音乐，自动播放。

## 二、超链接的添加

在演示的世界里，超链接是一扇门、一扇窗，它连接着不同的信息和知识。它不仅仅是一个简单的跳转，更是一种引导观众深入探索的工具。在接下来的部分，我们将学习如何创建和编辑超链接，让演示文稿成为一个互动性强、信息丰富的知识网络。

（1）导航工具：使用超链接作为幻灯片间的导航工具，方便观众或演讲者在不同内容间跳转。

（2）引用内容：在需要引用其他内容或资源时，为幻灯片对象添加超链接。

# 项目三　WPS 演示文稿的动画设计与放映

## 项目导读

为演示文稿配上背景声音，可以大大增强演示文稿的播放效果，在编辑美化完演示文稿后，要让演示文稿更加生动活泼，可以对演示文稿进行一些动态处理。使用带动画的幻灯片对象可以使演示文稿更加生动活泼，使用动画效果更具有吸引力和说服力。

## 学习目标

1. 通过学习将演示文稿中的文本、图片、形状、表格和图形等对象制作成动画效果。
2. 能为多个对象添加同一动画和为一个对象添加多个动画。
3. 能设置与放映演示文稿。

## 思政目标

1. 让学生学会规范表达，成为有条理的人。
2. 引导学生拥有善于发现真善美的眼睛。

## 任务一　为演示文稿设置动画

演示文稿已经通过精心挑选的背景声音得到了情感上的加强，接下来，让我们进一步增强其播放效果，让整个演示文稿更加生动活泼。动画效果是演示文稿中不可或缺的元素，它能够吸引观众的眼球，让信息的传递更加直观和有趣。为演示文稿对象添加动画，不仅能够提升演示文稿的吸引力，还能增强其说服力，本项目完成后的效果如图 6-3-1 所示。

### 一、设置对象进入动画

（1）选择对象：在幻灯片中选定您想要添加动画的文本、图片、形状或表格。

（2）动画设置。

① 打开“动画”选项卡。

② 单击“其他”按钮，浏览并选择“进入”类别中的动画效果。

（3）动画设置细化。

① 开始：选择动画的触发方式，可以是“鼠标单击时”“与上一动作同时”“在上一动作

图 6-3-1

之后”。

② 速度：根据演示的节奏调节动画的速度。

③ 效果选项：根据需要调整动画的具体表现，如方向、数量等。

## 二、设置对象“强调”动画

（1）选择动画类型：在“动画”选项卡中选择“强调”类别。

（2）应用动画：选择“放大/缩小”“闪烁”“陀螺旋”等效果。

## 三、设置对象“路径”动画

（1）绘制路径：使用“动画”选项卡中的“自定义路径”工具绘制对象移动的轨迹。

（2）应用路径动画：将绘制的路径应用到对象上，调整移动速度和方向。

## 四、设置对象“退出”动画

（1）选择退出动画：在“动画”选项卡中选择“退出”选项。

（2）设置动画属性：根据需要选择动画效果，并调整其属性。

## 五、设置幻灯片的切换动画

（1）选择切换效果：在“幻灯片切换”选项卡中选择适合的切换效果，如图 6-3-2 所示。

（2）设置切换选项：调整切换的速度、声音及切换方式。

（3）更改/删除效果：如果需要，可以更改或删除已设置的切换效果。

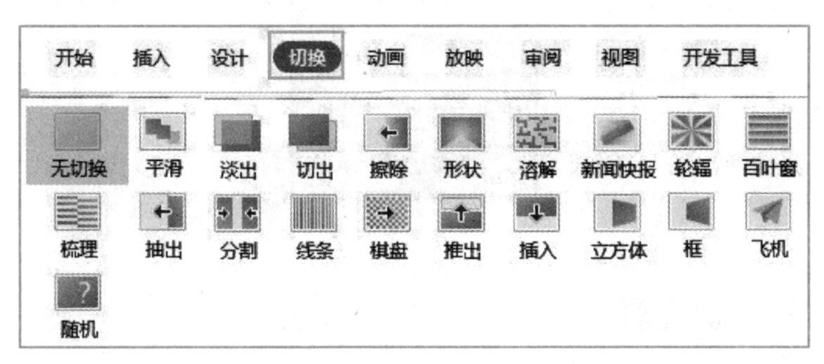


图 6-3-2

## 六、思考与实践

（1）多动画效果：学习如何对同一个对象设置多个动画效果，以及如何调整它们的顺序和时间。

（2）动画同步：掌握如何使不同对象的动画效果同步或有序地进行。

（3）效果选项：探索不同的效果选项，以创造独特的动画效果。

通过这些步骤和思考，可以使“可爱的家乡”演示文稿更加生动和吸引人，同时确保动画的添加既符合逻辑又具有合理性。

# 任务二　WPS 演示文稿的设置与放映

在幻灯片放映前，需要提前设置它的放映方式，如放映类型、换片方式、放映的幻灯片、自定义放映等。本任务主要介绍放映演示文稿方面的知识与技巧，以及在制作完成演示文稿后，如何对幻灯片进行输出，将演示文稿打包。

## 一、排练计时和放映文件

在制作演示文稿时，可控制演示文稿的放映时间，使整个演示文稿中的幻灯片可以自动播放，并且各个幻灯片播放的时间与实际需要时间大致相同。这时可以使用排练计时功能。

（1）应用排练计时功能录制放映过程。

（2）保存计时放映文件。

为使演示文稿在打开时自动播放幻灯片，可将演示文稿保存为 PDF 格式，且放映文件的内容不能再被编辑和修改，如图 6-3-3 所示。

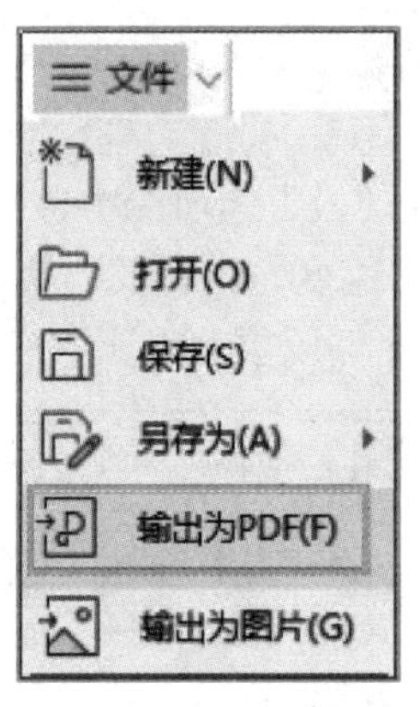


图 6-3-3

## 二、幻灯片放映设置

### 1. 放映类型

（1）WPS 提供了两种放映类型，分别是“演讲者放映”和“展台自动循环放映”。

（2）演讲者放映：演讲者放映模式由演讲者主要操控演示文稿。

（3）展台自动循环放映：展台自动循环放映模式则是展台系统自动循环放映。一般用于公共场所的公益广告、宣传等。

### 2. 共同点

两种放映类型都是全屏幕放映演示文稿。

## 三、演示文稿输出

演示文稿的输出：

（1）将幻灯片保存为 PDF 文档，确保其在不同设备和平台上的阅读一致性。

（2）利用 WPS 的输出功能，选择“文件”→“输出为 PDF”命令，进行操作。

## 四、打包演示文稿

（1）选择“文件”→“文件打包”命令，确保演示文稿的所有元素和设置都能在其他计算机上使用。

（2）在“演示文件打包”对话框中，选择“将演示文稿打包成文件夹”，输入文件夹名称和保存位置，单击“确定”按钮，完成打包，如图 6-3-4 所示。

## 五、逻辑性和合理性完善

（1）在设置放映类型和换片方式时，应考虑实际使用场景和观众的互动需求。

图 6-3-4

（2）在排练计时时，应考虑可能的问答环节或额外讲解时间，适当留有余地。

（3）在输出和打包时，应考虑目标计算机可能缺少必要的软件或字体，确保打包完整。

（4）保存为 PDF 文档时，应检查输出质量，确保没有格式错误或丢失的元素。

# 模块七　网络安全与信息检索——责任担当，做网络安全的维护者

## 项目一　网络安全

### 项目导读

在数字化时代，网络安全与信息检索是两个紧密相连的概念。网络安全保障了我们在线活动的安全，防止数据泄露和网络攻击，而信息检索则帮助我们在海量数据中迅速找到所需信息。了解和掌握这两个领域的知识，对于我们每个人来说都是至关重要的，它们共同维护着我们数字世界的安全与秩序。

### 学习目标

1. 了解计算机病毒。
2. 理解域名与域名解析。
3. 理解 IP 地址与子网掩码。

### 思政目标

通过强化学生的检索信息能力、信息甄别能力和信息利用能力，使学生专注科研、增强文化自信、强化法治意识、增强社会责任感；引导学生遵守信息道德准则，规范自身的信息行为与活动，增强法治观念。

# 任务一　计算机病毒

## 一、计算机病毒的相关概念

### 1. 计算机病毒的定义

在《中华人民共和国计算机信息系统安全保护条例》中明确定义了计算机病毒（Computer Virus）是指“编制或者在计算机程序中插入的破坏计算机功能或者破坏数据，影响计算机使用并且能够自我复制的一组计算机指令或者程序代码”。而现在较为普遍的定义认为，计算机病毒是一种人为制造的、隐藏在计算机系统的数据资源中的、能够自我复制进行传播的程序。

### 2. 计算机病毒的特征

（1）寄生性：计算机病毒通常嵌入或依附于宿主程序，利用宿主程序的执行来激活自己，从而获得执行的机会。

（2）破坏性：病毒可以对计算机系统造成各种损害，从占用系统资源、降低性能到导致数据丢失或系统崩溃。

（3）传染性：病毒具有自我复制的能力，可以通过各种途径，如磁盘、网络等，传播到其他程序或计算机上。

（4）隐蔽性：病毒往往被设计得难以发现，它们可能隐藏在正常程序中或系统的隐蔽位置，使得用户或安全软件难以检测。

（5）潜伏性：有些病毒在感染后不会立即发作，而是潜伏在系统中等待特定的触发条件或时间，一旦条件成熟，它们就会激活并执行其破坏行为。

### 3. 计算机中病毒后可能出现的状况

（1）磁盘文件数目无故增多。

（2）系统文件长度发生变化。

（3）系统出现异常信息、异常图形。

（4）系统运行速度减慢，系统引导、打印速度变慢。

（5）系统内存异常减少。

（6）系统不能由硬盘引导。

（7）系统出现异常死机。

（8）数据丢失。

（9）显示器上经常出现一些莫名其妙的信息或异常现象。

（10）文件名称、扩展名、日期、属性被更改过。

## 二、计算机病毒的防治

### 1. 计算机病毒的预防

计算机病毒的预防是指在病毒尚未入侵或刚刚入侵时，就拦截、阻止病毒的入侵或立即报警，目前在预防病毒工具中采用的技术主要有如下几种。

（1）将大量的杀毒软件汇集于一体，检查是否存在已知病毒，如在开机时或在执行每一个可执行文件前执行扫描程序。

（2）检测一些病毒经常要改变的系统信息，如引导区、中断向量表、可用内存空间等，以确定是否存在病毒行为。其缺点是无法准确识别正常程序与病毒程序的行为，从而造成频繁的误报警，带来的结果是使用户失去对病毒的戒心。

（3）监测写操作，对引导区BR或主引导区MBR的写操作报警。若某个程序对可执行文件进行写操作，就认为该程序可能是病毒，阻止其写操作，并报警。

（4）对计算机系统中的文件形成一个密码检验码以实现对程序完整性的验证，在程序执行前或定期对程序进行密码校验，若有不匹配现象立即报警。

（5）设计病毒行为过程判定知识库，应用人工智能技术，有效区分正常程序与病毒程序行为，是否误报警取决于知识库选取的合理性。

（6）安装杀毒软件。首次安装时，要对计算机做一次彻底的病毒扫描。每周应至少更新一次病毒定义码或病毒引擎，并定期扫描计算机。杀毒软件必须使用正版软件。

#### 2. 计算机病毒的检测

计算机病毒的检测技术是指通过一定的技术手段检测出计算机病毒的一种技术。病毒检测技术主要有两种：一种是根据计算机病毒程序中的关键字、特征程序段内容、病毒特征及传染方式、文件长度的变化，在特征分类的基础上建立的病毒检测技术；另一种是不针对具体病毒程序的自身检验技术，即对某个文件或数据段进行检验和计算并保存其结果，以后定期或不定期地根据保存的结果对该文件或数据段进行检验，若出现差异，即表示该文件或数据段的完整性已遭到破坏，从而检测到病毒的存在。

#### 3. 计算机病毒的清除

（1）停止使用计算机，用纯净启动磁盘启动计算机，将所有资料备份；用正版杀毒软件对计算机进行杀毒，最好能将杀毒软件升级到最新版。

（2）如果一个杀毒软件不能杀除某个病毒，可寻求专业性的杀毒软件，进行查杀。

（3）如果多个杀毒软件均不能杀除此病毒，则可下载专杀工具或将此染毒文件上报杀毒网站，让专业性的网站或杀毒软件公司帮你解决。

（4）若遇到清除不掉的同种类型的病毒，可到网上下载专杀工具进行杀毒。

#### 4. 杀毒软件

目前市场上的查杀病毒软件有许多种，可以根据需要选购合适的杀毒软件。常用的查杀毒软件有金山毒霸、瑞星、诺顿、卡巴斯基、360杀毒软件等。

## 任务二　网络配置

### 一、IP地址与子网掩码

IP是英文“Internet Protocol”的缩写，意思是“网络之间互连的协议”，也就是为计算机网络相互连接进行通信而设计的协议。它是能使连接到网上的所有计算机网络实现相互通信的一套规则，规定了计算机在因特网上进行通信时应当遵守的规则。任何厂家生产的计算机系统，只要遵守 IP 协议就可以与因特网互连互通。正是因为有了 IP 协议，因特网才得以迅速发展成为世界上最大的、开放的计算机通信网络。因此，IP 协议也称“因特网协议”。

### 1. IP 地址的组成

IP 地址分为 IPv4 地址和 IPv6 地址。由于互联网的蓬勃发展，IP 地址的需求量越来越大，使得 IP 地址的发放越趋严格，各项资料显示，全球 IPv4 地址在 2011 年 2 月 3 日已分配完毕。地址空间的不足必将妨碍互联网的进一步发展。为了扩大地址空间，拟通过 IPv6 重新定义地址空间。IPv6 采用 128 位地址长度。在 IPv6 的设计过程中除了一劳永逸地解决了地址短缺问题以外，还考虑了在 IPv4 中解决不好的其他问题。如果不做特别说明，本任务的 IP 地址指的是 IPv4 地址。

IP 地址是一个 32 位的二进制数，由地址类别、网络号和主机号 3 个部分组成，如图 7-1-1 所示。为了方便表示，国际上通行一种“点分十进制”表示法，即将 32 位地址分为 4 段，每段 8 位，组成一个字节，每个字节用一个十进制数表示。每个字节之间用点号“.”分隔。这样，IP 地址就成了以点号隔开的四组数字，每组数字的取值范围是 0～255（一个字节表示的范围）。IPv4 就是有 4 段数字，每一段最大不超过 255，如图 7-1-2 所示。

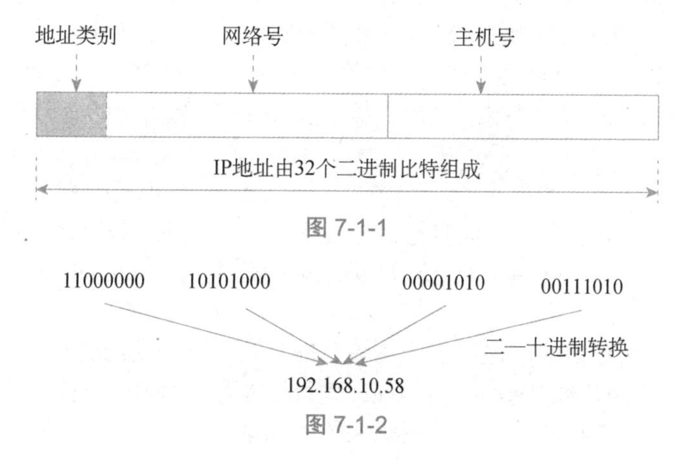


图 7-1-1

图 7-1-2

### 2. IP 地址的分类

IP 地址分为 A、B、C、D 和 E 五类，详细结构如图 7-1-3 所示。

1）A 类地址

A 类地址网络号占一个字节，主机号占三个字节，并且第一个字节的最高位为 0，用来表示地址是 A 类地址，因此，A 类地址的网络数为 $2^7$（128）个，每个网络对应的主机数可达 $2^{24}$（16777216）个，A 类地址的范围是 0.0.0.0～127.255.255.255。

由于网络号全为 0 和全为 1 用于特殊目的，所以 A 类地址有效的网络数为 126 个，其范围是 1～126。另外，主机号全为 0 和全为 1 也有特殊作用，所以每个网络号对应的主机数最多应该是（$2^{24}$−2）个，即 16777214 个。因此，一台主机能使用的 A 类地址的有效范围是 1.0.0.1～126.255.255.254。

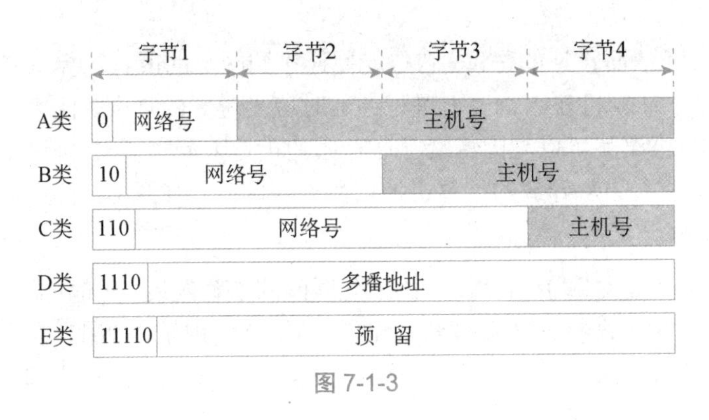


图 7-1-3

2）B 类地址

B 类地址网络号、主机号各占两个字节，并且第一个字节的最高两位为 10，用来表示地址是 B 类地址，因此 B 类地址的网络数为 $2^{14}$ 个（实际有效的网络数是 $2^{14}-1$），每个网络号所对应的主机数可达 $2^{16}$（实际有效的主机数是 $2^{16}-1$）个。B 类地址的范围为 128.0.0.0～191.255.255.255，与 A 类地址类似（网络号和主机号全为 0 和全为 1 有特殊作用），一台主机能使用的 B 类地址的有效范围是 128.0.0.1～191.255.255.254。

3）C 类地址

C 类地址网络号占三个字节，主机号占一个字节，并且第一个字节的最高三位为 110，用来表示地址是 C 类地址，因此 C 类地址的网络数为 $2^{21}$（实际有效的网络数为 $2^{21}-1$）个，每个网络号所对应的主机数可达 256（实际有效的主机数为 254）个。C 类地址的范围为 192.0.0.0～223.255.255.255，同样，一台主机能使用的 C 类地址的有效范围是 192.0.0.1～223.255.255.254。

4）D 类地址

D 类地址用于多播，多播就是同时把数据发送给一组主机，只有那些已经登记可以接收多播地址的主机，才能接收多播数据包。D 类地址的范围是 224.0.0.0～239.255.255.255。

5）E 类地址

E 类地址是为将来预留的，也可用于实验目的，它们不分配给主机。

其中，A、B、C 类地址是基本的 Internet 地址，是用户使用的地址，为主类地址。D、E 类地址为次类地址，有特殊用途，为系统保留的地址。

表 7-1-1 列出了 IP 地址的使用范围。

表 7-1-1 IP 地址的使用范围

| 网络类型 | 第一字节范围 | 可用网络号范围 | 最大网络数 | 每个网络中的最大主机数 |
|---|---|---|---|---|
| A | 1～126 | 1～126 | 126（$2^7-2$） | 16 777 214（$2^{24}-2$） |
| B | 128～191 | 128.0～191.255 | 16 383（$2^{14}-1$） | 65 534（$2^{16}-2$） |
| C | 192～223 | 192.0.0～223.255.255 | 2 097 151（$2^{21}-1$） | 254（$2^8-2$） |

## 二、子网的划分

通常 A 类或 B 类地址的一个网络号可以对应很多主机，C 类地址的一个网络号只能对应 254 台主机。

因此，一个较大的网络常被分成几个部分，每个部分称为一个子网。在外部，这几个子网依然对应一个完整的网络号。子网划分的方法就是将地址的主机号部分进一步划分成子网号和主机号两个部分，如图 7-1-4 所示。

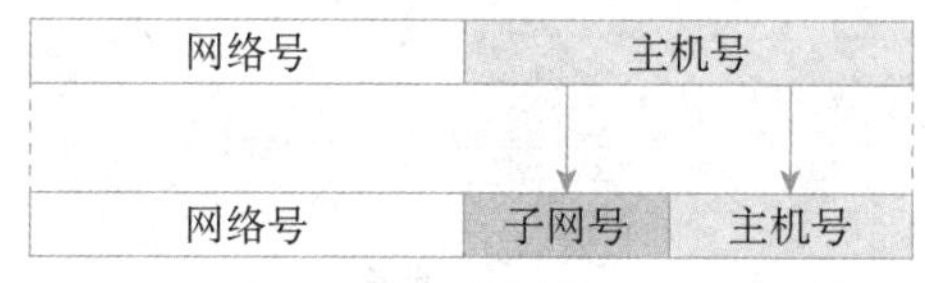


图7-1-4　子网的划分

其中，表示子网号的二进制位数（占用主机地址的位数）取决于子网的个数，假设占用主机地址的位数为 $m$，子网的个数为 $n$，它们之间的关系是 $2^m=n$。

例如，一个 B 类网络 172.17.0.0，将主机号分为两部分，其中 8 位用于子网号，另外 8 位用于主机号，那么这个 B 类网络就被分为 254 个子网，每个子网可以容纳 254 台主机。

子网掩码（Subnet Mask）也是一个“点分十进制”表示的 32 位二进制数，通过子网掩码，可以指出一个 IP 地址中的哪些位对应于网络地址（包括子网地址）、哪些位对应于主机地址。对于子网掩码的取值，通常是将对应于 IP 地址中网络地址（网络号和子网号）的所有位都设置为“1”，对应于主机地址（主机号）的所有位都设置为“0”。

例如，位模式 11111111 11111111 11111111 00000000 中，前三个字节全为 1，代表对应 IP 地址中最高的三个地址为网络地址；后一个字节全为 0，代表对应 IP 地址中最后的一个字节为主机地址。

默认情况下，A、B、C 三类网络的掩码如表 7-1-2 所示。

表 7-1-2　默认的子网掩码

| 地址类型 | 点分十进制数 | 子网掩码的二进制位 | | | |
|---|---|---|---|---|---|
| A | 255.0.0.0 | 11111111 | 00000000 | 00000000 | 00000000 |
| B | 255.255.0.0 | 11111111 | 11111111 | 00000000 | 00000000 |
| C | 255.255.255.0 | 11111111 | 11111111 | 11111111 | 00000000 |

子网掩码的作用是判断信源主机和信宿主机是否在同一网段上，方法是把信源主机地址和信宿主机地址分别与所在网段的子网掩码进行二进制“与”运算，如果产生的两个结果相同，则在同一网段；如果产生的结果不同，则两台主机不在同一网段，这两台计算机要进行相互访问时，必须通过一台路由器进行路由转换。

## 三、域名与域名解析

虽然用数字表示网络中各主机的 IP 地址对计算机来说很恰当，但对于用户来说，记忆一组毫无意义的数字是相当困难的。为此，TCP/IP 协议引进了一种字符型的主机命名制，这就是域名。域名（Domain Name）的实质就是用一组具有记忆功能的英文简写名代替 IP 地址。为了避免重名，主机的域名采用层次结构，各层次的子域名之间用点号“.”隔开，从右到左分别为第一级域名、第二级域名直至主机名，具体结构如下：

主机名.…….第二级域名. 第一级域名

域名示例如图 7-1-5 所示。

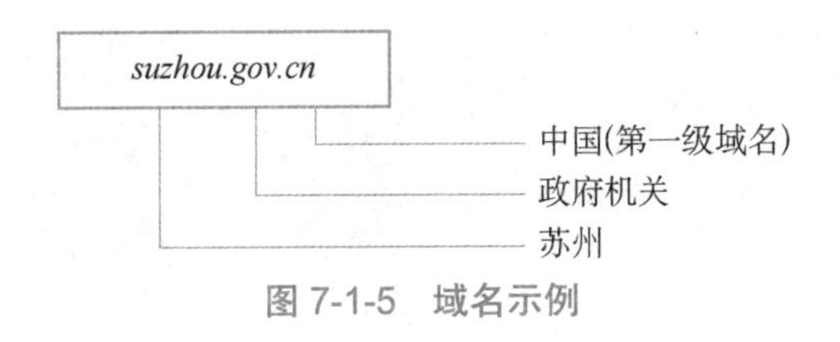


图 7-1-5　域名示例

关于域名应该注意以下几点。

（1）只能以字母字符开头，以字母字符或数字符结尾，其他位置可用字符、数字、连字符或下划线。

（2）域名中大、小写字母视为相同。

（3）各子域之间用点号隔开。

（4）域名中最左边的子域名通常代表机器所在单位名，中间各子域名代表相应层次的域名，第一级域名是标准化的代码。常用的第一级子域名标准代码有 COM（商业组织）、EDU（教育机构）、GOV（政府机构）、MIL（军事部门）、NET（主要网络支持中心）、ORG（其他组织）、INT（国际组织）。

（5）整个域名的长度不得超过 255 个字符。

域名和 IP 地址都是表示主机的地址，实际上是同一个事物的不同表示。用户可以使用主机的 IP 地址，也可以使用它的域名。从域名到 IP 地址或者从 IP 地址到域名的转换由域名服务器 DNS（Domain Name Server）完成。

域名系统的提出为用户提供了极大方便，但主机域名不能直接用于 TCP/IP 协议的路由选择。当用户使用主机域名进行通信时，必须首先将其映射成 IP 地址，这个过程叫域名解析。在 Internet 中，域名服务器中有相应的软件把域名转换成 IP 地址，从而帮助用户寻找主机域名所对应的 IP 地址。

# 项目二　信息检索

## 项目导读

在当今社会这个高度信息化的时代，信息已成为支撑人们日常生活各个方面的关键要素，无论是工作、学习还是日常生活，都离不开对大量信息的获取和利用。因此，掌握信息检索技能，能够有效地从海量数据中筛选和获取所需信息，已成为确保各项活动顺利进行和提高效率的重要前提。

## 学习目标

1. 掌握信息检索的基本理论与方法。

2. 理解信息检索的发展历程，具备一定的信息检索、信息提炼的操作能力。

3. 能够针对现实问题，有针对性地寻找合适的搜索引擎或者专业数据库，搜索需要的文献和材料。

## 思政目标

1. 加强学生的检索、甄别和利用信息的能力，以支持学术研究和提升决策效率。

2. 引导学生遵守信息道德准则，增强法治观念，规范信息行为，预防信息安全风险。

3. 培养学生的社会责任感，引导学生在日常活动中考虑社会影响，做出正面的社会贡献。

# 任务一　认识信息检索

## 一、信息检索的概念

“信息检索”一词出现于20世纪50年代。它是指将信息按照一定的方式组织和存储起来，并根据用户的需要找出相关信息的过程。

### 1. 狭义的信息检索

在互联网中，用户经常会通过搜索引擎搜索各种信息，像这种从一定的信息集合中找出所需要的信息的过程，就是狭义的信息检索，也就是我们常说的信息查询。

### 2. 广义的信息检索

广义的信息检索包括信息存储和信息获取两个过程。信息存储是指通过对大量无序信息进行选择、收集、著录、标引后，组建成各种信息检索工具或系统，使无序信息转化为有序信息集合的过程。

## 二、信息检索的分类

信息检索的划分方式有多种，通常会按检索对象、检索手段、检索途径3种方式来划分。

（1）按检索对象划分，信息检索分为文献检索、数据检索、事实检索。

（2）按检索手段划分，信息检索分为手工检索、机械检索、计算机检索。

（3）按检索途径划分，信息检索分为直接检索、间接检索。

## 三、信息检索的发展历程

### 1. 手工检索阶段

手工检索阶段是指通过印刷型的检索工具来进行检索的阶段。在这一阶段主要存在书本式和卡片式两种检索工具。

书本式检索工具是以图书、期刊、附录等形式出版的各种检索工具书，如各种目录、索引、百科全书、年鉴等。

卡片式检索工具是可以帮助检索的各类卡片，如图书馆的各种卡片目录。

### 2. 计算机检索阶段

随着社会的进步和不断发展，各种信息呈爆炸式增长，手工检索已经无法满足人们日益增长的信息检索需求；同时，计算机技术、网络技术及数据传输技术也在飞速发展，为计算机检索提供了技术保障，信息检索从此迈入了计算机检索阶段。计算机检索经历了 4 个阶段，如图 7-2-1 所示。

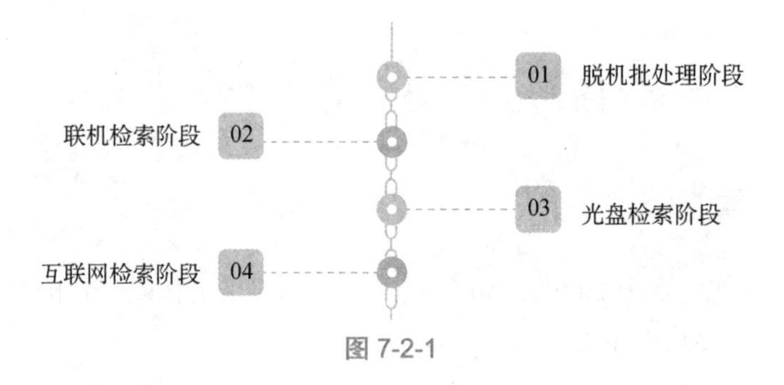


图 7-2-1

## 四、信息检索的流程

信息检索是用户获取知识的一种快捷方式，一般来说，信息检索流程包括以下 6 个流程，如图 7-2-2 所示。

图 7-2-2

# 任务二　搜索引擎的使用

## 一、搜索引擎的类型

### 1. 全文搜索引擎

全文搜索引擎（Full Text Search Engine）是目前广泛应用的搜索引擎，国外比较有代表性的全文搜索引擎就是Google，国内比较有代表性的全文搜索引擎是百度和360搜索。根据搜索结果来源的不同，全文搜索引擎又可以分为两类。

一类是拥有自己的蜘蛛程序的搜索引擎，它能够建立自己的网页、自己的数据库，也能够直接从其数据库中调用搜索结果，如Google、百度和360搜索。

另一类则是租用其他搜索引擎的数据库，然后按照自己的规则和格式来排列和显示搜索结果的搜索引擎，如Lycos。

### 2. 目录索引

目录索引（Search Index/Directory）称为分类检索，是互联网上最早提供的网站资源查询服务。目录索引主要通过搜集和整理互联网中的资源，根据搜索到的网页内容，将其网址分配到相关分类主题目录不同层次的类目之下，形成像图书馆目录一样的分类树形结构。

### 3. 元搜索引擎

元搜索引擎（META Search Engine）在接受用户查询请求后会同时在多个搜索引擎上进行搜索，并将结果返回给用户。著名的元搜索引擎有InfoSpace、Dogpile、Vivisimo等。在搜索结果排列方面，有的元搜索引擎直接按来源排列搜索结果，如Dogpile；有的元搜索引擎则按自定的规则将结果重新排列组合，如Vivisimo。

## 二、常见搜索引擎介绍

### 1. 百度

百度搜索是全球领先的中文搜索引擎。“百度”二字源于中国宋朝词人辛弃疾《青玉案》中的诗句：“众里寻他千百度”，象征着百度对中文信息检索技术的执着追求，其搜索界面如图7-2-3所示。

图7-2-3

### 2. 谷歌（Google）

谷歌搜索引擎是谷歌公司的主要产品，也是世界上最大的搜索引擎之一。谷歌搜索引擎拥有网站、图像、新闻组和目录服务4个功能模块，提供常规搜索和高级搜索两种功能，其搜索界面如图7-2-4所示。

图7-2-4

### 3. 必应（Bing）

必应（Bing）是微软公司于 2009 年推出的搜索引擎，它集成了搜索首页图片设计、崭新的搜索结果导航模式、创新的分类搜索和相关搜索用户体验模式、视频搜索结果无需单击即可直接预览播放、图片搜索结果无需翻页等功能，其搜索界面如图 7-2-5 所示。

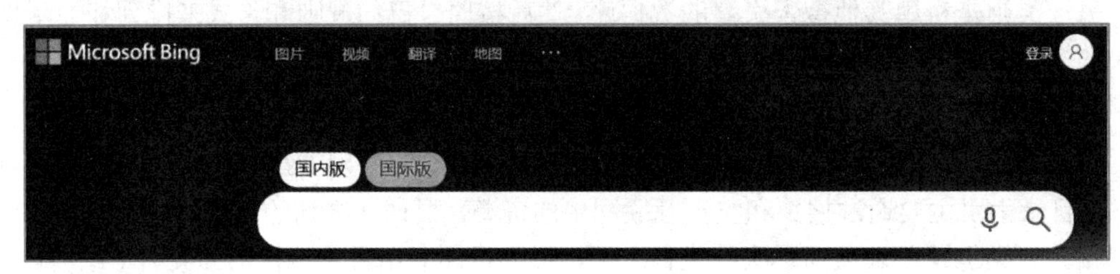


图 7-2-5

### 4. 搜狗搜索

搜狗搜索是国内领先的中文搜索引擎之一，搜狗搜索致力于中文互联网信息的深度挖掘，帮助我国上亿互联网用户更加快速地获取信息，为用户创造价值。其搜索界面如图 7-2-6 所示。

图 7-2-6

## 三、搜索引擎的使用

搜索引擎的基本查询方法就是直接在搜索框中输入搜索关键词进行查询。下面将在百度中搜索一月之内发布的包含“云计算”关键词的 Word 文档，其具体操作如下。

（1）启动浏览器，在地址栏中输入百度的网址后，按回车键进入百度首页，然后在中间的搜索框中输入要查询的关键词“云计算”，最后按回车键或单击“百度一下”按钮。

（2）打开搜索结果页面，单击搜索框下方的“搜索工具”按钮，如图 7-2-7 所示。

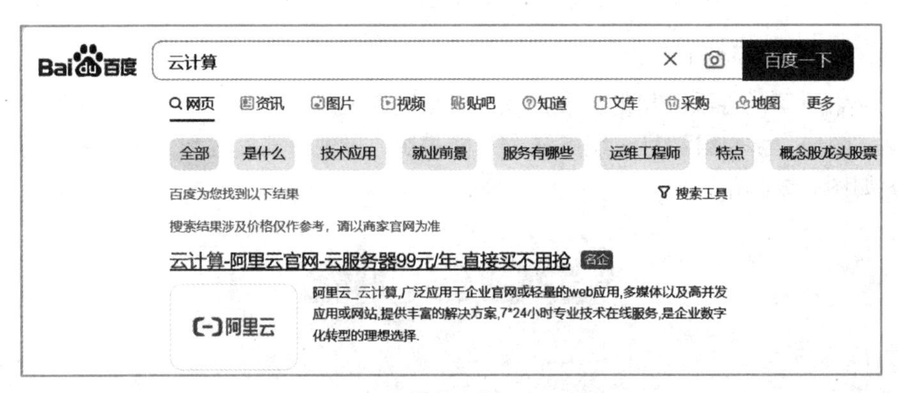


图 7-2-7

（3）显示出搜索工具后，单击“站点内检索”按钮，在打开的搜索文本框中输入百度的网址，然后单击“确认”按钮，此时将返回百度网站中的搜索结果页面，如图 7-2-8 所示。

图 7-2-8

（4）在搜索工具中单击“所有网页和文件”按钮，在打开的下拉列表框中选择“ Word（.doc）”选项。搜索结果页面中将只显示搜索到的 Word 文件，如图 7-2-9 所示。

图 7-2-9

（5）在搜索工具中单击“时间不限”按钮，在打开的下拉列表框中选择“一月内”选项。最终搜索结果为百度网站中一个月内发布的包含“云计算”关键词的所有 Word 文档，如图 7-2-10 所示。

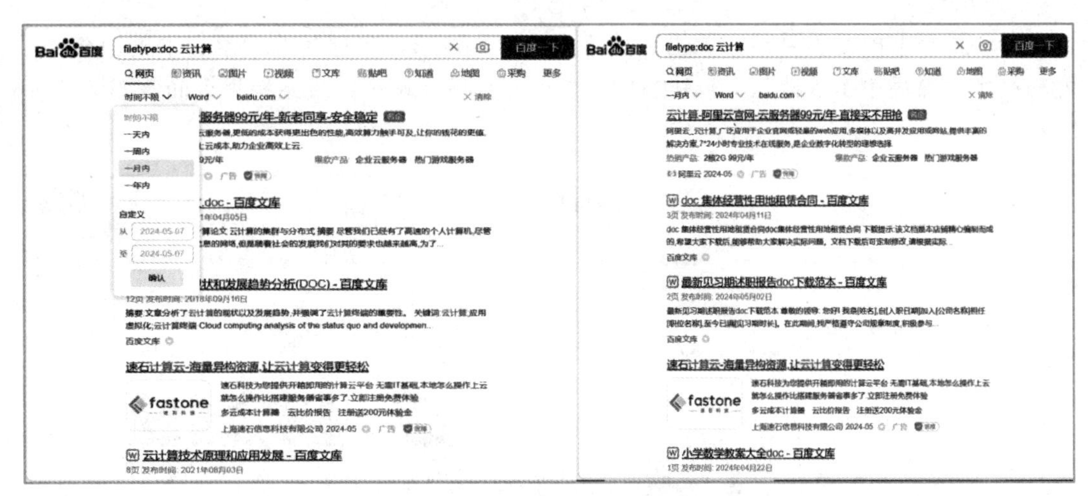


图 7-2-10

## 四、搜索引擎的高级搜索功能

使用搜索引擎的高级搜索功能可以在搜索时实现包含全部关键词、包含完整关键词、包含任意关键词或不包含某些关键词等搜索。下面将使用百度的高级搜索功能进行搜索，其具体操作如下。

（1）打开百度首页，将鼠标指针移至右上角的“设置”超链接上，在弹出的下拉列表框中选择“高级搜索”选项，如图 7-2-11 所示。

图 7-2-11

（2）打开“高级搜索”对话框，在“包含全部关键词”文本框中输入“襄阳汽车”文本，要求查询结果页面中要同时包含“襄阳”和“汽车”两个关键词，如图 7-2-12 所示。

（3）单击“高级搜索”按钮完成搜索。

搜索设置　高级搜索　首页设置

搜索结果：包含全部关键词　襄阳 汽车　包含完整关键词

包含任意关键词　不包括关键词

时间：限定要搜索的网页的时间是　时间不限

文档格式：搜索网页格式是　所有网页和文件

关键词位置：查询关键词位于　网页任何地方　仅网页标题中　仅URL中

站内搜索：限定要搜索指定的网站是　例如：baidu.com

高级搜索

图 7-2-12

## 五、使用不同的检索方法

### 1. 截词检索

截词检索是预防漏检、提高查全率的一种常用检索技术，包括有限截词、无限截词和中间截词。大多数系统都提供截词检索功能。

截词是指在检索词的合适位置进行截断，然后使用截词符进行处理。下面将使用截词检索方式，在百度中查询英、美拼写不同的单词“colour”与“color” 在网页中的记录情况，如图 7-2-13 所示。

图 7-2-13

### 2. 位置检索

位置检索也叫邻近检索。位置算符检索是用一些特定的算符（位置算符）来表达检索词与检索词之间的临近关系。下面将使用位置检索方式在百度中查询新一代信息技术名词“人工智能”的英文“Artificial Intelligence” 在网页中的记录情况，如图 7-2-14 所示。

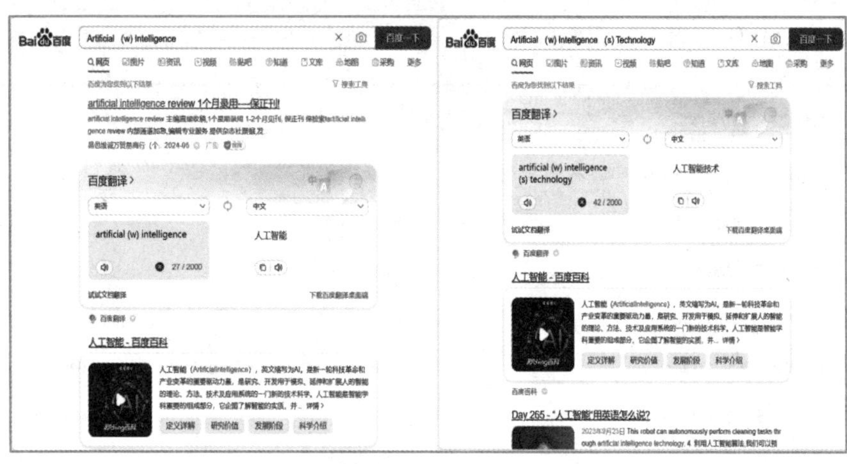


图 7-2-14

# 任务三　专用平台的信息检索

## 一、学术信息检索

互联网中有很多用于检索学术信息的网站，在其中可以检索各种学术论文。下面将在 IEEE Xplore 中检索有关“radar”的学术信息，具体操作如下。

（1）打开“IEEE Xplore”网站首页，在首页的搜索框中输入要检索的关键词“radar”，然后单击按钮 。

（2）在打开的页面中可以看到检索结果，同时，在每条结果中还可以看到论文的标题、简介、作者、来源、发表年份等信息，如图 7-2-15 所示。

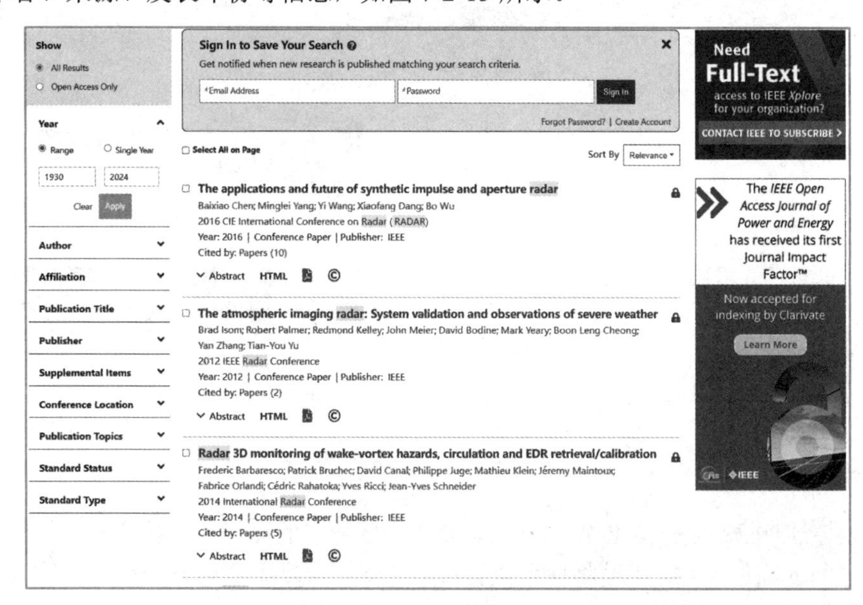


图 7-2-15

（3）单击要查看的某个论文的标题，在打开的页面中可以看到更详细的信息，如图 7-2-16 所示。

图 7-2-16

（4）如果需要在自己的作品中引用该论文的内容，可以单击页面中的“Cite This”按钮，在打开的“Cite This”对话框中将生成几种标准的引用格式，用户根据需要进行复制即可，如图 7-2-17 所示。

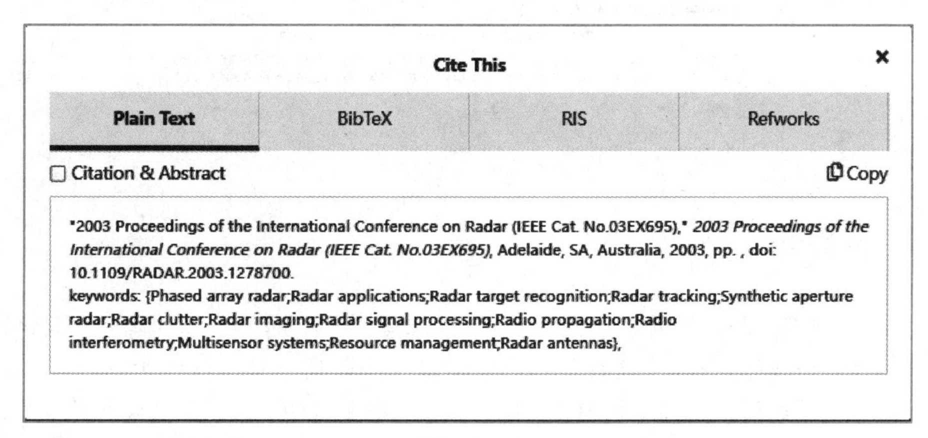


图 7-2-17

## 二、专利信息检索

专利，即专有的权利和利益。下面将在万方数据中搜索有关“报警器”的专利信息，具体操作如下。

（1）进入万方数据首页，单击网页上方的“专利”超链接，在中间的搜索框中输入关键词“报警器”，再单击“检索”按钮，如图 7-2-18 所示。

图 7-2-18

（2）在打开的页面中可以看到检索结果，包括每条专利的名称、专利人、摘要等信息，如图 7-2-19 所示，单击专利名称，在打开的页面中可以看到更详细的内容。

图 7-2-19

## 三、期刊信息检索

期刊是指定期出版的刊物，包括周刊、旬刊、半月刊、月刊、季刊等。下面将在国家科技图书文献中心网站中，检索有关“电子学报”的期刊，具体操作如下。

（1）打开“国家科技图书文献中心”网站首页，撤销选中“会议”“学位论文”两个选项，然后在“文献检索”搜索框中输入关键词“电子学报”，最后单击“检索”按钮，如图 7-2-20 所示。

（2）在打开的页面中可以看到查询结果，但其中有些内容是不属于“电子学报”期刊的。此时单击网页左侧“期刊”栏中的“电子学报”超链接，如图 7-2-21 所示。

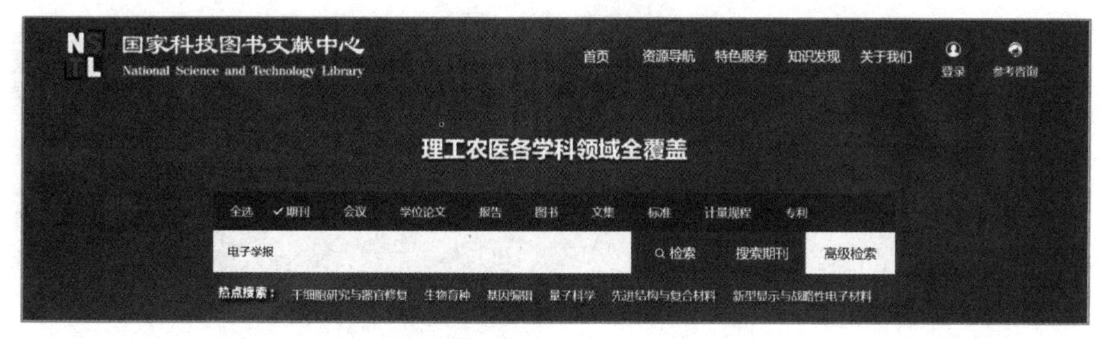


图 7-2-20

图 7-2-21

## 四、学术论文检索

下面将在 CNKI 中国知网中检索有关“自动驾驶的目标检测”的学术论文，其具体操作如下。

（1）打开“CNKI 中国知网”网站首页，撤销选中“会议”“学术期刊”等选项，仅勾选“学位论文”，在搜索栏输入主题“自动驾驶的目标检测”，最后单击按钮 🔍，如图 7-2-22 所示。

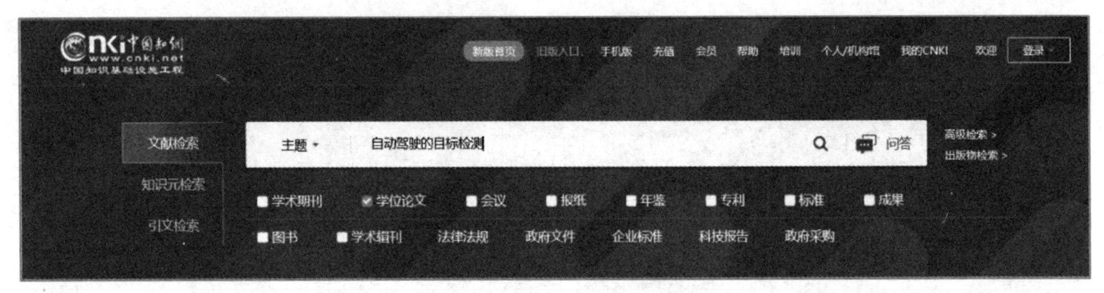


图 7-2-22

（2）在打开的页面中可以看到查询结果，包括每篇学术论文的“中文题名”“作者”“学位授予单位”“学位授予年度”“数据库”等信息，如图 7-2-23 所示。

图 7-2-23

# 模块八　新一代信息技术应用——开放包容，做新一代信息开创者

## 项目一　人工智能工具使用

### 项目导读

随着科技的不断进步，人工智能（Artificial Intelligence，AI）已逐渐渗透到我们生活的方方面面，无论是手机、家居还是企业运营，人工智能都发挥着越来越重要的作用。本项目旨在帮助学习者掌握人工智能工具的基本使用，理解其背后的原理，从而能够在实际工作中运用这些工具，提高工作效率，同时也为后续深入学习人工智能打下坚实基础。

### 学习目标

1. 了解并掌握至少3种人工智能工具的使用方法。
2. 能够独立运用人工智能工具解决实际问题。
3. 对人工智能的应用前景有清晰的认识，为后续深入学习打下基础。

### 思政目标

1. 明确人工智能技术的道德边界，并在实际应用中始终坚守科技伦理原则，确保技术的健康发展与社会福祉的提升。

2. 培养学生的创新思维能力，鼓励他们在掌握基础知识的同时，勇于探索未知领域，提升解决实际问题的能力，为国家的科技创新和产业升级贡献力量。

3. 让学生学会在多元文化背景下有效沟通，共同推动项目的成功实施，为构建和谐社会贡献力量。

# 任务一　人工智能概述

人工智能是计算机科学的一个分支，旨在研究和开发能够模拟、延伸和扩展人的智能的理论、方法、技术及应用系统。人工智能是计算机科学领域中最具有挑战性的一个分支，其研究领域包括机器学习、计算机视觉、自然语言处理和专家系统等。

## 一、人工智能的主要技术

### 1. 机器学习

机器学习是人工智能的一个重要分支，它利用算法和统计模型使计算机系统能够从数据中学习并改进自身的性能。机器学习的应用领域广泛，包括图像识别、语音识别、自然语言处理、推荐系统等。

### 2. 计算机视觉

计算机视觉是让计算机能够理解和解释图像和视频的技术。它涉及图像识别、目标检测、图像分割、图像生成等多个方面，广泛应用于自动驾驶、安全监控、医疗诊断等领域。

### 3. 自然语言处理

自然语言处理（Natural Language Processing，NLP）是研究能实现人与机器之间用自然语言进行有效通信的各种理论和方法的学科，其应用领域包括智能客服、机器翻译、情感分析等。

## 二、人工智能的应用领域

### 1. 自动驾驶

自动驾驶汽车是人工智能的一个重要应用领域。它利用计算机视觉、机器学习和控制理论等技术，使汽车能够自主感知、决策和行驶，从而提高交通效率和安全性。

### 2. 智能医疗

人工智能在医疗领域的应用广泛，包括疾病诊断、药物研发、手术辅助等。结合机器学习和大数据分析，人工智能可以帮助医生更准确地诊断疾病，提高医疗质量和效率。

### 3. 金融科技

人工智能在金融科技领域的应用包括风险评估、智能投顾、反欺诈等。人工智能可以利用大数据和机器学习技术，对金融市场进行深度分析和预测，帮助金融机构提高业务效率和风险管理能力。

### 三、人工智能在教育中的应用

#### 1. 个性化学习

人工智能在教育领域的一大应用是个性化学习。通过分析学生的学习习惯、能力和兴趣，人工智能可以为每个学生量身定制学习计划和资源，提高学习效果和兴趣。例如，智能教学系统可以根据学生的掌握情况，推荐相关的学习资料和练习题，帮助学生巩固知识和提高技能。

#### 2. 智能辅导与评估工具

人工智能还可以作为智能辅导和评估工具，帮助教师更好地指导学生学习和评估学生的学习成果。通过自然语言处理和机器学习技术，人工智能可以自动批改学生的作业和试卷，并提供详细的反馈和建议。同时，人工智能还可以根据学生的学习数据，为教师提供学生的学习进度和难点，帮助教师更好地调整教学策略。

#### 3. 在线学习与远程教育

人工智能技术的普及也推动了在线学习和远程教育的发展。通过在线学习平台，学生可以随时随地学习各种课程和资源，并与人工智能进行互动和交流。人工智能还可以为远程教育提供技术支持，帮助教师和学生进行远程互动和教学，打破地域和时间的限制，提高教育的普及率和质量。

## 任务二　人工智能工具的应用

人工智能作为当今科技革命的核心驱动力，已经渗透到我们生活的方方面面。从智能手机的语音助手到自动驾驶汽车，从医疗诊断到个性化推荐系统，人工智能技术正不断推动着各行各业的创新与发展。它通过机器学习、深度学习等算法，使机器能够模拟人类的学习过程，识别模式、做出决策，并优化自身性能。随着技术的不断进步，人工智能正逐渐实现从辅助工具到合作伙伴的转变，为人类社会带来前所未有的便利和效率。下面从三个方面进行讲解。

### 一、人工智能工具在艺术中的应用

#### 1. 游戏与虚拟现实

人工智能在游戏和虚拟现实领域的应用日益广泛。通过机器学习和计算机视觉等技术，人工智能可以为游戏角色赋予更真实、更智能的行为和反应，提高游戏的可玩性和沉浸感。同时，人工智能还可以为虚拟现实场景提供更精细的建模和渲染，让用户感受到更真实的虚拟现实体验。

#### 2. 音乐与艺术创作

人工智能在音乐和艺术创作领域也展现出了巨大的潜力。通过深度学习和生成模型，人工智能可以自动生成新的音乐作品、绘画作品等，甚至可以与艺术家合作进行创作。人工智能的参与不仅可以提高创作效率，还可以为艺术家带来新的创作灵感和风格。

#### 3. 智能推荐与社交娱乐

人工智能在智能推荐和社交娱乐方面也有广泛的应用。通过分析用户的喜好和行为数据，人工智能可以为用户推荐合适的电影、音乐、书籍等娱乐内容，提高用户的满意度和体验。同时，人工智能还可以为社交娱乐平台提供技术支持，帮助用户发现和结识志同道合的朋友，丰富用户的社交生活。

## 二、人工智能工具的使用

人工智能工具的种类繁多，每种人工智能工具都有其独特的功能和应用场景。以下是几种常见的人工智能工具及其使用介绍。

### 1. 语音识别工具

常见的语音识别工具有百度语音识别、讯飞输入法等。使用这些工具，用户可以通过语音输入将语音转化为文字，方便快捷。使用方法是先下载并安装工具，然后打开并单击开始录音按钮，对着设备说话，工具会自动将语音转化为文字。完成后，单击停止录音按钮，工具会生成文字文件，用户可以检查并编辑，然后保存或导出。

### 2. 图像识别工具

图像识别工具可以识别和分析图片中的物体、人脸、文字等内容。使用方法是先选择需要识别的图片，然后单击开始识别按钮，工具会自动分析图片并给出识别结果。用户可以查看结果，如果有错误或不准确的地方，可以进行手动修正。

### 3. 机器学习和深度学习框架

常见的机器学习和深度学习框架有 TensorFlow、PyTorch、Scikit-learn 等。这些工具用于构建和训练机器学习和深度学习模型。用户需要使用编程语言（如 Python）编写代码、定义模型结构、加载数据、进行训练，并对模型进行评估和优化。

### 4. 数据可视化工具

常见的数据可视化工具有 Tableau、Power BI、Matplotlib 等。这些工具可以将数据可视化，并生成图表、图形和交互式界面。用户可以通过拖曳、选择等方式将数据导入工具中，然后选择需要的图表类型，工具会自动生成可视化结果。用户可以根据需要对结果进行编辑和调整。

### 5. 聊天机器人和虚拟助手

常见的聊天机器人和虚拟助手有 GPT-3、Chatbot API 等。这些工具使用自然语言处理和对话系统来模拟人类对话。用户可以通过文字或语音与机器人进行交互，询问问题、获取信息或执行任务。机器人会理解用户的意图并给出相应的回复或操作。

以上只是人工智能工具的一部分，实际上还有更多的工具和应用场景等待用户去探索和使用。每种工具都有其独特的功能和优势，用户可以根据自己的需求选择合适的工具来提高工作效率和便利性。

## 三、文本型人工智能助手

### 1. 聪明灵犀（电脑端）

一款具有人工智能写作功能的软件，能自动生成文章和段落，帮助用户提高写作效率。

使用时应首先下载并打开“聪明灵犀”软件，选中“AI 写作”功能，然后单击“新建对话”按钮，在页面下方的输入框内分别输入相关的产品名称、故事情节等其他要求，如图 8-1-1 所示。

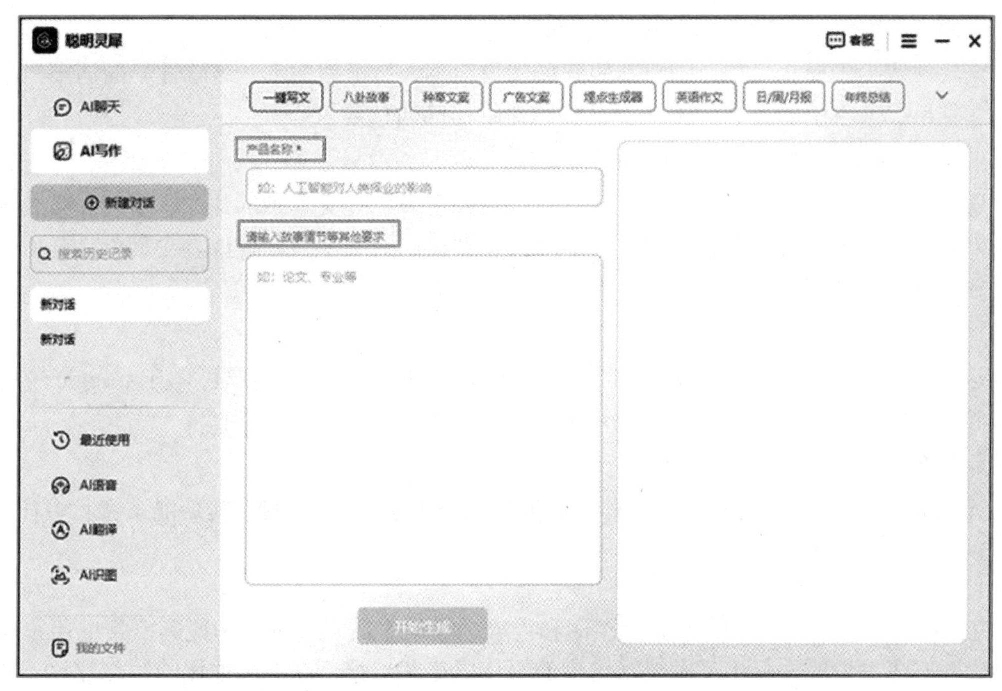


图 8-1-1

以上内容填写完毕后，单击“开始生成”按钮，即可在页面右侧的显示框内呈现出人工智能自动创作出的文章结果，如图 8-1-2 所示。

图 8-1-2

### 2. Grammarly语法纠错

这是一个强大的语法和拼写检查工具，能自动检测和纠正写作中的语法错误。Grammarly的界面简洁，用户可以看到自己的文本，同时可以看到标注出错误和建议的修改。

### 3. Hemingway Editor（海明威编辑器）

该软件致力于简化写作，能帮助用户创作更简洁、易读的文本。该软件界面清晰，用户可以看到自己文本中的复杂句子，以及编辑器给出的简化建议。

### 4. ProWritingAid（专业写作助手）

这是一个功能强大的写作分析工具，可以帮助用户检查文本中的语法、拼写、标点符号等错误。ProWritingAid 的界面详尽，用户可以看到自己的文本被分解成各个部分，每个部分都有详细的错误和建议。

### 5. Coggle（思维导图）

这是一个在线思维导图工具，可用于构建思维导图和大纲。用户可以在 Coggle 中创建各种思维导图，将复杂的文本内容条理化，方便理解和记忆。

### 6. WPS AI

WPS AI 是由金山办公与合作伙伴共同开发的一款 AI 工作助理，其功能丰富且多样，主要包括以下几个方面。

1）智能写作

WPS AI 可以根据用户输入的关键词和内容，自动生成文章框架和段落，帮助用户快速完成写作任务。同时，它还可以根据用户的写作风格和习惯，提供个性化的写作建议，从而提高文章的质量。

2）智能纠错

WPS AI 能够实时检测文档中的语法错误、拼写错误等问题，并给出修改建议。此外，它还可以识别文档中的逻辑错误和不通顺之处，帮助用户优化文档结构。

3）智能分析

WPS AI 可以对文档中的数据进行分析，生成图表和报告，帮助用户更好地理解和展示数据。同时，它还可以对文档中的关键信息进行提取和总结，方便用户查阅和复习。

4）演示 AI

WPS AI 可以帮助用户一键生成内容大纲及完整幻灯片，自动美化排版，甚至生成演讲稿备注。这使得用户从制作到演示幻灯片都能省时省力。

5）PDF AI

WPS AI 可以帮助用户完成总结长文信息、追溯原文、外文翻译提炼等文章处理任务，使用户能轻松高效阅读 PDF 科研论文、报告、产品手册、法律合同、书籍等文档。

6）表格 AI

WPS AI 可以帮助用户快速实现条件标记、生成公式、分析数据、筛选排序等操作，使用户的数据分析和处理更高效。

此外，WPS AI 还具有强大的学习能力，可以不断学习和优化自身的功能，为用户提供更加个性化、智能化的办公软件服务。总的来说，WPS AI 旨在帮助用户提高工作效率，降低学习成本，提供更加智能、高效的办公体验。

# 项目二　大数据技术概述

## 项目导读

大数据技术作为当今信息时代的核心驱动力，正在深刻地改变着我们的世界。通过对海量数据的收集、存储、分析和挖掘，大数据技术能够帮助我们洞察事物的本质和规律，从而做出更明智的决策。相信通过本项目的学习，大家将能够更好地理解和应用大数据技术，为未来的职业发展奠定坚实的基础。

## 学习目标

1. 掌握大数据技术的基本概念与原理。
2. 理解大数据技术的应用场景与价值。

## 思政目标

1. 培养学生的社会责任感与数据伦理意识。在学习大数据技术的过程中，深入理解数据的社会价值，增强对数据隐私、信息安全和伦理规范的重视。

2. 弘扬创新精神与提升实践能力。在掌握大数据技术基础知识的同时，鼓励学生勇于创新，敢于实践。

3. 树立全球视野与培养跨文化交流能力。大数据技术的发展具有全球性和跨文化性，在学习过程中，引导学生关注国际大数据技术的发展趋势，了解不同国家和地区在大数据领域的政策和实践。引导学生将个人发展和国家需要相结合，培养既有技术专长又具备高尚道德情操的新时代青年。

## 任务一　大数据概述

### 一、大数据的定义与特点

大数据（Big Data）是指规模巨大、复杂多变、难以用常规数据库和软件工具进行管理和处理的数据集合。大数据不仅包括传统的结构化数据（如关系型数据库中的表格数据），还涵盖了非结构化数据（如文本、图片、音频、视频等）和半结构化数据（如日志文件、社交媒体数据等）。其特点主要体现在以下几个方面。

### 1. 规模巨大

大数据通常以 TB（Terabyte，万亿字节）和 PB（Petabyte，千万亿字节）为单位计量，远远超过传统数据库处理能力。

### 2. 复杂多变

大数据的来源广泛，格式多样，处理难度大。

### 3. 价值密度低

大数据中真正有价值的信息相对较少，需要通过高效的数据分析和处理技术来提取。

## 二、大数据的发展历程

大数据的发展历程可以分为三个阶段：概念提出阶段、发展阶段和兴盛阶段。

### 1. 概念提出阶段

1998 年，《Science》杂志发表了一篇题为《大数据科学的可视化》的文章，大数据作为一个专用名词正式出现在公共期刊上。在这一阶段，大数据主要作为一个概念或假设存在，少数学者对其进行了研究和讨论。

### 2. 发展阶段（21 世纪初至 2010 年）

21 世纪前十年，随着互联网行业的快速发展，大数据开始受到理论界的关注。2007 年，数据密集型科学的出现为大数据的发展提供了科学依据。在这一阶段，大数据的概念和特点得到进一步丰富，相关的数据处理技术层出不穷。

### 3. 兴盛阶段（2011 年至今）

随着通用商用机械公司开发的沃森超级计算机在 2011 年打破了世界纪录，大数据计算达到了一个新的高度。此后，大数据应用逐渐融入各行各业，成为新一代信息技术和服务业态的重要组成部分。

# 任务二　大数据技术的应用与发展

大数据技术作为信息时代的产物，已经成为推动社会进步和商业创新的关键力量。通过收集、存储和分析海量数据，大数据帮助企业和组织洞察市场趋势、优化运营决策，并提升服务质量。随着云计算和物联网技术的融合，大数据的应用场景不断扩展，从金融风控到智慧城市建设，从健康医疗到个性化教育，大数据正以其强大的分析能力和预测能力，为各行各业带来深远的影响。未来，随着技术的进步和数据隐私保护的加强，大数据有望在保障个人隐私的同时，进一步释放其在社会经济发展中的巨大潜力。

## 一、大数据技术的应用

大数据技术作为一种新兴的信息技术，已经在各行各业得到了广泛应用。目前，大数据技术主要应用于以下几个方面。

### 1. 数据挖掘与分析

通过高效的数据挖掘和分析技术，从海量数据中提取有价值的信息，为决策提供支持。

### 2. 可视化设计与开发

将数据以直观、易于理解的方式进行呈现，帮助用户更好地理解数据背后的信息和规律。

### 3. 大数据平台运维与管理

确保大数据平台的稳定运行和数据安全。

## 二、大数据技术的应用领域

随着大数据技术的不断进步和应用场景的不断拓展，大数据技术的应用领域也在不断扩大。以下是几个具体的大数据应用领域。

### 1. 零售业

大数据的应用可以帮助零售商优化供应链管理，实现库存的精确控制和管理。通过对销售数据、顾客行为等信息的分析，零售商可以更好地预测市场需求，优化采购和库存管理，提高销售效率和顾客满意度。

### 2. 医疗保健

在医疗保健领域，大数据的应用可以提高病患的治疗效果和生命质量。通过对患者的临床数据、基因组数据和医疗记录进行深入分析，医生可以更准确地诊断疾病、制定个性化的治疗方案，并及时预测慢性疾病的风险。此外，大数据还可以用于药物研发和临床试验，加速新药的研发和上市。

### 3. 金融服务

在金融服务行业，大数据的应用可以帮助银行、保险公司等机构更好地了解客户需求，提高服务质量。通过对客户的交易数据、信用记录等数据进行分析，金融机构可以为客户提供更个性化的金融产品和服务，提高客户满意度。同时，大数据的应用还可以帮助金融机构进行股票市场预测和风险管理，为投资决策提供科学依据。

### 4. 城市规划

大数据的应用可以帮助城市规划者更好地了解城市的发展趋势和居民需求，提高城市规划的效果和可持续性。通过对人口分布、交通流量、环境质量等数据的分析，城市规划者可以制定更合理的城市规划方案，提高城市的宜居性和可持续性。

### 5. 教育领域

在教育领域，大数据的应用可以帮助教育机构更好地了解学生的学习需求和表现，提供个性化的教学方案。通过对学生的学习数据、评估数据等数据的分析，教育机构可以为学生提供更精准的教学指导和个性化学习路径，提高学生的学习效果和满意度。

### 6. 交通管理

在交通管理领域，大数据的应用可以帮助交通管理部门对道路交通违法行为进行分析和预测，采取相应措施提前进行干预和处罚。同时，大数据还可以通过分析交通事故数据，找出事故的原因和规律，为交通安全管理提供重要参考依据。此外，大数据技术还可以实时监测交通流量情况，提供实时的交通拥堵情况和路况信息，为交通规划和建设提供科学依据。

### 7. 农业领域

在农业领域，大数据的应用可以帮助农业生产者提高农作物的产量和品质。通过对农作物生长环境、基因组等数据的分析，农业生产者可以培育出更高产、更优质的农作物品种。同时，大数据还可以帮助农业生产者实现精准种植和智能化管理，提高农业生产的效率和质量。

## 三、大数据面临的挑战与未来趋势

尽管大数据已经取得了显著的成就和广泛的应用，但仍然面临着一些挑战和问题。其中，数据安全和隐私保护是一个亟待解决的问题。随着大数据的快速发展，数据安全和隐私保护的问题日益突出。未来需要加强数据安全和隐私保护技术的研究和应用，保护个人和企业的隐私和信息安全。

此外，大数据的发展还需要在数据的采集、使用和存储过程中考虑伦理和法律的问题。建立完善的数据伦理和数据治理体系是保护数据合法合规性的重要途径。

未来，大数据的跨界应用将成为一个重要趋势。大数据不仅在金融、医疗等领域展现出其强大的分析和预测能力，还在零售、交通、教育、公共服务等多个领域发挥着重要作用。通过整合不同来源和类型的数据，大数据技术能够帮助企业和组织更好地理解市场趋势、消费者行为、疾病模式等，从而做出更加精准的决策。此外，大数据还与人工智能、物联网等技术相结合，推动了智能城市、智能家居、自动驾驶等前沿领域的发展，为人们的生活带来了更多的便利和创新体验。随着技术的不断进步和应用场景的拓展，大数据的跨界融合将不断深化，成为推动社会进步和创新的关键力量。

# 参考文献

[1] 李瑞兴. 计算机应用基础[M]. 上海：上海交通大学出版社，2018.

[2] 徐军，寇建秋，刘志强. Office 高级应用（微视频版）[M]. 上海：上海交通大学出版社，2017.

[3] 夏启寿，黄孝. 计算机应用基础[M]. 杭州：浙江大学出版社，2016.

[4] 夏魁良，于莉莉. Office 2016 办公应用案例教程[M]. 北京：清华大学出版社，2019.

[5] 张敏华，史小英. 计算机应用基础（Windows 7+Office 2016）[M]. 北京：人民邮电出版社，2018.